뉴 패션 디자인 플러스⁺ 발상

New Fashion Design Plus+ Inspiration

뉴 패션 디자인 플러스+ 발상

이경희 · 이은령 지음

교문사

머리말

21세기의 패션 경향은 과학과 문화의 힘이 결합되면서 해체와 혼합 그리고 재구성을 통해 보다 특이하고 다양한 양상을 띠며 빠르게 변화하고 있다. 새로운 패러다임 전환의 시대를 맞이하여 보다 새롭고 신선함을 주는 창의적인 디자인과 생활의 편리함 및 힐링을 추구하는 소비자 감성은 창의적 사고와 힐링 소비의 미덕을 겸비한 디자인을 함께 요구한다. 21세기는 그 어느 시대보다 다양화·차별화·고급화·개성화의 가치가 높아지고 있으며, 시대적 감성에 부응하는 창의적 발상과 섬세한 디자인 표현력이 무엇보다 중요해졌다.

누구나 좋은 디자인을 하고 싶어 한다. 하지만 창의적인 발상을 통해 디자인에 새로움과 신선함을 불어넣기란 쉬운 일이 아니다. 다양한 정보와 지식을 바탕으로 발상된 아이디어를 어떤 디자인으로 구체화시키는 것이 가장 좋은가 하는 문제는 항상 어려운 과제이기 때문이다. 패션 디자인의 세계는 부단한 학습과 훈련, 의지와 노력이 요구될 뿐만 아니라 끝없는 창의력이 필요한 분야이다. 이러한 분야에서 1%의 작은 변화로 새로움을 더해주는 플러스 발상은 창의력의 마르지 않는 원천일 수 있다. 이 책은 디자인에서 가장 중요하면서도 어려운 문제에 속하는 창의적 발상의 문제를 '모든 위대함은 작은 차이에서 시작된다.'는 플러스 사고의 관점에 근원을 둔 플러스 발상으로 풀어보고자 한다.

이 책의 내용은 크게 3개의 PART로 구성되어 있다.

PART 1은 패션 디자인 발상의 이해를 도와주는 부분으로 CHAPTER 1에서는 발상의 개념과 조건, 과정 등 발상의 중요성과 형성 과정에 대하여 설명하고, CHAPTER 2에서는 패션 디자인의 개념과 과정에 대하여 설명하였다. 또 발상이 구체적인 의복으로 열매 맺는 과정을 체계적으로 설명하고 아울러 패션 디자인에서 창조적 발상의 중요성을 설명하였다. CHAPTER 3에서는 체크리스트법, 형태분석법 등 패션 디자인 발상에 자주 사용되는 발상법에 따른 디자인을 소개하였다.

PART 2는 패션 디자인 원리와 연출을 중심으로 구성하였다. CHAPTER 4에서는 패션 디자인을 표현하는 방법이 되는 패션 디자인 원리와 시지각에 대하여, CHAPTER 5에서는 서로 다른 패션 디자인을 조합하여 다양한 개성을 표현하는 방법이 되는 패션 디자인 연출 방법에 대하여 설명하였다. CHAPTER 6에서는 패션 트렌드와 컬렉션 읽기를 통해 패션의 흐름을 이해하는 안목을 기르고자 하였다.

PART 3은 디자인 요소에 의한 발상을 중심으로 구성하였다. CHAPTER 7은 선에 의한 디자인 발상을 중심으로, CHAPTER 8은 형태에 의한 디자인 발상을 중심으로, CHAPTER 9는 색채에 의한 디자인 발상을 중심으로 설명하였다. CHAPTER 10에서는 소재에 의한 디자인 발상을 중심으로, CHAPTER 11에서는 무늬에 의한 디자인 발상을 중심으로 설명하였다.

또한 CHAPTER마다 장별 주제에 맞는 패션 디자이너를 소개하여 독자들이 패션 디자이너에 대한 꿈과 비전을 이루어나가는 데 도움을 주고자 하였다. 또 CHAPTER의 끝부분마다 활동 자료(ACT)를 집어넣어 앞서 습득한 내용을 스스로 표현해볼 수 있는 디자인 훈련의 장을 마련하였다.

이 책이 좀 더 새롭게 접근한 부분은 힐링 시대를 맞아 치유적 관점에서 창의적인 디자인 발상을 돕는 내용을 담았다는 것이다. 그동안 패션 디자인 발상을 가르치면서 학생들이 창의적인 표현에 대한 부담감으로 인해 오히려 표현에 있어 자유로워지지 못하는 것을 보게 되었다. 이러한 문제를 도와주기 위해 먼저 자기 마음을 들여다보는 치유적 활동을 시도하게 한 결과, 이러한 활동이 학생들의 독창적인 세계가 열리는 데 도움이 된다는 사실을 알게 되었다. 따라서 여기서는 독창적이고 창의적인 디자인 발상을 하기 위해 먼저 자신의 마음을 열고 통찰할 수 있는 활동을 해본 후 수업에서 배운 것을 적용할 수 있도록 ACTIVITY 부분을 더욱 보완하여 구성하였다. 또 그동안 강의하면서 느꼈던 부족한 점을 보완하고, 시대의 변화에 따른 새로운 컬렉션 자료를 수집하여 정리함으로써, 보다 나은 교재를 만들고자 노력하였다. 이러한 노력이 패션 디자인을 공부하려는 독자들의 마음에 조금이라도 와닿았으면 하는 바람이다.

언제나 성실하게 책임감을 가지고 즐거운 마음으로 함께해 온 이은령 교수와 이 책을 마무리할 수 있게 되어 무엇보다도 기쁘다. 이 책이 패션 디자인 분야에서 좋은 자료로 활용되고, 패션을 공부하는 사람들의 디자인 발상에 대한 두려움과 부담감을 없애주어 가벼운 마음으로 창조적 발상에 동참하는 데 도움이 되기를 간절히 바라는 마음이다.

끝으로 집필 기간 동안 잔잔한 도움의 손길과 관심을 보여주신 모든 분들께 감사의 뜻을 전하며, 앞으로 독자 여러분의 많은 조언과 질정을 부탁드린다. 또한 교문사 류제동 사장님을 비롯한 편집부 직원 여러분들께도 감사의 마음을 전한다.

2017년 3월
효원(曉原) 산기슭에서
대표 저자 이경희

차례

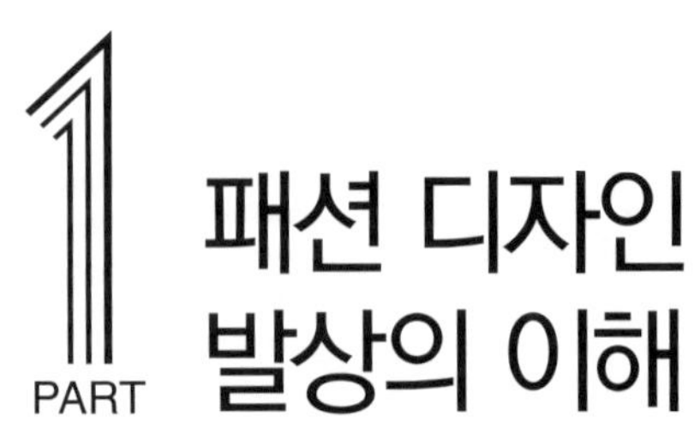
1
PART
패션 디자인
발상의 이해

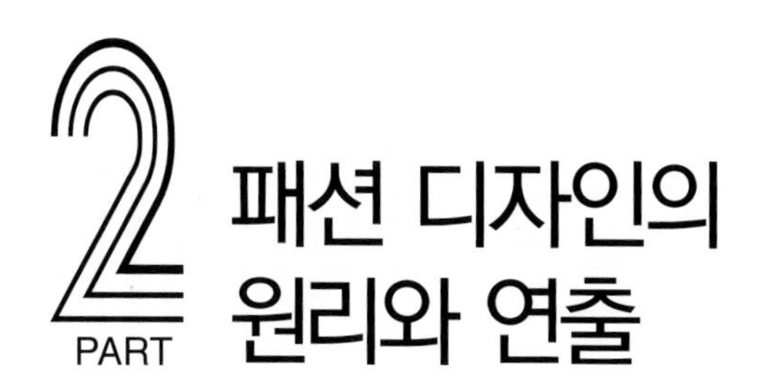

PART 2 패션 디자인의 원리와 연출

CHAPTER 4 패션 디자인 원리

CHAPTER 5 패션 디자인의 다양한 연출

CHAPTER 6 패션 트렌드와 패션 컬렉션 읽기

3 PART 디자인 요소에 의한 발상

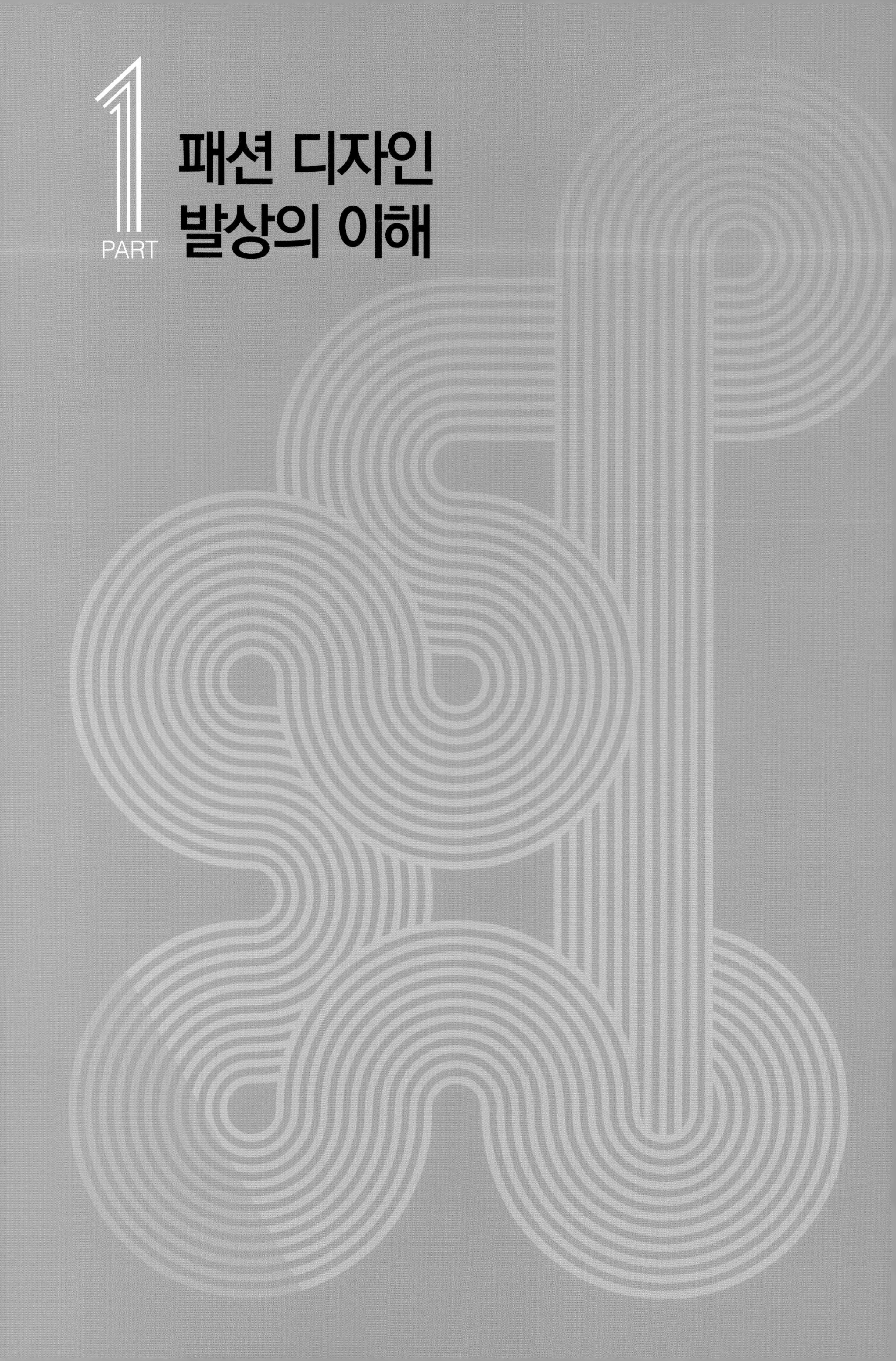

1
PART

패션 디자인 발상의 이해

현대는 다양화·개성화·고급화·차별화가 요구되는 시대로 서로 다른 요소들이 공존하면서 균형을 잃지 않는 디자인 감각과 기술 등이 어느 시대보다도 중요해진 시기이기도 하다.

오늘날의 패션 디자인은 기능, 감성, 기술 등 다른 요소들이 복합적으로 상호 작용하여 나타나는 새로운 감성적 독창성이 요구된다. 독창성은 일상적이고 관습적이지 않은 생각들을 도출해내는 능력으로서, 특히 디자인 영역에서의 독창성은 다른 디자인을 모방하지 않고 자신만의 아이디어를 구체화한 것을 말한다. 따라서 새롭고 독창적인 디자인을 위해서는 풍부한 아이디어를 통한 디자인 발상이 무엇보다 중요하다.

사람들은 누구나 자신만의 경험과 지식을 바탕으로 하여, 새로움을 표현하고자 하는 정열과 아이디어를 가지고 있다. 그러므로 자신의 무의식 속에 숨어 있는 상상력을 창조의 출발점으로 삼아, 독창적인 아이디어를 구체화하는 창조적 디자인 발상이 이루어져야 한다.

발상은 노력 없이 우연히 이루어지는 것이 아니다. 이는 끊임없는 학습과 훈련을 통해 향상될 수 있으므로 디자인의 목적과 대상에 대한 많은 지식과 정보를 가지고 자신만의 독특한 사고 방법으로 발상해나가려는 노력이 필요하다. 이를 위해 CHAPTER 1에서는 발상의 개념과 과정을 중심으로 알아보고 CHAPTER 2에서는 패션 디자인의 개념과 과정을 살펴보고자 한다. CHAPTER 3에서는 창조적인 아이디어 발상을 위한 여러 훈련과 발상법을 습득하는 과정을 제시하였으며 이를 바탕으로 여러 가지 디자인 요소와 다양한 이미지에 따른 자유로운 패션 디자인 발상을 시도해보고자 한다.

NEW
FASHION DESIGN
PLUS+
INSPIRATION

발상의 이해

발상의 개념

현대는 감성시대이다.

감성시대는 파이터[fighter]보다는 창조자[creator]가 더 빛나고 필요한 시대이며,

'감성시대'는 곧 디자인 중심의 시대이다.

……

타인에 대한 사랑에서 디자인은 시작된다.

그래서

'디자인은 사랑이다[Design is loving others]'.

– 이노디자인 김영세

'현재 우리 사회는 감성시대이고, 창의적인 감성시대란 곧 디자인 중심의 시대'라는 이노디자인[INNO DESIGN] 김영세 대표의 말에서 가족, 연인 등과 같은 사랑하는 사람을 생각하는 마음을 바탕으로 한 디자인이 갖는 무한한 잠재력과 고정관념을 깨고 나오는 상상력을 가진 창조자[creator]의 필요성을 알 수 있다. 프로이트[Sigmund Freud]는 창의성이 무의식의 불분명한 세계에서 상징적 형태로 만들어지는 아이디어로부터 나온다고 확신했다.

사랑하는 사람을 생각하는 마음으로 앞서가는 감성시대를 이끄는 창의적인 디자인을 하기 위해서는 고정관념을 깨는 프로세스, 즉 창의적인 아이디어를 만들어내는 '발상[Inspiration]'이란 무엇인지, 발상을 어떻게 하면 되는지에 대하여 궁금해 하지 않을 수 없다.

창의적인 아이디어는 기존 정보와 새로운 정보의 혼합으로 만들어지며 이러한 창의적인 아이디어를 생각해내는 예술적 표현 활동을 발상이라고 한다. 발상은 '어떤 생각을 나타냄' 또는 '어떤 생각을 해냄'이라는 사전적인 의미를 지닌다. 디자인 분야에서는 '궁리하여 내놓은 새로운 생각이나 고안, 사상'을 뜻하는 콘셉트[concept]란 용어를 발상이란 용어와 같이 사용하기도 하지만, 발상은 콘셉트보다 전 단계의 과정이라고 볼 수 있다.

디자인에서의 발상은 먼저, 조형 제작 활동의 주체가 되는 인간이 예술적 표현 의지를 가지고 창의적인 아이디어를 끌어낸 다음, 주제(테마)에 따라 소재나 형태를 구성하고, 제작(가공, 기법)을 통해 이미지를 새롭게 만들어가는 의도적인 과정이다.

현대사회에서는 소비자의 욕구가 다양해지고, 전문화되며 점차 고급스러워지고 있다. 소비자의 욕구를 만족시킬 수 있는 중요한 경쟁력은 당연히 제품의 새로움과 독창성에 있다. 독창성은 유일하게 존재한다는 희소성과 가치를 강조하며, 감성적인 전달이 가능한 새로움을 창출한다는 목표를 가진다.

"디자이너는 일상적인 것들에 관심을 갖고
문화적인 변화와 가치, 시장의 트렌드를 주의 깊게 관찰해야 하며,
책임감과 용기를 지닌 아름다운 디자인을 창조하기 위해
자신의 머리와 가슴을 이용해야 한다."

– 마크 고베

새로운 유행을 창출해야 하는 패션 디자이너에게는 패션에 대한 전문지식과 다양해진 소비자의 욕구와 트렌드를 읽어내는 능력은 물론이고 독창성을 생명으로 한 아이디어 발상을 통해 새로운 패션 가치를 추구할 수 있는 총체적인 능력이 요구된다.

'없다', '부족하다'는 상태는 '필요하다', '채우고 싶다'는 욕구를 부르고, 부재에 대한 채움의 욕구는 반짝이는 영감에 자극받으며 출발하여 새로운 아이디어를 만들어내고, 이 아이디어에 시대감성 및 과학기술이 더해져서 구체화되어 시대와 함께 변화한다. 즉, 창의성과 시대적 감성이 합쳐져 기존과 다른 신선한 새로운 모습으로 성장하는 것이다.

따라서 디자인의 창조성creativity과 독창성originality을 발휘하기 위해서는 익숙해진 기존의 감성이나 기술 등을 자유롭게 해체deformation하고 개선reformation하며 재구성reconstruction하는 창의적인 발상이 더욱 중요해진다. 창의적인 발상은 기존의 아이디어를 완벽하게 새로운 것으로 변화시키는 것이 아니라 기존 아이디어의 특성 가운데 채택할 것을 골라 새로운 아이디어의 참조referring와 반영reflecting을 통해 혼합하는 것이다. 이는 기존의 어떤 것을 채택하고 어떤 것을 새롭게 받아들일지 구분하고 발상을 거치며 통합하고 재구성하는 단계에서의 중요점이라 할 수 있다.

인간은 많은 이미지를 수집하고 창조적인 새로운 디자인을 표현해내기 위해, 수집된 각종 정보를 뇌 속에 정리하고 다듬게 된다. 인간의 좌뇌는 인체의 우측을 조절하고 수학적 논리나 말하기, 읽기, 쓰기, 추리 등의 이성적이고 합리적 측면을 담당한다. 반면 우뇌는 인체의 좌측을 조절하고 얼굴 표정을 인식하거나 원근감의 감각, 창의성, 음악성, 직감과 같은 직관을 담당하며 음악이나 그림을 감상하고 어떤 이미지를 연상하는 기능을 담당하는 역할을 한다. 그러면서도 우리의 뇌는 서로 정보를 교류하며 공동작업을 한다. 특히 좌우가 서로 활발히 교류할수록 창의성이 뛰어나다고 할 수 있다. 이렇게 인간의 머릿속에 저장된 풍부한 이미지들이 영감inspiration을 받으면 새로움을 갈구하는 인간의 욕구에 창의성이 움직이고 현실화시키는 활동이 이루어지게 되는 것이다.

최근에는 눈부신 과학 기술의 발달로 인간의 인지 능력을 모방한 퍼지fuzzy 컴퓨터 등이 개발되고 있으나, 전자두뇌에 의해 처리되는 인지 능력이란 인간의 무한한 정신 능력 가운데 극히 부분적인 면의 기능적 활용일 뿐, 컴퓨터 스스로 완전한 창조 의지를 갖거나 창조 능력을 갖는 것은 아니다. 발상은 곧 과학기술과 감성의 결합을 통해 오로지 '인간'만이 해낼 수 있는 창조적 인지 능력이다.

인간은 많은 이미지들을 모아 가공 처리하여 창조적인 새로운 디자인을 표현해내기 위해 각종 정보를 정리하고 다듬게 된다. 또 기존의 대상을 새로운 시각으로 형태를 봄으로써 창의적인 해결책을 얻기도 하는데, 형태를 보는 시각에 대한 대표적인 방법으로는 게슈탈트Gestalt를 들 수 있다. 이와 같은 형태에 대한 새로운 통찰력이 창의적인 해결책으로 이끌게 되는 번득이는 새로운 생각, 즉 발상으로 이어지는데, 이러한 발상에 목적이 부여될 때 단순한 기본 아이디어가 창의적인 아이디어로 발전하게 된다.

예를 들면, 처음에 로봇은 단순한 상상 속 장난감인 놀이 대상으로 사람들에게 신기함과 재미, 즐거움을 주었다. 초기의 인형 같은 단순한 로봇은 과학기술의 발전에 힘입어 인간이 필요로 하는 기능을 수행할 수 있는 생활형 로봇(전쟁용 로봇, 가사 도우미 로봇, 안내 로봇, 청소용 로봇)으로 발전하였고, 최근에는 좀 더 나아가 기발한 창의성과 최첨단 과학이 만나 삶의 보조수단(유비쿼터스, 의료 수술용, 웨어러블 인공 다리 로봇)이 되는 눈부신 변화, 즉 진화를 이끌어내고 있다는 점에서 필요가 이끄는 창의성의 신선하고 놀라운 성장을 찾아볼 수 있다.

아이디어는 그냥 지나쳐 버릴 수 있는 일이나 상황을 포착하여 의미 있게 문제화하는 인식으로, 가치 있는 일event, affairs을 우연히 발견하는 재능이기도 하다. 아이디어를 짜내는 것은 결코 쉬운 일이 아니다. 이는 지극히 찰나적인 인간의 정신세계와 연관되기 때문에 그러한 영감에 따른 순간적인 아이디어를 떠올리는 발상법은 공식화하기 어렵다. 만약 아이디어 발상에 대한 어떤 공식이 성립한다면, 이미 그것은 독창성을 잃은 보편적 절차이기 때문에 아이디어 발상법이 아니라고 할 수도 있다.

발상은 일련의 연속적인 사고 과정으로 설명할 수 있다. 먼저 우리는 디자인의 근원이 될 수 있는, 수집된 다양한 이미지로부터 기발하고 새롭고 신선하며 평범하지 않은 번득이는 영감을 얻게 된다. 이때의 영감은 창조적인 발상의 계기가 되는 자극으로, 마치 신의 계시를 받은 것처럼 갑작스럽게 경험하는 느낌과도 같다. 다음은 영감에서부터 새로운 생각이나 사고로 발전하게 되는 발상의 단계이다. '영감을 어떻게 창조적인 생각으로 연결시킬 수 있는가'의 문제는 패션 디자인 발상에 있어 더욱 중요한 관건이다. 마지막 단계는 참신하고 독창적인 발상을 단지 새로운 생각만으로 끝내는 것이 아니라 목적과 유용성을 포함한 사용 가치가 있는 아이디어로 연결하는 것이다. 즉, 실용화와 사용 고객의 요구를 고려하여 추상적이고 비시각적인 생각들ideas을 구체화하여 실현시키는 단계라고 할 수 있다(그림 1-1).

창조적 디자인을 위한 아이디어는 단지 생각에 지나지 않기 때문에 아무리 독특하고 기발한 아이디어라도 이를 고정해놓지 않는다면 순식간에 나타났다 사라지게 된다. 따라서 뛰어난 아이디어라면 가시화(시각화, 문장화)해놓거나 실제화해놓는 것이 중요하다. 새로움과 창조를 위한 인간의 노력은 그것이 실체로서 가치를 지닌 아이디어와 디자인으로 구체화될 때 진정한 의미를 지니기 때문이다.

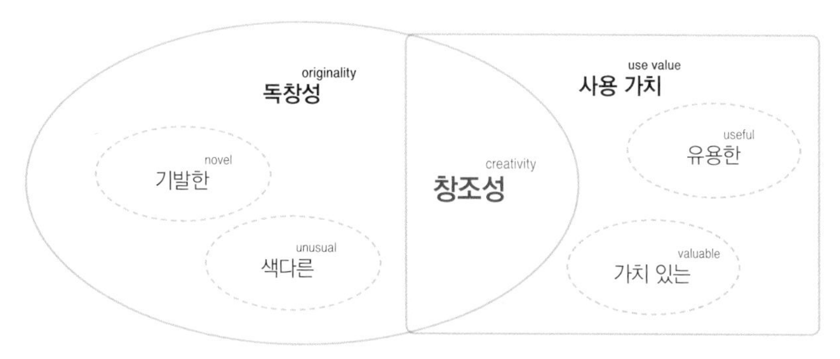

그림 1-1 디자인과 창조성

창의적인 사람의 특성

- 실제 문제에 민감하다.
- 정서적 혼란이 큰 반면, 이러한 정서적 혼란을 다룰 수 있는 자기통제력이 강하다.
- 분석적이고 직관적인 사고 2가지 모두 가능하다.
- 수렴적(문제를 해결하는 데 단지 한 가지 정답만을 할 수 있는 경우)이고 확산적(문제를 해결하는 데 가능성 있는 많은 답변을 할 수 있는 경우)인 사고 2가지 모두 가능하다.
- 평균 지능보다 더 높으나 천재성의 영역을 측정할 수는 없다.
- 경험에 대해 보다 더 개방적이고 새로운 정보를 받아들이는 데 덜 방어적이다.
- 자신에게 무슨 일이 생겼을 때 대부분 스스로 책임을 인정한다.
- 장난스럽게 놀기를 좋아하고 천진스럽다.
- 특히 어린아이들처럼 대부분 혼자서 움직인다.
- 어떤 현상에 대해 보다 많은 의문을 갖는다.
- 판단에 있어 매우 독립적이다.
- 자신의 충동적이고 내재된 감정에 두려움이 덜하다.
- 스스로 계획하고 결정하기를 좋아하며, 최소한의 훈련을 원하고, 자기지도의 경험을 선호한다.
- 다른 사람과 함께 일하는 것을 좋아하지 않으며, 스스로 판단하길 원하고 타인의 판단을 좋아하지 않는다.
- 복잡하고 어려운 과제가 주어졌을 때 많은 아이디어를 갖고 있다. 이러한 아이디어들은 종종 다른 사람들의 비웃음을 산다.
- 광범위한 어휘를 사용한 상상력을 보인다.
- 보기 드문 상황이 일어났을 때 대단한 기지를 발휘한다.
- 매우 독창적이다. 그들의 아이디어는 다른 사람들의 아이디어와 질적으로 다르다.

자료 : John S. Dacey·Kathleen H. Lennon(2009). 창의성의 이해, pp.127-128.

발상의 과정

인간의 욕구를 인식하고 아이디어를 구체화해서 하나의 형태를 가진 대상을 제안해가는 과정 전체를 넓은 의미에서 발상의 과정이라 할 수 있다. 발상의 과정은 정보를 수집·분석하여 아이디어를 전개해나가는 아이디어의 발상 과정과 검증된 아이디어를 실제 디자인으로 전개하는 디자인의 발상 과정으로 나눌 수 있다.

대상의 선정

디자인 발상에서 가장 먼저 선행되어야 하는 것은 대상의 선정이다. 대상은 인간 사회의 환경을 구성하는 모든 사물에 해당되므로 발상이 너무 광범위하거나 막연하게 이루어지지 않도록 대상의 적용 범위를 정하고 전개하는 것이 바람직하다.

자료의 수집과 분석

디자인 발상의 다음 단계는 이미 뇌에 저장되어 있는 정보뿐만 아니라 대상에 관한 정보를 수집·분석하는 일이다. 아이디어는 무에서 유가 창조되거나 아무 자료가 없는 상태에서 이루어지지 않는다. 따라서 창조적 행위를 하기 위해서는 정보를 모으고 마음을 자극시켜줄 자료를 많이 찾아야 한다. 테마를 세심하게 분석·조사하고 다양한 매체를 통해 정보를 수집하여 작업의 시초가 되는 발판을 준비하는 과정이다.

아이디어의 구상

자료 수집과 분석을 통해 아이디어를 떠올리는 단계로, 이에 관해 용J. W. Yong은 "아이디어는 낡은 요소의 배합이며, 낡은 요소를 배합하는 능력은 사물의 관련성을 볼 줄 아는 능력에 달려 있다."라고 하였다. 아이디어를 구상하는 이 단계에서는 디자이너의 개인적인 경험, 개성, 전문지식, 이미지, 상상, 기존 가치관에 반대되는 상상 등이 영향을 미친다.

아이디어의 전개와 선택

구상 단계의 아이디어는 단편적이고 추상적인 것이 많다. 자신의 아이디어가 기존의 제품과 어떻게 다른지 명확하게 구분하기가 쉽지 않기 때문이다. 따라서 아이디어의 내용을 구체적으로 전달하기 위해 아이디어를 구분·정리할 필요가 있다.

이 단계에서는 한 가지 아이디어를 선택하고 그것이 왜 선택되었는지를 검토한 후, 필요하다면 그 아이디어를 발전시켜나간다. 아이디어의 선택 단계에서는 각각의 아이디어를 병렬적으로 선별하는 것뿐만 아니라, 핵심적인 아이디어를 분석해서 구조적으로 선별하는 것이 중요하다. 또 몇 개의 아이디어를 결합하고 핵심 아이디어를 숙성·발전시켜 채택할 수도 있다(그림 1-2).

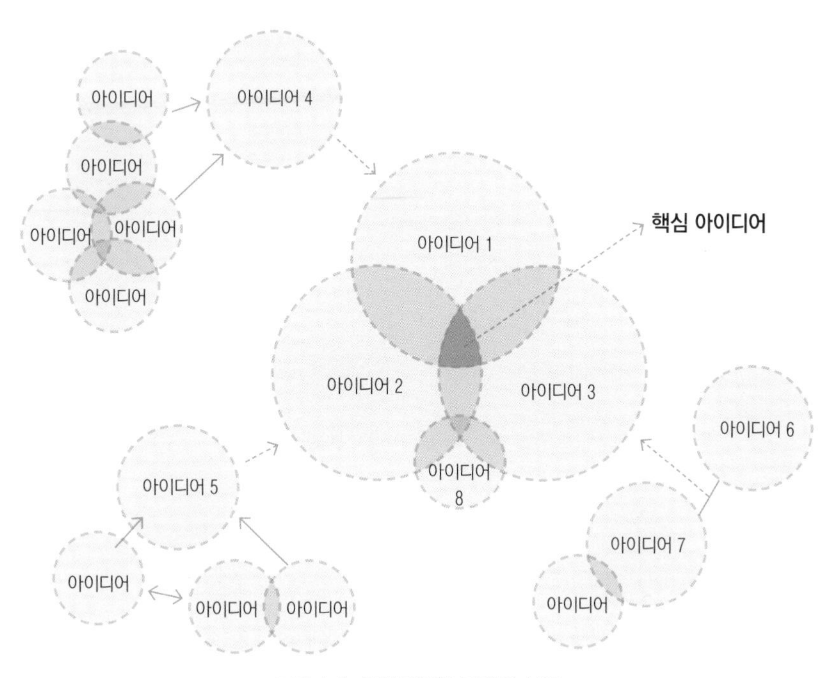

그림 1-2 아이디어의 전개와 선택

아이디어의 검증

디자인을 전개하기 위해 선택된 아이디어의 타당성을 검증하는 단계이다. 하나 혹은 2가지 이상의 아이디어 조합이 문제 해결에 적절한 것인지 검토하고 아이디어의 장단점을 상세히 분석한다. 그뿐만 아니라 구체화된 아이디어에 의한 유형의 디자인으로부터 심미성과 실용성을 포함한 새로운 가치 창조가 이루어졌는지를 검증한다.

채택된 아이디어는 새롭고 독특하며 실행 가능한 것이어야 한다. 특히, 의복 분야에서의 기획 아이디어는 소비자의 구매 의도 및 구매 후 만족도를 평가하여 반영할 수 있는, 이른바 아이디어 검증 단계에서 활용하기에 좋은 방법이라 할 수 있다.

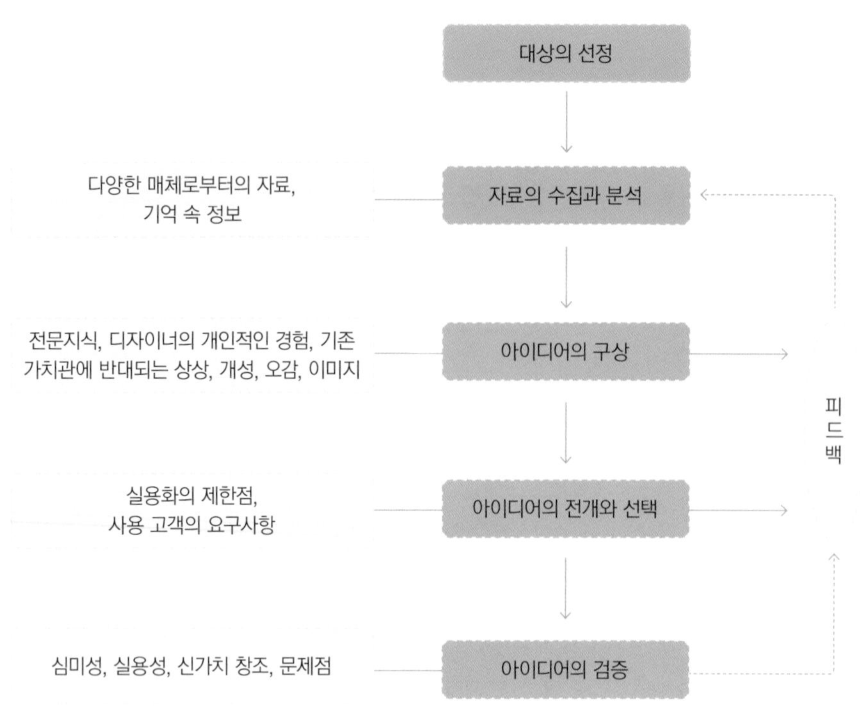

그림 1-3 아이디어 발상의 과정

효과적인 문제 해결을 위한 지침

- 개인이 혼자 활동하기 위한 요구를 존중하라. 개인의 초기 프로젝트를 격려하라.
- 자신의 분야에서 성공한 개인의 용기를 인정하라.
- 개개인의 다양한 가치를 인정하고 격려하라.
- 압박을 낮추고 스트레스가 적은 환경을 만들어라. 집, 교실, 직장 어디서나 심리적으로 안정된 느낌을 가져야 한다.
- 적어도 작업 기간에는 복잡성과 무질서에 관대하라.
- 당신이 그에 '대항하는 것'보다는 개인을 '위하는' 대화를 하라.
- 평범하지 않은 아이디어와 반응을 강화하고 지지하라.
- 실수를 이해하기 위한 긍정적 기회로서 실수를 활용하라.
- 개인의 흥미와 가능한 한 아이디어를 수용하라.
- 개인의 창의적인 생각을 발전시키고, 생각하기 위한 시간을 허락하라. 창의성은 순간적으로나 충동적으로 나오지 않는다.
- 상호 존중의 분위기와 수용의 분위기를 만들어라. 그러면 그들은 생각을 공유하고 발전시키며 다른 사람으로부터 배울 것이다.
- 창의성은 다방면에 걸친 현상을 아는 것이다. 창의성은 교육과정의 모든 분야에 포함된다.
- 중재자보다는 자원을 제공함으로써 확산적 활동을 격려하라.
- 이야기를 듣고 웃어라. 따뜻한 분위기는 실험실 밖에서 발전적인 생각에 자유와 안정성을 공급한다.
- 결정을 하는 과정과 선택에서 개인을 인정하라. 그들의 활동을 조절할 수 있도록 도와라.
- 아이디어와 문제, 그리고 프로젝트의 해결을 뒷받침함으로써 몰입의 가치를 주장하라.
- 비판을 하지 마라. 비판은 아주 적게, 그리고 주의 깊게 사용하라.
- 두뇌 활동을 활발하게 하는 문제를 사용하고 격려하라. 단일 정답 문제(one answer question)를 내지 마라.
- 다른 무언가를 새로 시작하기를 겁내지 마라.

자료 : John S. Dacey·Kathleen H. Lennon(2009). 창의성의 이해, pp.213-214.

발상의 조건

창의적 아이디어는 타고난 발상가가 아니더라도 교육이나 훈련과 같은 노력에 의해 떠올릴 수 있지만, 고무적인 발상에 대한 노력은 스트레스를 발생시켜 창의성의 발현을 막을 수도 있다. 영국 철학자 버트런드 러셀Bertrand Russel은 《게으름의 예찬Praise of Idleness》에서 발상의 역설적인 조건으로 "약간 게으른 듯 할 때 창조적인 사람이 된다."라고 했고, 인덱스 연구소 소장인 즈느비에브 벨 박사는 "창의적인 아이디어는 빈둥거릴 때 떠오른다."라며 창의적 아이디어의 개발과 발전에 있어 생각의 휴식, 즉 여유와 휴식의 중요성을 이야기했다.

노력과 게으름의 양면성을 가진 발상을 잘 하기 위한 조건은 무엇일까? 토마스 쿤은 《과학 혁명의 구조》에서 '세상을 바라보는 시각, 생각의 틀'인 패러다임paradigm이라는 개념을 제시했는데, 이 패러다임의 변화를 아는 것은 패션 디자이너들에게 필수적이라고 할 수 있다.

창의성이란 '문제의 핵심을 발견하고 문제를 새로운 관점에서 접근함으로써 그 문제를 해결할 수 있는 능력'으로, 누구에게나 잠재되어 있으며 뚜렷한 목표 의식과 열정만 있으면 언제든지 발휘될 수 있는 인간 고유의 특성이다. 또 창의성은 어떤 문제를 밖에서 객관적으로 보기 시작하면서 찾게 되는 고정관념의 탈출구이다. 이와 같은 창의성에 의해 생성된 창조적인 아이디어는 경험하지 못한 새로운 것을 의미하는 것이 아니라 경험에 의한 기억 또는 이전부터 존재하던 개념들이 새롭고 유용하게 재결합된 것이다.

새로운 것을 생각하고 알아보는 직관적인 안목, 사용자의 입장에서 생각한 편리한 사용법, 발상의 즐거움, 새로운 것을 만나는 소비자의 신선한 행복감은 사람에 대한 이해를 바탕으로 자유로운 소통을 통해 발산되어야 한다. 즉, 창의적 아이디어는 일상의 경험을 바탕으로 소비자들의 끊임없는 새로운 필요가 더해져서 기존과 다른 참신한 아이디어로 마침내 세상에 나타나게 된다. 창의성은 현실화되기 이전의 익숙한 듯한 모호함과 낯선 것이 주는 이상스러움의 연속인 상상력에 의하여 전개되며, 많은 좌절과 실패가 수반되므로 포기하지 않는 인내심과 열정을 필요로 한다.

새로운 발상은 두뇌에 보관되어 있는 정보와 시각, 청각, 후각, 촉각 등에 따른 외부 정보를 종합하여 새로운 가치를 만들어내는 작업으로, 활용 가치가 있는 아이디어가 되기 위해서는 합목적성, 사고의 독창성, 정보의 축적, 전문적 지식, 의욕과 인내심이라는 5가지 발상의 조건을 갖추어야 한다.

합목적성

새로운 아이디어는 해결해야 할 문제가 있을 때 발전한다. 자신이 무엇을 찾으며 그것을 어디에서 찾을 것인지에 대한 생각이 없으면 좋은 아이디어를 얻을 수 없으므로, 창의적 발상을 위한 목적과 의도를 구체화해야 한다.

구체화된 목적과 의도는 문제 해결의 실마리가 되므로 문제를 어떻게 규정하느냐가 해결 방법에 큰 영향을 미친다. 한 예로, 지금껏 많은 사람이 청소에 많은 힘과 시간을 사용하는 주부들의 문제점을 해결하기 위해 빗자루를 개선하려고 애썼다. 그러나 부스H.G.Booth는 청소의 본질이 먼지를 제거하는 데 있다는 것을 깨닫고, 이를 바탕으로 하여 바람을 거꾸로 일으켜 먼지를 빨아들이는 진공청소기를 발명했다. 한국은 실내에서 신발을 벗고 바닥에 앉거나 이불을 펴고 잠을 자는 독특한 마루형 생활 문화를 갖고 있다. 따라서 먼지 제거뿐만 아니라 실내 바닥 청소가 병행되어야 하는데, 바쁘게 생활하는 맞벌이 부부가 많은 현대에는 주부들의 청소 시간과 노동량을 줄이고 가족 건강을 함께 해결하고자 하는 욕구가 급격히 증가한 것이다. 이 변화에 따른 소비자들의 니즈needs를 읽은 주부이자 기업인인 한경희는 독창적인 스팀 청소기를 발명하였다. 이 창의적인 아이디어는 변화하고 전개되면서 다양한 기능과 위생성을 갖춘 편리한 한국형 청소기가 되어 우리 생활에 유용하게 쓰이고 있다. 이와 같이, 발상의 목적과 문제점에 대한 명확한 규정과 인식은 창조적인 사고가 시작되기 전에 하나의 해결책을 제시해주기도 한다.

사고의 독창성

발상의 본질은 사고의 독창성에 있다. 따라서 이를 계발하기 위해서는 기존의 상황이나 모든 정보를 통합하거나 재구성하고, 이를 바탕으로 가공·변형시키는 훈련이 필요하다. 그러나 사람마다 생각을 짜내고 아이디어를 처리하는 방법이 다르다. 오전에 작업이 잘되는 사람이 있는 반면, 오후나 늦은 밤에 작업 능률이 오르는 사람도 있다. 또 청바지와 티셔츠 차림으로 일을 해야 잘되는 사람이 있는 반면, 그런 것에 전혀 개의치 않는 사람도 있으며, 음악을 들으면서 일해야 집중을 잘하는 사람도 있다.

결국 사고의 독창성은 타고난 인간의 인지 능력이라는 본질적 속성을 갖고 있다. 사고의 독창성은 인간의 창의적 발상 의지를 구체적 실체로 구현해내거나 제반 환경이나 상황 등을 합리적으로, 그러면서도 기발하게 개선해나가기 위한 발상의 중요한 조건이다.

정보의 축적

발상은 아무런 정보 없이 저절로 생겨나거나 갑자기 일어나지 않는다. 창의적 발상을 위해서는 우선 문제점이나 해결해야 할 일을 확인한 다음 머릿속에 들어 있는 가치 있는 정보를 융합하거나 그것과 관련된 정보를 수집해야 한다.

창의적 발견은 유사하지 않은 사물들을 연결하는 과정에서 비롯되므로, 문제 해결과 직접적인 관련이 없더라도 가능한 한 많은 정보를 수집해야 한다. 이때의 정보는 개인적인 경험을 포함한 다양한 정보와 자료를 포함해야 하며 반드시 그림, 사진 등과 같은 시각적인 정보여야 하는 것은 아니다. 문자나 숫자의 언어적 정보, 소리나 음악 등의 청각적 정보, 향기와 같은 후각적 정보 그리고 구체적인 대상에 대한 관련 지식과 머릿속에 떠오르는 이미지, 동영상 등도 중요한 정보가 될 수 있다.

이때 정보를 상식적으로만 받아들인다면 편협해질 수 있어 창조적 발상에 문제가 되므로, 고정관념을 버리고 원리·원칙과 상식에 대해서도 회의하며, 자유로운 방향에서 접근해야 한다. 즉, 수집되어 체계화된 생각들에 일반적인 상상, 기존 가치와 반대되는 상상, 이미지, 움직임, 오감 등을 부가하여 생각의 특징을 구체화해야 한다.

전문적 지식

현대는 정보화 시대이다. 그에 따라 많은 상품 개발이 정보의 재생으로 이루어지고 있다. 이때 대상에 대한 전문지식이 부족하면 수집한 많은 정보를 어떻게 분석해야 할지 알 수 없으며, 그 의미를 파악하고 체계화하는 과정조차 쉽게 이루어지지 않는다.

전문적인 지식은 해결해야 할 문제에 대한 기술적이고 객관적인 부분이므로 개개인의 감성과 주관, 공상에 치우치기 쉬운 부분들을 제어함으로써 좀 더 현실에 적합한 실용적인 아이디어를 이끌어 내준다. 예를 들어, 의복 디자인을 위한 아이디어 발상을 위해서는 무엇보다 인체와 의복의 구조에 대한 이해가 필요하다. 그리고 기존의 지식이 머릿속에 어떻게 저장되어 있느냐에 따라 표현되는 이미지에도 차이가 생길 수 있으므로 지식의 체계화가 필요하다. 기존의 지식 체계가 아닌, 자기 나름대로의 지식 체계를 만든다면 다른 사람과 차별화된 새로운 지식 체계를 형성할 수 있을 것이다.

의욕과 인내심

아이디어 발상이 아무리 훌륭하더라도 좋은 결과를 얻으려면 여러 가지 환경적 요인을 극복하려는 의욕과 인내심이 동반되어야 한다. 실제로 발상을 하다 보면 체계적인 발상보다는 개인의 경험에 의한 주관에 휩쓸리기 쉽고, 정보의 부족에서 오는 편협한 사고 그리고 관련 정보에 지나치게 의존함으로써 생기는 독창성 결여 등 많은 문제점이 드러나게 된다.

발상이 의도한 대로 잘 이루어지지 않으면, 심한 스트레스를 받겠지만 그만큼 해결에 대한 강한 의욕을 갖고 지속적으로 노력하는 자세가 필요하다. 즉, 다른 사람과 비교하여 실망하거나 실패에 절망하고 좌절하기보다는 '나도 할 수 있다', '하면 된다'는 의욕과 창조적 실패를 통한 경험과 긍정적인 사고가 성공적인 디자인 발상을 이끄는 원동력이 된다. 창조적 실패의 경험은 발전을 위한 좋은 밑거름이 되며, 집중력을 갖고 넓게 보고 크게 생각하면 생각이 생각을 낳아 결국 깊고 높고 넓은 한 차원 높은 수준의 생각을 하게 된다. 그러므로 새롭고 창의적인 발상에 부담감을 주는 부정적인 생각에 변화를 주어, 가볍고 자유로운 마음으로 지속적이고 반복적인 발상 훈련을 하면 성공적인 창의적 디자인 발상을 편안하게 수행할 수 있을 것이다.

따라서 자신에 대한 긍정적인 자아상을 가지고 적극적·긍정적인 사고로 의욕과 인내심을 가지고 깊은 생각의 우물을 개발하는 지속적인 발상 훈련을 하면, 창조적 사고를 가지고 창의적 발상을 하는 패션 디자이너가 될 수 있을 것이다.

감각과 디자인 발상을 위한 훈련

창조적인 디자인 발상을 위해서는 풍부한 아이디어가 필요하다. 풍부한 아이디어는 유연한 사고에서 비롯되며 유연한 사고는 다양한 지식, 경험, 개인의 노력과 의지에 의해 향상될 수 있다. 창조적 발상을 위한 두뇌의 유연성을 기르는 방법에는 분위기 전환법, 연상 트레이닝법, 결과공상 트레이닝법, 점체계 트레이닝법, 표현유창 트레이닝법 등이 있다.

- 분위기 전환법 : 좀 더 유연한 발상을 위해 하던 일을 중지하고 휴식을 하는 방법이다. 가볍게 체조를 하거나 산책, 드라이브, 잡담, 목욕, 음악 감상, 스쿼시, 게임, 커피 마시기 등으로 분위기를 전환하면 새로운 아이디어를 얻는 데 도움이 될 것이다.
- 연상 트레이닝법 : 어떤 단어가 주어졌을 때 주어진 단어와 같은 의미의 단어 혹은 반대되는 의미의 단어, 그림 등을 일정한 시간 동안 연상하는 방법이다. 되도록 다양하고 많은 연상을 해보면 사고의 독창성과 창조성을 키우는 데 도움이 될 수 있다.
- 결과공상 트레이닝법 : 이상한 상황을 생각해보거나 일어날 수 없는 비현실적인 상황을 상상해보는 방법이다. '하늘에서 꽃이 핀다면', '인간에게 남녀 구별이 없어진다면', '맨발로 물 위에서 여유로운 산책을 한다면' 등의 상상에 정답은 없지만, 현실에서 할 수 없는 일인 만큼 경직된 사고를 푸는 좋은 방법이 될 수 있다.
- 점체계 트레이닝법 : 산재하거나 정리되어 있는 점을 임의로 연결한 후, 여러 가지 연상 그림을 추출해내는 것이다. 이는 대상을 바라보는 시각을 변화시키고 상상력을 기르기 위한 방법이다.
- 표현유창 트레이닝법 : TV 볼륨을 줄이고 화면만 보며 내용을 이해해보거나 몇 개의 단어가 포함된 짧은 글을 써보며 표현력을 증가시키는 방법이다.
- 이외에도 교통 표지판을 만화로 구상해보는 등 새로운 표현, 새로운 구상을 해보면 유연한 사고에 도움이 될 것이다.

새로운 물건은 만드는 사람의 감각에 의해 디자인의 좋고 나쁨이 결정될 수 있다. 따라서 디자인 감각을 연마하는 것이 중요하며, 이 감각은 지식의 표현, 관찰, 정보 수집, 연극 감상 등의 훈련으로 향상된다.

디자인의 창조는 합리적 사고에 의해 발견된 아이디어를 구체화하여 실체로서 완성하는 과정이다. 디자인 감각을 기르려면 먼저 대상에 대한 충분한 이해와 과학적 자료 분석이 필요하다. 의복 디자인을 하려면 형, 소재, 색채에 대해 잘 알아야 하며 먼저 평면을 잘 이해해야 비로소 그것을 입체적으로 전개해나갈 수 있다. 실제로 패션쇼 등을 기획·발표해보는 경험도 디자인 감각을 익히는 좋은 훈련이 된다. 더불어 우리의 주변에 있는 모든 요소들을 어느 것 하나라도 그냥 보고 넘기지 말고 자세히 관찰하는 습관을 길러야 한다. 거리에 있는 사람들의 착장이나 자연계의 동식물 등을 관찰함으로써 형, 소재, 배색 등에서 생각하지 못했던 것을 발견하거나 창조의 실마리를 얻을 수 있다.

또 평소에 수집하는 습관을 가진다면 디자인 감각을 기르는 데 도움이 된다. 즉, 평소에 즐기는 것을 발견하거나 눈에 띄는 새로운 것을 모아서 주변에 두는 것이다. 수집품은 반드시 전공이나 취미와 관련된 것이 아니어도 된다. 사람의 기억에는 한계가 있으므로 패션 잡지, TV, 비디오, 신문, 각종 잡지 등에서 정보를 체계적으로 모아 스크랩해두면 그 자체로 훌륭한 아이디어의 근거가 되며, 이러한 자료를 통해 신선한 아이디어를 발상해낼 수도 있다. 이외에도 고전극, 연극, 영화, 전람회, 패션쇼 등을 자주 감상하고 예술가들의 작품을 통해 견문을 넓히면 심미안을 높이는 데 도움이 될 것이다.

레비 스트라우스Levi Strauss	마크 제이콥스Marc Jacobs
문제가 닥쳤을 때 평정심을 잃지 않고 적극적으로 문제를 해결하려는 도전자이자 발상의 전환가	보헤미안적인 감성과 대담하고 독창적인 자신만의 미학을 새롭게 창조하여 넓은 연령대에 전달하는 디자이너
▪ 1829~1902. 독일 출신 ▪ 1847. 미국 뉴욕으로 이민 ▪ 골드러시의 하향으로 옷장사 시작 ▪ 1853. '리바이 스트라우스 앤드 컴퍼니' 설립 ▪ 광부들을 위한 천막을 짓다 군대로부터 대량 주문된 천막 계약이 취소되면서 쓰레기가 될 위기에 놓인 질긴 천막 천을 광부들의 작업 바지로 만드는 발상의 전환을 통해 위기를 기회로 만듦 ▪ 거친 작업으로 봉재선이 잘 터지는 것을 보완하여 동업자 데이비스가 단단한 고정 방법인 금속 징(리벳) 사용 아이디어 제안 ▪ 스트라우스는 당시 남북전쟁이 끝날 무렵 캘리포니아 남부 패잔병의 파란색 바지에서 푸른색을 보고 인디고 블루 아이디어 제안 ▪ 1873. 5. 20. 리벳을 넣은 질은 청색 바지 특허 승인. 패션 역사에서 리바이스 블루진이 공식 탄생함 ▪ 1950~1960년도. 청바지의 대도약기 ▪ 스트라우스는 이후 소재의 무게감에 대한 소비자 요구를 수용하여 가벼운 면소재인 데님으로 옷감을 교체 ▪ 변화를 수용할 줄 아는 유연한 사고의 소유자 ▪ "문제가 없는 것이 삶이 아니다. 항상 이런저런 문제가 기다리고 있는 것이 삶이다. 문제를 만났을 때 '기회'라고 여기는 그 마음이 당신을 성공으로 이끌 것이다."	▪ 1963~. 미국 뉴욕 출신 ▪ 1981. 미국 파슨스 패션 학교 입학 ▪ 1984. '올해의 학생상', '체스터 와인버그 황금 골무상', '페리 엘리스 황금 골무상'을 수상하며 차세대 디자이너로 부상 ▪ 1984. 샤리바리가 졸업 작품전에 나온 오버사이즈 스웨터를 주문하며 패션 비즈니스가 시작됨 ▪ 루벤 토마스사의 로버트 더피의 기성복 브랜드 디자이너로 '스케치북' 라인을 디자인하며 뉴욕 패션 언론들의 호평 속에서 패션계의 주목을 받음 ▪ 1987. 24세에 최연소 '페리 엘리스 신인 디자이너상' 수상 ▪ 1988. 페리 엘리스의 사망으로 곤경에 처한 '페리 엘리스 여성복 라인'을 로버트 더비와 함께 이끌면서 메이저 브랜드의 디자이너로 자리매김하며 활발하게 활동함 ▪ 1993. 그런지 룩 컬렉션 선보임 ▪ 1997~2014. 루이뷔통의 수석 디자이너로서의 역량과 패셔너블한 명품 브랜드로의 자리매김 실현. 전통을 수호하며 파괴와 대담함의 신선함을 보이는 '모노그램 시리즈'를 탄생시킴 ▪ 유능한 예술가들(스티븐 스프라우스, 무라카미 다카시, 야요이 쿠사마)과의 협업으로 전통과 아방가르드한 감각을 어우러지게 하며 넓은 연령대를 흡수하는 등 자신만의 미학 펼침 ▪ 현재 '마크 제이콥스'와 2001 '마크 바이 마크 제이콥스' 라인, 2007 '리틀 마크 제이콥스' 라인까지 남성복·여성복·아동복·액세서리 등 모든 분야를 석권하며 활동 중

© lev radin/Shutterstock.com

© FashionStock.com/Shutterstock.com

© Shutterstock.com

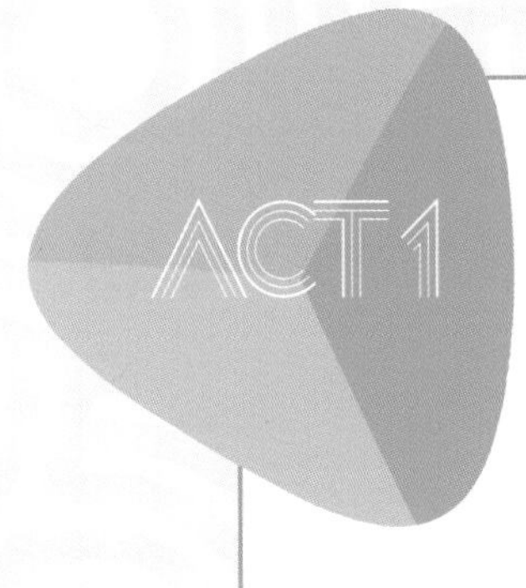

- **목표 : 창의적 발상에 대한 관심과 자기를 알아보는 시간을 가진다.**
- **준비물 : 잡지류, 가위, 풀, 색연필 등**

ACT 1-1 생활(환경, 생활용품 등) 속에서 다양한 창의적 발상을 찾아, 원의 안과 밖에 자유롭게 붙여봅시다.

- 창의적 발상이 나타난 생활 속 사진을 찾고, 원의 안과 밖에 자유롭게 붙인다.
- 원의 안과 밖에 붙인 사진을 설명하고, 통찰을 통해 생활 속에서 자신이 무엇에 관심이 높고 중요하게 여기는지 그 의미를 찾아본다.
- 조원들과의 피드백을 통해 생활 속에 나타난 창의적인 발상에 대한 서로의 느낌을 나눈다.

ACT 1-2 자기 자신을 자유로운 발상으로 표현해봅시다(표현 방법 : 콜라주, 그림 그리기 등).

- 콜라주와 그림 그리기 등으로 자신을 자유롭게 표현해본다(예, 사람, 동물, 자연, 사물 등).
- 표현된 자신을 구체적으로 설명하고, 통찰을 통해 자기 자신을 탐색하며 알아본다.
- 조원들과의 피드백을 통해 서로의 느낌을 나눈다.

ACT 1-3 생활 속에서 찾을 수 있는 오브제(환경, 생활용품, 자연, 과일 등)를 사용하여 표현해봅시다(표현 방법 : 콜라주, 그림 그리기 등).

- 먼저 연상되는 이미지를 생활 속 오브제를 사용하여 조형적(사람, 동물, 자연, 채소, 과일 등)으로 자유롭게 표현해본다.
- 조형적으로 표현된 것을 구체적으로 설명하고, 통찰을 통해 알아본다.
- 조원들과의 피드백을 통해 서로의 느낌을 나눈다.

ACT 1-1 생활(환경, 생활용품 등) 속에서 다양한 창의적 발상을 찾아, 원의 안과 밖에 자유롭게 붙여봅시다.

설명Description

통찰Insight

피드백Feedback

ACT 1-2 자기 자신을 자유로운 발상으로 표현해봅시다(표현 방법 : 콜라주, 그림 그리기 등).

나는…

설명Description

통찰Insight

피드백Feedback

ACT 1-3 생활 속에서 찾을 수 있는 오브제(환경, 생활용품, 자연, 과일 등)를 사용하여 표현해봅시다(표현 방법 : 콜라주, 그림 그리기 등).

나는…

설명Description

통찰Insight

피드백Feedback

패션 디자인의 이해

패션 디자인의 개념

우리가 일상생활에서 접하는 핸드폰, 자동차, 의복, 액세서리, 가구, 실내 인테리어, 건물 등에 대한 이야기에는 디자인이란 말이 항상 함께 언급된다. "삼성전자가 세계적인 산업 디자이너(이브 베하)와 협업하여 메탈 큐브 위에 얹은 미술관 한가운데 전시된 조각상 같은 느낌의 TV를 선보이며 TV를 예술작품의 경지로 끌어올리는 동시에 커브드 화면에 대한 몰입감을 극대화시키는 디자인을 발표하였다.", "디자인에 의하여 우리는 천박과 고상 사이를 오가는 제품을 만날 수 있다."와 같은 기사의 내용에서 볼 수 있듯이 디자인은 우리 생활 속에 깊숙이 스며들어 있으나, 디자인이 정확히 무엇인지는 알지 못하는 사람이 많다.

디자인이란 어떤 조형물을 만들어내는 과정 중에서 조형물의 제작을 위한 설계 또는 계획 과정을 말한다. 이와 같은 디자인은 인간과 생활의 관계 형식에 따라 크게 전달 디자인, 공간·환경 디자인, 생산 디자인으로 분류할 수 있으며 패션 디자인은 생산 디자인에 포함된다(그림 2-1).

그림 2-1 디자인 분야

'디자인[design]'이라는 단어는 원래 라틴어의 '표시하다', '기호로 나타내다'라는 뜻을 가진 '데지나르[designare]'라는 단어에서 나온 외래어로, 발음 그대로 우리말로 사용되고 있다. 한글 사전에서 '디자인'을 살펴보면 '(상품이나 옷 따위의) 멋과 기능의 도안이나 고안'이라고 되어 있으며, '디자인하다'는 '(상품의 멋과 기능을 높이도록) 도안이나 고안을 하다'라고 나와 있다. 또 한글 사전에 '패션[fashion]'은 '주로 옷차림의 유행이나 풍조'라고 제시되어 있다.

그러므로 패션 디자인[fashion design]은 '유행이나 풍조의 대상이 되는 옷차림을 이루는 상품이나 옷 따위의 멋과 기능의 도안이나 고안'이라고 할 수 있다. 이러한 패션 디자인을 하는 사람은 '패션 디자이너'라고 지칭한다.

"디자이너는 다양한 배역을 소화해야 한다.
예술가, 과학자, 심리학자, 정치가, 수학자, 경제학자, 판매원 등등.
마라토너 수준의 체력은 기본이다."

– 헬렌 스토리

헬렌 스토리[Helen Storey]의 말에서 나타나듯 패션 디자이너는 진취적인 마음과 강인한 체력으로 신선하고 새로운 디자인 아이디어를 끊임없이 생산하는 종합예술가로서, 그 길이 결코 쉽지는 않다.

'진취적인 마음'이란 자신감을 가지고 주변의 다양한 것에 대한 호기심과 풍부한 상상력을 가지고 이를 현실화하려는 진취적인 실험정신과 도전정신, 패션 디자인 지식에 대한 재능과 트렌드에 대한 직관, 적절한 융통성과 결단력을 가지고 지속적으로 실행에 옮길 수 있는 업무 처리 능력을 겸비한 성실성을 말한다. 여기서 말하는 성실성이란, 얼핏 뛰어난 재능을 말하는 것 같기도 하지만 실은 난관을 이겨내고 지치지 않는 뜨거운 열정으로 새로운 작업을 시도하는 인내심이란 뜻을 내포하고 있다.

현대사회에서 디자인은 새로운 의미가 있는 대상으로 눈에 보이는 단순한 사물로써의 외적 측면보다 다양한 가치와 창의적이고 새로운 효용가치라는 의미를 가지는 창조적인 활동과 같은 눈에 보이지 않는 내적 측면으로 확대되고 있다(그림 2-2).

또 같은 용도의 익숙한 사물도 디자인을 거치면 새로운, 참신한, 낯선, 신선한, 상상의, 획기적인 등과 같은 표현을 동반하며 사용자들에게 참신한 즐거움과 변화를 제공하게 된다. 이와 같은 디자인 경향은 현대에 와서 더욱 세분화되고 복잡하게 통합되는 과정을 거치며, 어느 특정한 디자인에 국한되지 않고 새롭고 종합적인 디자인 영역으로 통합되어 경계를 넘나드는 독특한 디자인을 창출한다. 특히 패션 디자인은 예술적 감각과 발달된 과학기술의 힘으로 하이브리드[hybrid], 컨버전스[convergence], 유니버설 디자인[universal design]과 같이 빠르고 급격한 변화를 이끄는 디자인의 대표 리더가 되었다.

디자인은 다양하고 광범위한 정보 분석을 통해 시대적·사회적·문화적 상황과 특성을 고려하고 창조성을 결합하는 창의적인 행위의 과정으로 완성된다. 좋은 디자인[good design]이란 기능이나 구조 및 적절한 재료 선택의 합리성을 비롯하여 경제성, 심미성, 독창성의 조건들이 조화를 이룬 디자인이다.

따라서 가장 성공적인 패션 디자인은 인체의 구조와 완벽하게 조화되며 착용 목적에 적합한 형태일 뿐만 아니라, 예술적인 측면의 아름다움이 적절히 조화를 이룬 디자인이다.

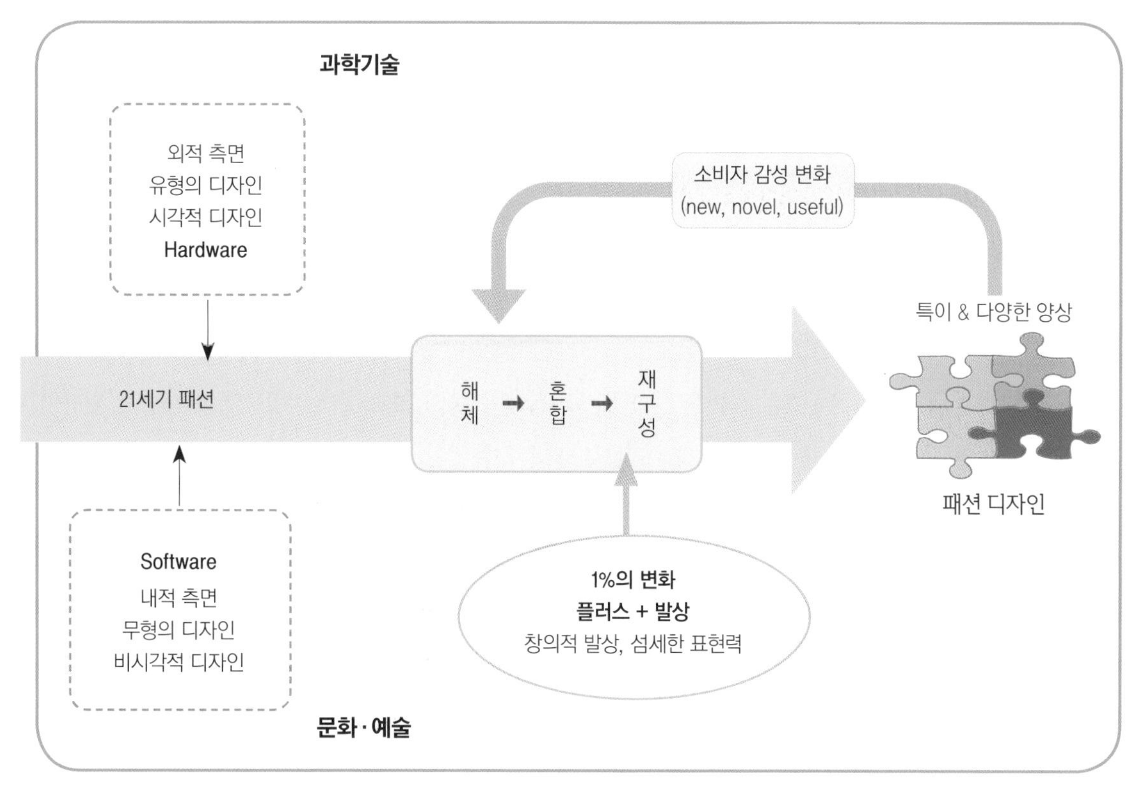

그림 2-2 패션 디자인의 개념

패션 디자인은 순수 디자인과는 다른 창조성을 필요로 하는데, 이것은 인간과 의복이라는 물체와의 관계를 중심으로 한 특별한 디자인에 속하기 때문이다. 따라서 패션 디자인은 의복이라는 매개체를 통해 궁극적으로는 착용자의 만족과 아름다움을 표현하는 것을 목적으로 하기 때문에, 착용자의 요구, 개성, 만족감, 착용되는 시기의 시대적 아름다움을 표현하는 미적 가치와 사회적·문화적 가치관을 함께 고려한 조형적인 감각이 조화를 이루어야 한다.

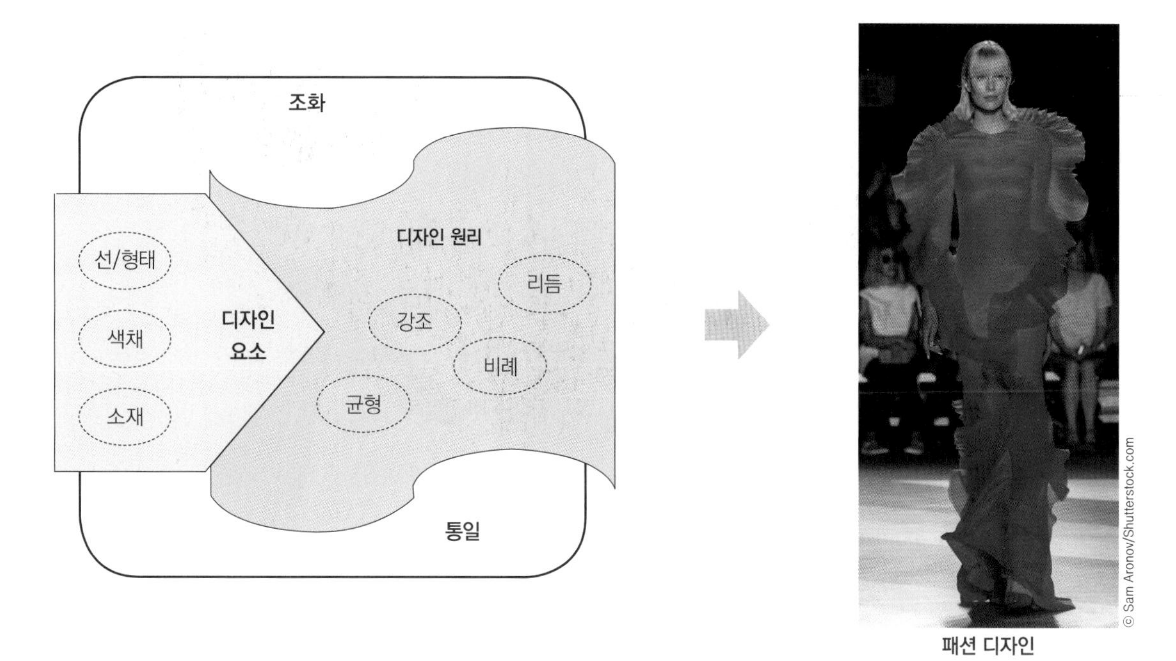

그림 2-3 디자인 요소와 원리에 의한 패션 디자인

이와 같은 패션 디자인의 특성을 조화롭게 창조하기 위해서는 디자인의 표현 수단이 되는 선, 형태, 색채, 재질, 무늬와 같은 디자인 요소를 고려해야 하며, 이 디자인 요소는 균형, 리듬, 강조, 비례와 같은 디자인 원리의 조화와 통일에 의해 시각적 우선권을 갖게 되고, 또 이 디자인에 포인트를 부여함으로써 완성된다. '조화로운 통일감 속의 변화'를 통해 창의적인 패션 디자인이 탄생하게 되는 것이다(그림 2-3).

빠르게 다양한 모습으로 시대를 반영하는 패션 디자인은 디자인 목적에 따라 기능적 디자인, 구조적 디자인, 장식적 디자인으로 나누어진다.

기능적인 디자인[functional design]은 의복의 부분들 또는 의복 전체와의 관계에 따라 어떻게 작동하고 어떻게 기능을 수행하는가를 고려한 디자인을 말한다. 기능적인 디자인의 목적은 크게 2가지로 나누어볼 수 있는데, 일반적인 목적으로는 동작, 보호, 환경 조절, 건강과 안전에 대한 것이 있다. 특별한 목적으로는 치료를 목적으로 착용하는 의학용 웨어러블 컴퓨터, 직업, 스포츠, 아동, 임산부, 장애인, 노인 등과 같이 특수한 상황과 특정 착용자를 위한 올바른 역할 수행을 목적으로 한다. 기능적 디자인은 목적으로 하는 상황의 수행이 우선이기 때문에 미적 측면의 장식적인 요소가 배제된 경우가 많다.

구조적 디자인[structural design]은 입체적인 인체에 평면의 옷감이 자연스럽게 맞도록 입체화시키는 것으로 옷과 인체 구조의 관계를 고려한 디자인을 말한다. 즉 팔, 다리, 허리, 무릎과 같은 3차원의 인체 구조를 고려한 활동성과 다트, 암홀라인 등의 의복 구성선을 이용한 평면 및 입체재단 방법으로, 인체의 형태를 고려한 표현을 한다. 구조적 디자인의 부족한 미적 측면은 디테일이나 트리밍 같은 장식적 특성으로 보완하게 된다.

장식적 디자인[decorative design]은 기능적 디자인과 구조적 디자인에 종속되는 디테일 또는 트리밍에 의한 장식으로 미적인 측면만을 고려한 디자인이다. 장식적 디자인의 목표는 표현하고자 하는 이미지의 극대화이나 사용법과 목적에 따라 장식의 위치, 예술적인 요소 및 원리가 기능적·구조적 디자인과 조화를 이루어야 한다.

그림 2-4 기능적 디자인

그림 2-5 구조적 디자인

그림 2-6 장식적 디자인

다양한 패션 용어

인클루시브 디자인 Inclusive design
모두를 위한 디자인을 말한다. 주로 유럽에서 사용되는 개념으로 북미의 유니버설 디자인 개념이 건축과 제품에 치중되는 것에 비해 이것은 커뮤니케이션, 서비스 등의 디자인까지 아우르는 광의의 개념으로 사용된다.

유비쿼터스Ubiquitous
유비쿼터스가 포함되어 있는 디자인으로 컴퓨터나 네트워크가 결합되어 자유롭게 네트워크에 접속하여 착용자의 시공간의 자유로움을 부가하는 하이테크 디자인을 말한다.

스마트웨어Smart wear
정보기술IT, 생명공학BT, 극소나노단위nano scale의 생산기술, 친환경소재ET 등 신기술을 결합해 전통적 섬유나 의복의 개념을 벗어난 미래형 의복을 말한다. 웨어러블 컴퓨터Wearable Computer, 디지털 의복 등으로도 불린다.

에코Eco
친환경성을 생각하는 디자인으로 소재의 유해성 및 분해 가능성, 에너지 효율성 등을 고려하여 환경에의 자극을 최소화하는 생태적 개념을 포괄하는 친환경 디자인을 말한다.

리사이클Recycle
폐기물에 디자인 과정을 적용함으로써 고부가가치의 상품을 만드는 것으로, 그런 디자인 및 에코 디자인을 실현하기 위해 제품적 측면에서 버려지는 재료를 재활용하여 새로운 제품으로 실현하는 디자인을 말한다.

로하스LOHAS
로하스Lifestyles Of Health And Sustainability는 공동체 전체의 더 나은 삶을 위해 소비생활을 건강하고 지속가능한 친환경 중심으로 전개하자는 생활양식, 행동양식, 사고방식을 뜻한다. 웰빙의 기본적인 취지와 부합된 것으로 일회용품 줄이기, 장바구니 이용하기, 프린트 카트리지 재활용 캠페인 등이 대표적인 움직임이다.

업사이클링Upcycling
'개선하다, 높이다Upgrade'와 '재활용하다Recycle'의 합성어로써, 버려진 물건을 재활용해서 새로운 가치를 가진 제품을 만드는 것을 말한다. 제품을 단순히 재활용recycling하는 차원을 넘어 새로운 가치를 더해 수준을 한 단계 높인upgrade 전혀 다른 제품으로 다시 생산하는 것이다. 반대되는 단어로는 다운사이클링downcycling이 있다.

지속가능한 패션 Sustainable fashion
우리의 미래 세대를 위하여 현재 있는 자원을 저해시키지 않는 패션 제품의 생산, 사용하는 것에서 나아가 덜 폐기하고 또 어떤 방법으로 폐기할 것인가 까지를 포함하는 신중한 과정을 말한다.

에슬레저룩Athleisure
운동 경기Athletic와 레저, 여가Leisure의 합성어이다. 일상복으로 입기에 어색하지 않으며 차려입지 않은 듯 편안하면서도 스타일리시함을 겸한 데일리 룩으로 운동복처럼 편안하고 활동성이 있는 스타일을 말한다.

놈코어Normcore
노멀Nornal과 하드코어Hardcore의 합성어로써, 평범함과 자연스러움을 겸비한 세련된 옷차림을 일컫는 패션 스타일의 일종이다. 일반적으로 남들과 다른 것을 추구하는 패션 스타일과는 달리, 흔히 볼 수 있는 아이템을 활용하며 옷으로 자신과 타인을 구별하지 않는다. 빠르게 변화하는 패션 트렌드에 대한 역반응으로 해석된다.

뉴트로New-tro
새로움New + 복고Retro의 의미를 지닌 복고를 새롭게 즐기는 경향을 일컫는 말이다. 과거를 그리워하여 단순히 과거에 유행했던 것을 다시 꺼내 그 향수를 느끼는 것이 레트로라면, 최근 패션 전반에서 다양한 모습으로 전개되고 있는 뉴트로는 과거의 문화, 풍습, 물건 등을 새롭게 최신 유행처럼 즐기는 것을 의미한다.
과거에 유행했던 스타일을 재해석한 뉴트로보다 더 진화하여 최신 유행이 되고 있는 힙Hip + 레트로Retro의 복고 스타일인 '힙트로'와 스트리트Street 패션 + 뉴트로 패션이 결합한 뉴트릿 등이 있다.

패션 디자인의 과정

창의적인 패션 디자인 활동은 논리적인 계획과 체계적인 과정이라는 일련의 과정을 형성한다. 이 과정은 크게 발상 단계와 상품화 단계로 나눌 수 있으며, 세부적인 과정은 그림 2-7과 같다.

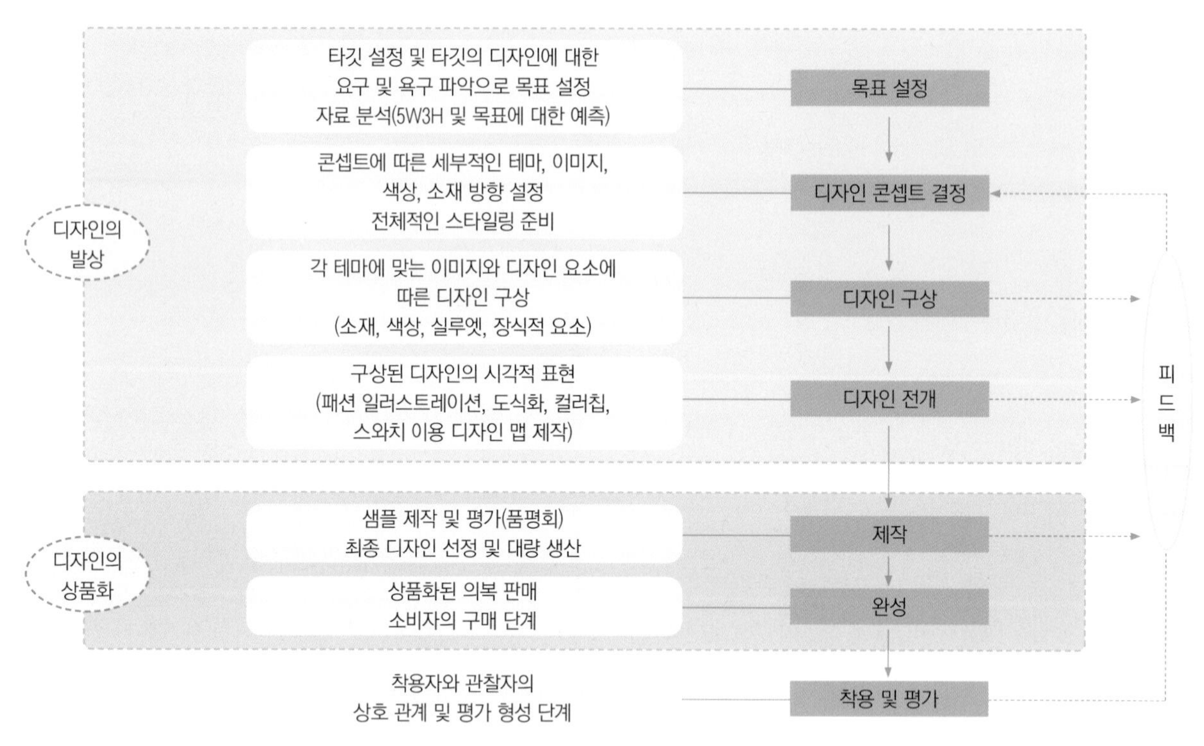

그림 2-7 패션 디자인의 과정

목표 설정

디자인 발상을 위하여 의복을 착용할 대상을 구체적이고 명확하게 설정하여 그들이 원하는 디자인에 대한 요구와 욕구를 파악하는 목표를 설정하는 단계이다.

목표가 설정되면 여러 매체를 통해 타깃의 특징을 파악할 수 있는 다양한 자료를 수집한다. 수집된 자료는 5W3H[who, when, where, why, what, how much, how long, how to coordinate]의 항목에 의하여 계획적이고 세밀하게 분석된다. 그 후 이 분석을 통해 설정된 목표의 세부적인 타깃 범위, 디자인 목적, 수요 및 효과를 예측하고 설정한다.

타깃 설정을 위한 자료 수집은 패션 디자인을 전개하는 작업 단계의 기초가 되는 중요한 단계이므로, 예측이 어려운 패션 시장의 변화에 대응하기 위해서는 정기적인 자료 수집으로 그들의 취향과 요구의 변화 추이를 지속적으로 모니터링해야 한다.

디자인 콘셉트 결정

설정된 타깃을 위한 디자인 목적에 기반을 두고 전달하고자 하는 이미지가 반영된 트렌드를 잘 함축한 디자인 콘셉트를 결정하는 단계이다. 결정된 콘셉트에 따라 세부적인 테마 및 각 테마에 맞는 이미지와 색상, 소재에 대한 방향이 설정되어 전체적인 스타일링이 준비된다.

디자인 구상

설정된 각 테마 및 이미지와 디자인 요소에 따라 디자인 구상이 이루어지는 단계이다. 즉, 구체적인 소재와 색상 및 실루엣을 결정하고 장식적 요소인 디테일과 트리밍을 선택하는 것이다. 구상된 디자인 요소들은 디자인의 테마와 전체적인 이미지의 조화 및 통일 속에서 디자인 원리에 의해 참신하고 변화 있는 디자인이 된다.

디자인 전개

구상된 여러 디자인을 시각적으로 표현하는 단계이다. 구상된 디자인은 디자인 콘셉트에 맞게 스타일링되고 테마, 콘셉트, 이미지를 함축하여 표현하는 패션 일러스트레이션, 도식화, 컬러칩, 스와치 등의 재료를 사용하여 디자인 맵으로 제작·표현된다. 스타일링은 항상 객관성을 잃지 않는 가운데 디자인 감각을 표현할 수 있어야 하므로 많은 훈련을 필요로 한다. 이렇게 전개된 디자인 중 상품화될 모델을 선정하고, 선정된 모델에 맞는 샘플 제작 의뢰서를 작성한다.

제작

샘플 제작 의뢰서에 의해 패턴이 제작되고 가봉 및 봉제 단계를 거쳐 완성된 샘플에 대한 품평회가 이루어진다. 품평회를 통해 선정된 디자인이 제품화되어 대량 생산되는 단계이다. 제작된 샘플 디자인에 대한 품평회는 착용감, 콘셉트의 목적 및 효과, 기능성과 미적 측면의 조화를 고려하여 평가하며, 개선점이 발견되면 반영하여 수정하게 된다.

완성

최종 생산된 디자인이 대량 생산을 거쳐 제품으로 상품화되는 단계로 상품화된 의복이 판매되며, 이때 소비자의 구매활동이 이루어진다. 각 브랜드는 완성품인 의류 상품에 대한 소비자의 구매활동을 촉진하기 위하여 차별화된 마케팅 전략을 세워 TV, 잡지 광고, VMD, 판매원 등의 판매 전략과 판매 촉진 활동 등을 수행한다.

착용 및 평가

구매된 의복이 소비자들에게 착용되고, 착용자와 관찰자 사이에서 상호 관계가 형성되며 평가가 이루어지는 단계이다. 의복은 바람직한 의생활 속에서 소비자의 라이프스타일과 체형을 고려하여 착용된다. 연출된 옷차림은 착용자의 개성을 표현할 뿐만 아니라 관찰자와의 상호관계를 통해 형성되는 이미지에 의하여 평가된다. 특히 현대에는 상호관계의 비중이 커지면서 이미지메이킹에 관심이 많아져 좋은 이미지를 만드는 의복 연출에 대한 관심 또한 증가하고 있다. 오늘날에는 아이템보다는 어떻게 착용하는가의 문제인 웨어링wearing이 중시된다. 연구에 따르면 경쾌하고 나이보다 젊어 보이며 조화를 이룬 패션 코디네이션이 상대방에게 좋은 옷차림이라는 평가를 이끌어내는 것으로 나타났다.

따라서 각 브랜드는 판매된 의류 제품에 대한 소비자들의 반응을 모니터링하고, 이를 디자인 개발에 반영하여 지속적으로 소비자의 요구를 만족시키는 데 활용해야 한다.

DESIGNER STORY :

샤넬Gabrielle Coco Chanel	랄프 로렌Ralph Lauren
고급 패션에 편리함과 실용성을 더하여 배타성과 독창성을 고수하는 패션계의 아성을 무너뜨린, 시대를 초월한 클래식의 대표적인 디자이너	상류사회의 의상 스타일과 라이프스타일을 제시하며 대중에게 의상을 통해 그 일부가 될 수 있다는 환상을 심어준, 미국을 대표하는 절제된 우아함을 선보이는 디자이너
■ 1883~1971. 프랑스 출신 ■ 사치스러운 빈곤 룩(저지와 같은 일상적인 소재로 절제되고 단순하며 고급스러운 의상을 디자인하고 쿠튀르적 제작 방식으로 만들어져 비싸게 팔리는 모순 때문에 붙은 명칭) 창조 ■ 활동적인 저지 또는 양질의 신사용 트위드로 앙상블을 만들거나 기능적인 옷 발표 ■ 여성복 상하의 길이를 짧게 줄이고 허리를 수직으로 내려 인체를 구속하는 의상을 입던 여성들에게 편안하고 실용성 있는 의복을 제공하여 패션의 민주화를 제공 ■ 군대와 노동계층의 의상을 모티프로 한 디자인 ■ 1926. '리트 블랙 드레스'를 선보이며 블랙의 일상적인 고정관념을 타파하고 세련되고 고상한 매력을 유행시키며 블랙의 이미지를 전환 ■ 1955. 2. 어깨 끈 달린 퀼팅백(2.55) 등의 액세서리 포함한 토털 룩을 만들어냄 ■ 실용성, 기능성, 단순함을 가진 '샤넬 스타일'로 패션계의 클래식으로 자리 잡음 ■ 현재는 칼 라거펠트(1984~)가 수석 디자이너로 그녀의 디자인 정신을 이어가고 있음 ■ 칼 라거펠트의 디자인 방향 : "샤넬을 위해서 내가 좋아하는 코코, 예를 들면 데뷔 당시의 자유로운 코코, 반항자로서의 코코를 표현하려고 생각한다. 그리고 코코 샤넬이 지금 스물다섯 살의 여성으로서 착용하고 싶어 하는 것을 상상한다." ■ 칼 라거펠트는 샤넬의 문화적 유산의 바탕 위에 그만의 색채를 가미하여 가장 전통적이면서도 미래지향적인 패션이라는 평가를 받음	■ 1939~. 미국 출신 ■ 상업적인 미국 패션의 전형을 보여주며 미국을 대표하는 디자이너. 친숙한 브랜드 '폴로Polo'의 아버지 ■ 톱 디자이너 중 몇 안 되는 남성복 디자이너 출신 ■ 엘리트를 위한 디자인 센스 모티프 근원이 특징 : 고상한 아이비리그의 매너, 전통적인 프레피 룩의 재발견, 클래식한 미국 동부 캠퍼스의 열정적인 라이프스타일 ■ 도시의 감성으로 소비자에게 트렌드를 보여주고 시대를 초월하는 옷으로 꿈과 현실의 조화를 고급스럽고 품위 있게 표현 ■ 남녀노소 모두에게 사랑받는 클래식한 아이템 : 버튼 다운 셔츠와 트윈 세트, 블레이저와 버뮤다 팬츠, 러플진 블라우스 등 ■ 1967. 리베츠 넥크웨어 입사(넥타이 회사). 당시의 유행을 무시하고 폭이 좁은 넥타이를 만듦 ■ 1968. 브랜드명 '폴로 브랜드'로 넥타이 사업을 시작 ■ 1971. 남성복과 여성복 런칭 ■ 1972. 첫 컬렉션 개최 ■ CFDA(미국패션디자이너협회)가 주는 5개 부문의 상을 모두 받은 유일한 디자이너 ■ 영화의상 영역에서 영향력 과시 : 〈위대한 개츠비〉(1973), 〈애니 홀〉(1977), 〈에린 브로코비치〉(2000) ■ 유니폼 디자인 : 테니스(2005 US 오픈, 2006 윔블던), 미국 올림픽 선수단(2008~2014) ■ 적극적인 사회 환원 활동 : 유방암연구센터, 할렘에 암 퇴치를 위한 로렌센터 건립 등

© FashionStock.com/Shutterstock.com

© FashionStock.com/Shutterstock.com

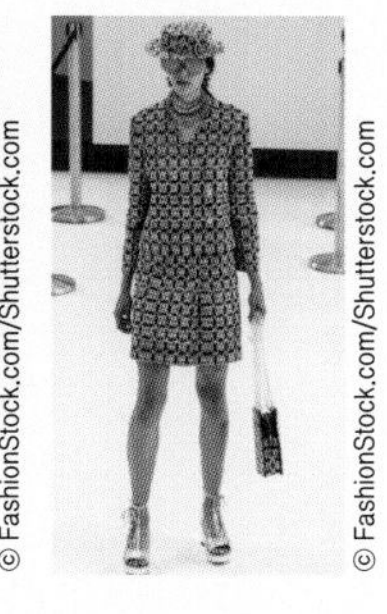
© FashionStock.com/Shutterstock.com

© FashionStock.com/Shutterstock.com

© FashionStock.com/Shutterstock.com

© FashionStock.com/Shutterstock.com

- **목표 : 패션 디자인에 대한 관심과 자기에 대해 알아보는 시간을 가진다.**
- **준비물 : 잡지류, 가위, 풀, 색연필 등**

ACT 2-1 패션(의류, 액세서리 및 잡화 등) 속에서 다양한 창의적 발상을 찾아, 원의 안과 밖에 자유롭게 붙여봅시다.

- 창의적 발상이 나타나는 패션 속 대상의 사진을 찾고, 원의 안과 밖에 자유롭게 붙인다.
- 원의 안과 밖에 붙여진 사진을 설명하고, 통찰을 통해 생활 속에서 자신이 무엇에 관심이 높고 중요하게 여기는지 그 의미를 찾아본다.
- 조원들과의 피드백을 통해 생활 속에 나타난 창의적 패션 디자인 발상에 대한 서로의 느낌을 나눈다.

ACT 2-2 디자인의 목적(기능적, 구조적, 장식적)에 따른 3가지 패션 디자인을 각각 찾아보고, 그 의미를 살펴봅시다.

- 패션 잡지에서 기능적 디자인, 구조적 디자인, 장식적 디자인을 찾아본다.
- 찾은 패션 사진의 디자인 목적을 설명하고 그 의미를 구체적으로 알아본다.
- 조원들과의 피드백을 통해 서로의 느낌을 나눈다.

ACT 2-3 자기에게 어울리는 창의적인 패션 스타일링을 표현해봅시다. 사용된 패션 아이템에 디자이너의 이름을 적어봅시다.

- 자기에게 어울리고 좋아하는 아이템으로 창의적인 패션 스타일링을 콜라주로 표현해본다. 사용된 패션 아이템에는 디자이너(또는 브랜드)의 이름을 적는다.
- 패션 스타일링을 구체적으로 설명하고, 통찰을 통해 자기의 패션 추구 성향을 알아본다.
- 조원들과의 피드백을 통해 셀프 패션 스타일링에 대한 서로의 느낌을 나눈다.

ACT 2-1 패션(의류, 액세서리 및 잡화 등) 속에서 다양한 창의적 발상을 찾아, 원의 안과 밖에 자유롭게 붙여봅시다.

설명 Description

통찰 Insight

피드백 Feedback

ACT 2-2 **디자인 목적(기능적, 구조적, 장식적)에 따른 3가지 패션 디자인을 각각 찾아보고, 그 의미를 살펴봅시다.**

패션 사진

설명Description

통찰Insight

피드백Feedback

ACT 2-3 자기에게 어울리는 창의적인 패션 스타일링을 표현해봅시다. 사용된 패션 아이템에 디자이너의 이름을 적어봅시다.

설명Description

통찰Insight

피드백Feedback

패션 디자인 발상법

새로운 발상, 창의적 발상은 완벽한 무(無)에서 나오는 것이 아니라 이미 우리 주위에 있던 것에 약간의 아이디어가 첨가되어 기존과 다른 낯섦, 즉 참신함이 더해진 것이다. 한 광고의 '이상하다'라는 광고 카피처럼 창조적 발상이란 아주 간단하게, 기존과 다른, 기존 관념에서 벗어나, 이미 알고 있는 것과는 다른, 조금 또는 많이 이상한 것을 만드는 것이다. 고정관념과 같은 익숙하고 구속되어 있는 것으로부터 전환된 창의적 발상은 감성의 가치에서 경제적 가치로 이어지며 우리 사회의 중요한 부분을 맡고 있다.

새로운 아이디어는 갑자기 생겨나는 것이 아니기 때문에, 몇 가지 기본 원칙과 과정을 따른다면 더욱 참신한 아이디어를 얻을 수 있다. 디자인 발상에 자주 사용되는 발상법에는 브레인스토밍법, 체크리스트법, 형태분석법과 KJ법 등이 있으며, 이외에도 장점·단점·희망법을 열거하는 특성열거법 등이 있다.

브레인스토밍법

브레인스토밍법brain storming method은 가장 널리 쓰이는 효과적인 아이디어 발상법으로, 집단의 아이디어를 집약하여 시너지synergy 효과를 노리는 방법이다. 브레인스토밍이라는 용어는 원래 정신병 환자의 정신착란을 의미하는 것이었으나, 오스본Osborn이 회의 방식에 도입한 뒤로 자유분방한 아이디어의 산출법을 의미하게 되었다.

브레인스토밍법은 창의적인 태도나 능력을 증진시키기 위한 기술로서, 일상적인 사고방식에서 벗어나 제멋대로 거침없이 생각하고, 좀 더 다양하고 폭넓은 사고를 하게 하여 새롭고 우수한 아이디어를 얻는 방법이다.

브레인스토밍의 원리는 판단을 유예하여 집단의 힘을 이용한 비판을 무시한 가운데 자유롭게 아이디어를 발상하는 데 있으며, 양이 질을 낳는다는 데 있다. 이 방법은 규칙이 간단하고 응용 범위가 넓으며, 특히 문제점이 막연한 경우와 미지의 분야, 미경험으로 인해 방침이 세워지지 않는 단계에서 가능성의 실마리를 잡는 수단으로 유용하게 사용된다.

멤버

브레인스토밍의 멤버brain storming member는 리더leader 1명, 스크립터scripter 1명, 참가자brain stormer 4~6명으로 구성된, 자유로운 토론을 할 수 있는 인원이 적당하다. 인원이 많을 때는 팀을 나누어 구성한다.

리더의 역할

리더는 토론과 테마를 상세히 알고 있어야 하며 관련 질문을 유도하고 참가자들의 반응을 잘 이해할 수 있어야 한다. 특히 유머 감각이 있으면 더욱 좋으며, 회의 분위기를 잘 파악할 줄 알아야 한다.

시간

30분에서 1시간 정도가 적당하며 집중적으로 실시한다. 시간이 지연될 경우에는 휴식을 하거나 티타임, 산책, 체조 등으로 기분 전환을 한다.

규칙

회의 진행 시 지켜야 할 몇 가지 기본 원칙은 다음과 같다.

- 평가의 금지 및 보류 : 자신의 의견이나 타인의 의견에 대한 판단이나 비판을 의도적으로 금지한다.
- 자유분방한 사고 : 어떤 생각이든 자유롭게 표현하고 수용한다.
- 많은 아이디어 산출 : 질보다는 양에 관심을 가지고 가능한 한 많은 아이디어를 제안한다.
- 결합과 개선 : 자신의 아이디어를 다른 사람의 아이디어와 결합시키거나 개선하여 제3의 아이디어로 발전시킨다.

진행 방법

진행 방법은 다음과 같다.

- 첫째, 리더는 본 회의의 주제를 설정하고 워밍업warming up을 통해 두뇌 회전을 부드럽게 한 후 본문제를 제시한다.
- 둘째, 문제에 대해 참가자가 쉽게 이해하도록 미리 충분히 설명한다.
- 셋째, 규칙을 준수하고 주의를 기울이면 아이디어를 잘 내지 못하는 참가자들도 반짝이는 아이디어를 발표하게 되어 회의

의 목적을 달성할 수 있다.

- 넷째, 스크립터는 아이디어를 기록한다.
- 다섯째, 더 이상 아이디어가 나오지 않을 때에는 회의를 중지하고 정리 및 분류 단계로 넘어가거나 또는 다른 참가자에 의해 평가하게 하여 아이디어를 발전시킨다.

체크리스트법

오스본Osborn이 개발한 체크리스트법checklist method은 체크리스트를 사용하여 새로운 아이디어를 생각해내는 방법이다. 체크리스트란 주제를 통해 떠오른 발상을 질문의 형태로 정리한 것이다.

새로운 무엇을 생각해낼 때는 막연하게 생각하는 것보다는 발상에 도움이 되는 중요한 포인트를 미리 정해두고 순서대로 체크하면 창조적인 아이디어를 얻는 데 많은 도움이 된다. 가령 의복 디자인 발상의 경우, 체크리스트를 만들고 개선할 부분이 있는지 확인하면서 사고를 확산시켜나가면 좋은 결과를 얻을 수 있다. 최근에는 2가지 이상의 방법이 결합되어 독특한 개성을 가진 신선한 발상의 매력을 전달하는 창의적인 디자인이 많이 나타나고 있다.

극한법

극한법은 사물의 상태나 특성을 과장되게 변형하는 방법으로 형태와 이미지에 대한 형용사나 동사를 사용하여 극대·극소와 같이 극한까지 자유롭게 전개해나가는 발상법이다.

형태에 관한 극한법을 이용한 발상은 '큰 것은 최대한 크게', '작은 것은 최대한 작게', '긴 것은 최대한 길게', '짧은 것은 최대한 짧게' 등으로 생각해볼 수 있다. 가령 '겹친다'는 동사를 가지고 더 이상 겹칠 수 없을 만큼 극한까지 겹쳐보는 방법을 떠올릴 수 있다. 그 외에 '회전한다', '이동한다', '분해한다' 등의 동사에서도 극한법의 발상을 이끌어낼 수 있다. 특히 일반적인 상식을 넘어 최대한 '겹친다'는 발상에서 같은 것이 반복된다는 점에서는 '부가법'과 같은 맥락을 가지지만, 겹침의 정도가 일반적이지 않은 부피, 크기, 면적의 극단적인 과장을 보이는 경우는 부가법에 의한 극한법이라는 플러스 발상법으로 볼 수 있다.

부가법

부가법은 하나의 형태, 장식, 색채, 소재 등을 복제하여 반복하거나 곱하여 확장하는 방법이다. 이는 결합법과는 달리 이미 존재하는 것을 더 추가시키는 것으로, 겹침에 의하여 나타나는 다중의 모습을 말한다.

부가법에는 한 아이템에서 벨트, 포켓 등을 반복하는 디테일 부가법과 여러 개의 모자를 겹쳐 쓴다거나 셔츠나

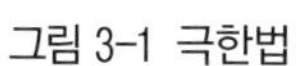

그림 3-1 극한법

그림 3-2 부가법

그림 3-3 제거법

재킷을 겹쳐 입는 것과 같이 아이템을 부가하는 코디네이션 부가법(멀티 코디네이션)이 있다. 또 과도한 양적 부과로 부피와 면적이 극단적이 될 경우에는 과장된 형태를 나타내는 극한법의 플러스 발상을 보여줄 수 있다.

제거법

제거법은 디자인의 한 부분을 제거해보는 방법이다. 불필요한 장식을 제거함으로써 간결함과 단순함의 아름다움을 느낄 수 있을 뿐만 아니라 과감한 제거를 통한 이 마이너스 발상은 기존의 형태를 파괴하여 새로운 형태를 재창조한다. 예를 들어 부속품을 없애보면 어떨까, 형태를 단순화해보면 어떨까, 현재의 것을 일부분 또는 모두 없애면 정말 필요한 것은 무엇일까, 일반적으로 제거하는 부분과 의외성(2차적인 무늬 역할 등)을 주는 부분은 어디이며 어떤 효과를 줄 수 있을까 등과 같은 질문이 적힌 체크리스트를 통해 때로는 부담스럽지만 세련된 새로운 발상을 이끌어낼 수 있다.

결합법

결합법이란 무언가를 결합시키는 것에서 새로운 아이디어를 얻는 발상법으로, 아이디어를 결합시키고 다양한 소재와 기술을 결합해보는 방법이다.

의복에서도 소재, 아이템, 디테일, 패턴, 컬러 등을 다양하게 결합시켜 새로운 디자인을 발상해낼 수 있다. 일상에서 흔히 볼 수 있는 후드hood가 달린 재킷, 팬티스타킹panty-stocking, 펜던트 시계, 보청기가 부착된 안경 등은 결합법의 좋은 예이다.

오늘날은 상하 아이템의 연결에 의한 결합, 서로 다른 아이템의 결합, 남성과 여성의 성(性) 결합, 동양과 서양의 결합, 과거와 미래의 결합, 서로 다른 이미지의 결합 등 이질적인 요소들을 결합함으로써 혼란 속에서의 질서와 통합을 추구하고 있으며, 이러한 방법이 디자인의 새로운 가능성을 제시하고 있다. 즉, 결합법은 단순히 서로 다른 것을 결합하는 융합이나 통합에서 나아가 창의적인 새로운 것을 만들어내는 통섭의 의미를 가지는 발상법이라고 할 수 있다.

반대법

반대법은 현재 있는 것을 정반대로 바꾸어 생각해보거나 전혀 상반되는 형태나 성질의 것을 역으로 관련지어 생각해보는 방법이다. 위에 있는 것을 아래로 놓는다거나 앞에 있는 것을 뒤쪽으로, 겉을 안으로 바꾸어보는 등의 고정관념을 벗어난 실험은 때로 모험적일 수 있으나 혁신적인 디자인으로 연결될 수도 있다.

이미지에 있어서도 전통의 이미지를 파괴의 이미지로, 현실적인 이미지를 초현실적인 이미지로, 유쾌한 이미지를 불쾌한 이미지로, 과거의 이미지를 미래의 이미지로 바꿔보는 것 등과 같이 반대의 이미지를 떠올려 고정관념에 얽매이지 않는 자유로운 발상을 전개할 수 있다.

변경법

변경법은 재질, 가공, 부품, 순서 등을 바꾸어 보는 발상법이다. 의복에서는 소재나 디테일, 색상, 위치 등을 바꾸어 보는 것이다. 허리 벨트의 위치를 변경하거나 웨딩드레스의 색상을 흰색이 아닌 다른 색으로 변경하는 것도 변경법

그림 3-4 결합법

그림 3-5 반대법

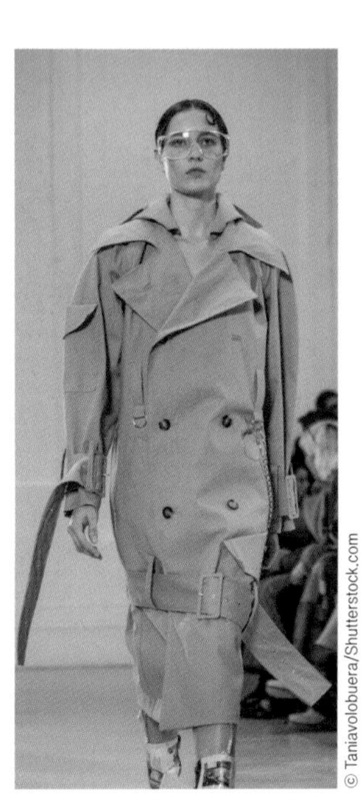

그림 3-6 변경법

그림 3-7 전환법

을 이용한 발상이다. 변경법은 반대법과는 달리 상하좌우의 180° 전환이 아니므로 중심선 위치, 소매 트임 위치, 헴라인 길이, 올이 풀리고 정리가 되지 않은 시접 처리, 착용법 등 상식의 틀을 깨뜨리지 않는 범위 내에서 디자인을 전개해나간다.

전환법

전환법은 어떤 것을 다른 것의 문제 해결을 위해 전환시켜 보는 발상법이다. 다른 분야에서 흔히 사용되는 것을 의복에 적용해본다든가, 현재 사용하고 있는 목적과 용도를 달리하여 다른 목적으로 바꾸어보는 것 등이 이에 해당된다. 용도를 변경하는 기법인 전환법을 적용할 때는, 문제를 정의하고 목표를 설정하여 아이디어를 표출하며 구체화시키는 단계를 거치며 기존에 있던 용도를 바꾸어 새로운 역할을 하도록 전환시키는 작업을 완성해나갈 수 있다.

예를 들어, 의복 소재로 적합할 것 같지 않은 다양한 재료를 사용하거나, 의복의 기능적 목적으로 쓰인 포켓이나 버튼, 지퍼, 벨트 등을 위치나 기능성에서 장식적인 목적으로 전환시켜 사용할 수 있다. 또 새 옷은 깨끗해야 한다는 고정관념에서 벗어나 일부러 주름이나 얼룩과 같은 오염이 있는 소재로 의복을 제작하는 경우도 있다.

연상법

연상법은 어떤 생각을 출발점으로 하여 여러 각도에서 관련지으면서 전개해가는 방법이다. 일명 유사법, 유추법이라고도 한다. 특히 연상은 은유적인 측면을 많이 가지고 있는 발상법으로, 상상력의 발휘를 통해 마음의 융통성을 갖게 해준다는 특징이 있다. 연상은 인격적 연상, 직접적 연상, 상징적 연상의 3가지로 나누어질 수 있다.

그림 3-8 인격적 연상

그림 3-9 직접적 연상

그림 3-10 상징적 연상

인격적 연상법은 사물을 인격화하거나 의인화하여 생각하는 것으로, 마치 생명력이 있어 생각할 수 있는 능력을 가진 듯한 면모를 보여준다. 의복 디자인 발상은 인간의 건강과 편의를 도모하고자 하는 목적에서 이루어진다. 예를 들면, 의복에 디지털 기술을 접목하여 하나의 인공지능을 가진 컴퓨터의 기능을 하는 의복인 스마트 셔츠나 착용자의 심박, 혈압 등 건강 수치를 체크하는 레이싱 슈트를 떠올릴 수 있다. 이외에도 센서가 부착된 신발, 적외선 감시 선글라스, 이어폰, 시계 등을 예로 들 수 있다.

직접적 연상은 유사한 것을 주위에서 탐색하여 비교해보는 것이다. 디자인에 사용되는 재료나 모양이 직접적으로 그 대상을 가리키기 때문에 사실적으로 디자인에 나타나는 것이 대부분이다.

상징적 연상은 비현실적이거나 상징적인 이미지를 표현하는 것으로, 디자이너의 은유적인 표현이 가장 많이 담겨 있다. 여기서는 사물과 표현의 은유의 상호작용의 본질이 가장 시적이고 추상적으로 나타난다고 할 수 있다. 상징적 연상은 신화 속 인물을 표현하는 방법으로, 색상 및 소재들이 신적 존재의 신성함과 상상 속 허구 세계의 구체화를 나타내는 경우가 많다.

형태분석법

형태분석법[morphological method]은 구조분석법이라고도 하며, 사물의 구조를 부분적으로 변화시킴으로써 새로운 특성을 가진 디자인을 발상하는 방법이다. 즉, 먼저 사물의 특성을 파악하고 변화 가능성을 형태적으로 배열하여 새로운 조합의 가능성을 생각해보는 발상법이다.

형태분석법은 비교적 짧은 시간에 디자인 요소를 놓치지 않고 많은 아이디어를 발상할 수 있다는 장점을 가지고 있다. 또한 다른 창조성 개발 기법과는 달리 시각적인 접근이 가능하여 좀 더 구체적인 해결안을 도출해낼 수 있다.

의복 디자인에서의 형태분석법은 형태를 기본으로 하여 부분과 부분의 조합을 하나하나 관찰하면서 새로운 디자인을 생각해내는 방법으로 적용된다. 그러므로 형태분석법을 이용한 의복 디자인 발상에서는 먼저 의복의 형태를 이루는 요소인 실루엣, 디테일, 트리밍 등에 대한 분석이 요구된다. 형태분석법에 의한 의복 디자인 발상은 아이템에 따라 부분 기법을 변화시키는 방법과 한 가지 아이템에 부분 기법을 변화시키는 방법 등을 예로 들 수 있다.

표 3-1은 먼저 블라우스, 재킷, 스커트라는 아이템을 선정하고 각 아이템에 대한 디테일의 변화를 시도한 것이다. 즉, 블라우스에 플리츠, 자수 등 디테일의 변화를 줌으로써 다양한 블라우스 디자인을 발상해냈다.

표 3-2는 먼저 하나의 의복의 아이템을 정한 뒤 다양한 디자인을 선정하고 디테일의 변화를 준 것이다. 즉, 타이트 스커트, 랩 스커트라는 아이템을 선정하고 플리츠, 드레이프 등으로 변화를 주어 다양한 스커트 디자인을 발상해냈다.

표 3-1 아이템에 따른 부분 기법의 변화

장식선 \ 아이템	블라우스	재킷	스커트
플리츠			
자수			

표 3-2 스커트에 따른 부분 기법의 변화

아이템 \ 장식선		플리츠	드레이프
스커트	타이트 스커트	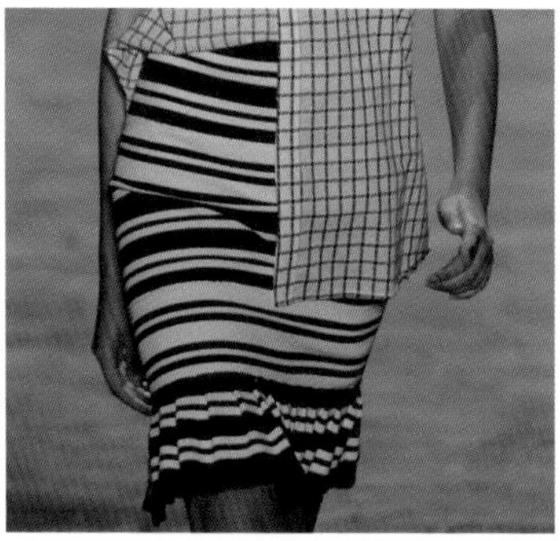	
	랩 스커트		

KJ법

KJ법은 일본의 문화 인류학자인 가와기타 지로[Kawakita Jiro]가 고안한 것으로, 수집된 데이터나 정보를 서로 관계 있는 것끼리 분류·집약하여 새로운 문제의 구조를 개발해나가는 발상법이며 일본에서 널리 활용되고 있다. 이 방법의 가장 큰 강점은 짧은 시간에 복잡한 정보를 구조화한다는 것이다.

KJ법의 전개 순서는 다음과 같다.

- 첫째, 사실, 관찰 결과, 생각한 것들을 모두 노트에 기록한다.
- 둘째, 각 정보의 내용을 단문화한다. 되도록 한 줄로 표현하여 정보의 내용이 눈에 쉽게 들어오도록 한다.
- 셋째, 작성한 카드를 전부 책상 위에 보기 쉽게 늘어놓고 내용이 비슷하거나 혹은 관계 있는 것끼리 2~3개씩 모아 소그룹으로 분류한다.
- 넷째, 소그룹으로 분류한 내용을 단문 카드로 작성하여 대그룹으로 분류해나간다.
- 다섯째, 최종 분류된 단문 카드를 보면서 가장 이상적인 구도가 되도록 배열해본다.

특성열거법

미국의 크로포드[Kroford] 교수가 고안한 특성열거법은 문제점 발견을 촉진하는 기법으로 활용된다. 일반적으로 제품이나 기계 등을 개선해나갈 때 해당 사물을 구성하는 부분이나 요소, 성질과 기능 등의 특성을 계속 열거하면서 좀 더 나은 대안을 생각하여 아이디어를 찾는 방법이다.

결점열거법

때때로 새로운 제품의 개발은 기존 제품의 결점 발견에서 시작될 수 있다. 이 방법은 현재의 결점을 열거하고 그것을 개량·개선하여 더욱 완전한 것에 가까워지고자 한다.

장점열거법

좋은 점을 열거하고 그 장점을 다시 연장시켜나가는 방법이다.

특성열거법에 의한 재킷 디자인 발상

결점열거법

결점 열거	결점에 대한 디자인 발상
재킷의 구김이 너무 많이 간다.	• 구김이 덜 가는 소재를 사용한다. • 구김이 많은 소재를 사용한다. • 구김이 눈에 띄지 않는 소재를 사용한다.
재킷의 어깨 너비가 유행의 영향을 많이 받는다.	• 어깨 너비를 좁히거나 늘릴 수 있는 디자인을 생각해본다. • 소매를 떼었다가 붙이는 방식으로 어깨 너비를 조절해본다.
재킷의 길이가 유행의 영향을 많이 받는다.	• 재킷의 길이를 조절할 수 있는 디자인을 생각해본다.
재킷의 목부분이 불편하다.	• 재킷의 칼라가 신축성 있게 늘어나는 디자인을 생각해본다.
재킷의 소매 부분이 끼어서 불편하다.	• 소매 부분이 끼지 않는 디자인을 한다. • 소매 구멍이 아닌 다른 방법을 생각해본다. • 소매의 모양이 네모라든가 세모 또는 완전한 원이라면 어떨까?

희망점열거법

희망점 열거	희망점에 대한 디자인 발상
재킷의 색깔을 원할 때마다 바꾸고 싶다.	• 재킷을 퍼즐 조각 맞추듯이 하여 일부분의 색깔을 바꾸어본다.
재킷이 다른 모양으로 바뀌었으면 좋겠다.	• 재킷이 토시로 바뀐다.
재킷의 전체 품이 마음대로 바뀌었으면 좋겠다.	• 앞중심선과 뒷중심선이 움직일 수 있는 재킷을 디자인한다.

자료 : 최윤미(2001). 패션 디자인의 창조적 발상과 모형개발에 관한 연구.

희망점열거법

개선하고 싶은 사물을 눈앞에 두고 이것에 대한 기대나 희망을 생각하여 새로운 가능성을 찾는 방법이다.

DESIGNER STORY :

장 폴 고티에 Jean Paul Gaultier	알렉산더 맥퀸 Alexander McQueen
패션계의 악동. 성(性), 인종, 연령, 이상미, 섹슈얼리티의 경계를 넘어 진정한 파격과 패션을 보여주는 디자이너	섬세하고 정교한 예술적인 테일러링과 아방가르드한 디자인의 결합으로 상상을 현실화하고 대중을 다시 꿈꾸게 만든 마법사 같은 디자이너
■ 1952~. 프랑스 출신 ■ 1986. 파리 뷔뷔엔느 거리에 부티크 오픈 ■ 1970. 피에르 가르댕의 어시스턴트로 채용됨 ■ 의외의 발상 가득한 컬렉션 전개로 소비자와 관객에게 충격과 경탄 함께 이끌어냄 ■ 1975. 패션계의 혜성으로 등장. 당시 젊은이들의 펑크풍 패션을 토대로 하고 클래식과 모던 에스프리를 가미시킨 참신한 스타일로 1980년대를 리드하는 디자이너로 주목받음 ■ 어시스턴트 시절 프레타포르테는 물론 오트쿠튀르에서도 일한 다양한 경험을 바탕으로 한 아방가르드하고 자유분방한 옷이지만 대중이 소화할 수 있는 의상 디자인의 원동력 ■ 피에르 가르댕, 미셸 고마, 안젤라 탈라치와 같은 일류 디자이너 밑에서 특유의 스타일 탄생 ■ 보고 느끼는 것을 그대로 표현하지 않는다는 자세에서 나온 파괴적인 경향의 실험정신이 투철한 소수의 세계적인 디자이너 ■ 대중문화(영화, 가수 무대의상)와의 다양한 작업을 통해 하이 패션을 대중에게 성공적으로 전달 ■ 성(性)을 보여주는 고정적 의상의 역설적 표현 ■ 속옷의 겉옷화, 금기된 것에 대한 사랑, 격식의 타파, 역설의 발상 등의 파괴적이고 독특한 작품들로 패션계에 생기를 불어넣음 ■ 하층에서 상층으로 영향을 주는 패션 유행의 상향 전파를 주도하는 대표적인 디자이너 ■ 프레타포르테에 일상적 기분이라는 패션 요인 도입. 스포츠, 익살, 능동적 섹시함, 대립된 아이템의 융합 등으로 새로운 미의식 개척	■ 1969~2010. 영국 런던 출신 ■ 세인트 마틴 예술디자인대학의 석사 과정 마침 ■ 1992. 자신의 라인 시작. 컬렉션 〈살인광 잭 희생자들을 스토킹하다〉에서 사악한 이미지와 인상적인 퍼포먼스를 보여줌 ■ 1994. 영국의 유명한 패션 에디터이자 패션 아이콘인 이사벨 블루가 그의 석사과정 졸업작품 전부를 구입하여 이슈가 됨 ■ 1997. 위기의 지방시 디자인(우아함과 아름다움)을 책임지며 혁신적이면서도 날카롭고 독창적인 자신의 아이덴티티를 확고히 함 ■ "쇼는 재미있어야 한다."는 철학 아래 매번 파격과 기대를 동시에 불러일으키는 컬렉션을 개최 ■ 1996, 1997, 2001, 2003 올해의 영국 디자이너로 선정 ■ 1996. 10~2001. 3. 프랑스 Haute Couture House Givenchy의 수석 디자이너로 임명됨 ■ 2002~. 의상 디자인에 더 집중하며 컬렉션 연출 방법이 다소 차분해짐 ■ 2003. 6. 미국패션디자인협회 CFDA 로부터 그해의 국제 디자이너상 수상. 여왕으로부터 '대영제국최고영예지도자 CBE'라는 영예를 얻음 ■ 2004. 올해 영국 남성복 디자이너상 수상 ■ 2005. 그동안 만든 작품에 대한 회고쇼 개최 ■ 2007. 좀 더 젊고 캐주얼한 라이프스타일을 위해 McQ 라인 출시 ■ 대조적인 요소(연약함과 굳건함, 전통과 현대성, 유동성과 엄격함)를 나란히 사용하며 깊이 있는 작업에 대한 지식, 정교한 오트쿠튀르 수공예 솜씨, 완벽한 제조 기술의 결합으로 예술품 같은 패션 작품을 탄생시킴

© FashionStock.com/Shutterstock.com

© lev radin/Shutterstock.com

© meunierd/Shutterstock.com

© catwalker/Shutterstock.com

© FashionStock.com/Shutterstock.com

© lev radin/Shutterstock.com

- **목표 : 어휘를 통한 창의적 발상을 전개하고 리사이클 작업을 통해 다각적으로 표현하는 능력을 연습해본다.**
- **준비물 : 필기구, 패션 잡지, 리사이클 의류, 가위, 바늘, 실, 카메라 등**

ACT 3-1 브레인스토밍법을 통해 어휘를 수집하여 대표 어휘 10개를 선정하고, 그중에서 2개의 어휘를 선택한 후 패션 테마를 정하고 스토리를 전개해봅시다.

- 브레인스토밍법을 통해 수집된 어휘들 중에서 대표 어휘 10개를 선정한다. 그중 2개를 선택하여, 선택된 어휘 2개의 같은 점, 좋은 점을 찾아보고 그 이유를 생각하며 스토리를 전개한다. 스토리 전개에 나타난 함축적인 의미를 담은 패션 테마에 적합한 제목을 부여하고, 네이밍한 테마를 시각적으로 전달하는 이미지 맵과 스타일 맵을 콜라주로 표현한다.
- 자유로운 발상을 통해 아이디어를 구체화시키는 과정을 설명하고, 테마를 통해 전하고자 하는 의미를 통찰을 통해 찾아본다.
- 조원들과의 피드백을 통해 창의적인 패션 테마에 대한 서로의 느낌을 나눈다.

ACT 3-2 패션 사진을 선택하고 3가지 이상의 체크리스트법을 사용하여 창의적인 디자인을 해봅시다.

- 먼저 1장의 패션 사진을 선택하여 붙인다. 선택한 패션 사진을 바탕으로 3가지 체크리스트법을 적용하여 창의적인 디자인을 전개한다.
- 패션 디자인 발상의 의도를 구체적으로 설명하고, 통찰을 통해 자기가 사용한 기법과 표현된 디자인에서 의미를 찾아본다.
- 조원들과의 피드백을 통해 창의적인 패션 디자인에 대한 서로의 느낌을 나눈다.

ACT 3-3 체크리스트법(극한법, 반대법, 결합법, 제거법, 부가법) 중의 3가지를 사용하여 창의적인 디자인 발상(Creative Art to Wear)을 해봅시다.

- 각자 한 개의 의류를 준비한다. 3~4명이 한 팀을 이루며, 모든 재료를 함께 사용한다. 체크리스트법 3가지를 적용하여 1점의 창의적인 디자인 발상을 해본다.
- 창의적인 디자인 발상을 설명하고, 전달하고자 하는 의미를 통찰을 통해 살펴본다.
- 다른 팀과의 피드백을 통해 창의적인 디자인 발상에 대한 서로의 느낌을 나눈다.

ACT 3-1 브레인스토밍법을 통해 어휘를 수집하여 대표 어휘 10개를 선정하고, 그중에서 2개의 어휘를 선택한 후 패션 테마를 정하고 스토리를 전개해봅시다.

대표 어휘(10개)	선택 어휘(2개) : (선택된 어휘 2개의 같은 점, 좋은 점을 찾아보고 그 이유를 생각하며 스토리를 전개한다.)
	패션 테마 :

이미지 & 스타일 맵

설명Description

통찰Insight

피드백Feedback

ACT 3-2 패션 사진을 선택하고 3가지 이상의 체크리스트법을 사용하여 창의적인 디자인을 해봅시다.

패션 사진	적용된 체크리스트법 :

설명Description

통찰Insight

피드백Feedback

ACT 3-3 체크리스트법(극한법, 반대법, 결합법, 제거법, 부가법)중의 3가지를 사용하여 창의적인 디자인 발상(Creative Art to Wear)을 해봅시다.

설명Description

통찰Insight

피드백Feedback

PART 2

패션 디자인의 원리와 연출

패션은 나타났다 사라지고 일정한 주기를 가지고 다시 나타나는 순환의 특성을 가지고 있다. 다만 나타나는 그 시대적 상황과 소비자의 감성에 적합하게 참신하게 변화된 모습으로 우리에게 다시 다가온다는 차이점이 있다.
패션 디자인은 여러 디자인 요소들로 구성되며, 디자인 원리에 의하여 시각적인 우선권과 시각적 균형감을 가지고 변화된 조화 속에서 통일감을 가짐으로써 디자인 요소가 여러 가지 모습으로 우리에게 전달된다. 패션 디자인은 최종적으로는 착용자의 체형과 T.P.O.에 맞는 적합한 코디네이션으로 완성된다.
패션 디자이너는 패션의 전체적인 흐름인 트렌드를 읽고 다양한 소비자의 감성 변화와 요구를 빠르게 파악하여 이를 자신의 개성을 담은 패션 디자인으로 표현하는 능력을 기를 필요가 있다.
이를 위하여 PART 2에서는 트렌드와 패션 디자인 표현에 대하여 집중적으로 살펴보고, CHAPTER 4에서는 패션 디자인을 표현하는 방법이 되는 패션 디자인 원리에 대하여 살펴본다. CHAPTER 5에서는 다양한 개성을 표출하는 방법인 여러 가지 패션 디자인 연출법을 살펴보고, CHAPTER 6에서는 패션 트렌드와 컬렉션을 읽어보는 방법에 대해 살펴보도록 한다.

NEW
FASHION DESIGN
PLUS+
INSPIRATION

4
CHAPTER

패션 디자인 원리

패션 디자인은 궁극적으로 조화 속의 통일을 이루어야 한다. 이와 같은 조화와 통일은 균형, 리듬, 강조, 비례와 같은 디자인 원리에 의하여 이루어진다.

디자인 원리는 선, 형태, 색채, 소재, 무늬 등의 디자인 요소들이 형성하는 시각적 우선권visual priority과 시각적 균형감을 통해 명확하게 나타나기도 한다. 하지만 때로 시각적으로 부각되는 힘을 가지고도 명확하게 보이지 않는 힘에 의한 미묘한 차이와 변화로 인하여 패션 디자인과 연출에서 다양한 성격이 나타나게 된다. 따라서 디자인 원리는 패션 디자인을 전개하고 완성하는 데 매우 중요한 역할을 한다.

디자인 원리는 각각의 특성을 동반한 역할을 디자인에 나타냄과 동시에 착시현상을 보이는 시지각 특성을 동반하기도 한다. 시지각 특성은 착용자의 체형과 관계가 깊으며 장점의 부각이나 단점의 커버를 통해 신체적 매력을 극대화시키기도 한다. 이 장에서는 패션 디자인 원리를 균형, 리듬, 강조, 비례의 4가지로 살펴보고 시지각에 대해 알아보도록 한다.

균형

균형balance이란 좌우나 상하에서 동등한 평형감각을 유지하는 것으로 형태와 색채, 재질의 조합에 의하여 이루어지며 평행감과 안정감을 나타낸다. 균형은 중심으로부터 양쪽에 동일한 시각적 힘visual power인 시각적 무게visual weight, 시선을 끄는 힘attraction force, 균형을 이루는 힘balancing power, 밀도감density 등이 있을 때 이루어지며, 일반적으로 시선 집중 능력attention-commanding ability이 외관상의 시각적 무게를 결정한다. 균형은 중심이 되는 선의 위치에 따라 수평적 균형horizontal balance, 수직적 균형vertical balance, 방사상 균형radial balance 등으로 나누어진다. 중심선을 기준으로 하여 시각적으로 느끼는 미적 균형aesthetic balance으로는 대칭 균형formal balance 또는 좌우대칭 균형symmetrical balance과 비대칭 균형informal balance 또는 비좌우대칭 균형asymmetrical balance이 있다.

보통 균형감은 수직의 축을 기준으로 좌우가 대칭인 수평적 균형을 말하며, 가로선을 기준으로 상하의 균형감을 뜻하는 수직적 균형은 면적 및 색채 특성에 영향을 받아 아래를 무겁게 하여 안정감을 주거나 아래를 가볍게 하여 불안정한 무게감에 의한 움직임을 강조하는 방법으로 움직임과 활동감을 표현한다. 수직축을 기준으로 한 좌우 대칭 균형은 안정감이 있으나 자칫 지루해지기 쉽다. 좌우가 다른 비대칭 균형은 조화를 이루기 쉽지 않으나 조화가 잘 이루어지면 예술적인 아름다움이 느껴진다. 이 균형은 좌우 비대칭 정도에 따라 약간의 다름을 알아차릴 정도의 비대칭 균형, 즉 약한 비대칭 균형과 비대칭 균형으로 나눌 수 있다.

비대칭 균형은 좌우의 형태, 장식 등이 완전히 달라 파격적이고 이질적인 시각적 매력이 있는 반면, 약비대칭 균형은 중심축을 기준으로 한 좌우의 형태(실루엣)보다는 내부의 배색, 형태, 장식, 무늬 등이 위치나 크기 또는 배열의 미묘한 변화를 통해 나타나는 자연스럽고 세련된 비대칭 균형이다(그림 4-1).

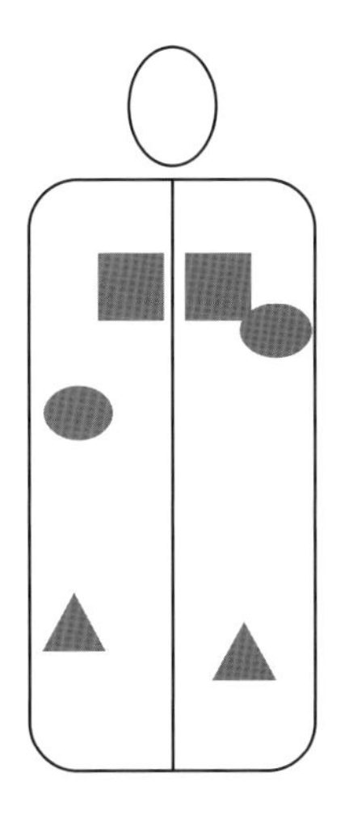

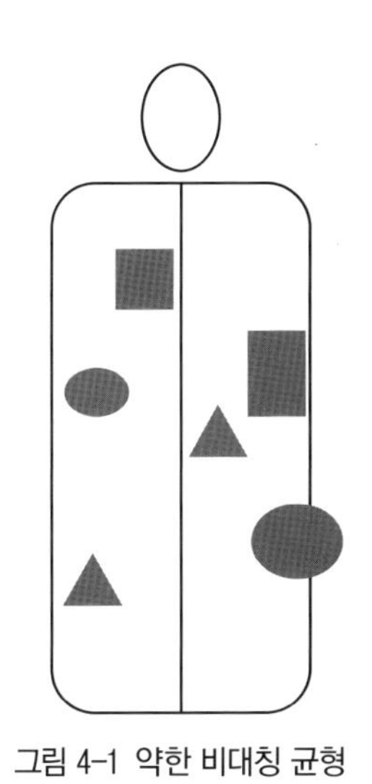

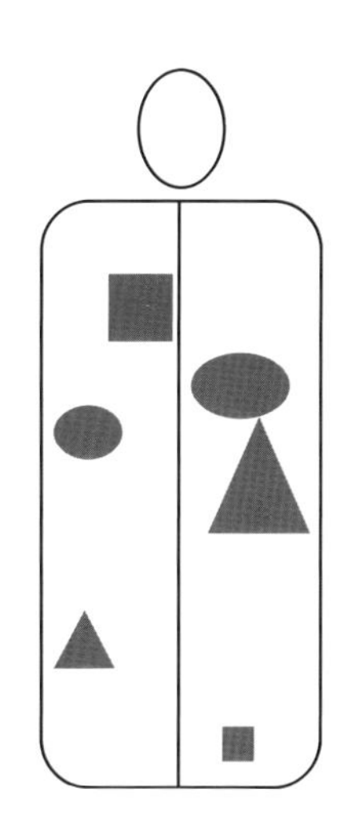

그림 4-1 약한 비대칭 균형

그림 4-2 균형

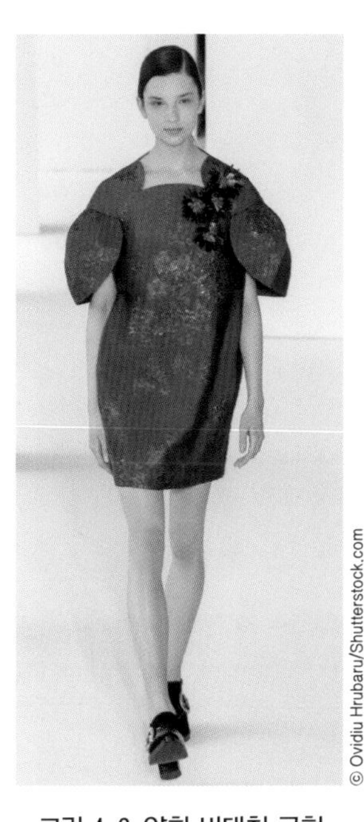

그림 4-3 약한 비대칭 균형

그림 4-4 비대칭 균형

리듬

패션 디자인에서 리듬은 공통된 디자인 요소의 반복, 연속적 또는 점진적인 변화로 인한 움직임movement이 주는 율동감을 말하며, 이와 같은 리듬을 따라 이동하는 시선은 디자인에 시각적 또는 입체적인 즐거움을 부여하게 된다.

시각적 리듬은 형태, 색채, 소재의 조직이나 무늬와 같은 디자인 요소로부터 생겨나기도 하고 특정한 선, 형, 재질, 색채를 계획에 의하여 의복의 여러 부분에 반복시키는 디자인 과정에서 얻어지기도 한다. 그뿐만 아니라 착장 및 의복 연출 시 의복과 더불어 신발, 핸드백, 화장, 헤어스타일, 기타 액세서리 등을 모두 통합하여 얻어지는 리듬을 포함한다.

디자인 요소를 사용하여 리듬을 얻는 방법은 반복 단위의 유사성, 방향 등에 따라 나눌 수 있다. 리듬에는 단순 반복 리듬, 교대 반복 리듬, 점진적 리듬, 방사상 리듬, 되울림 리듬, 연속 리듬이 있다.

- 단순 반복 리듬 : 동일한 것을 반복하는 방법으로 가장 단순하게 반복된 리듬감을 표현하는 방법이다.
- 교대 반복 리듬 : 몇 가지 장식이나 색을 교대로 반복하는 방법으로 단순 반복에 약간의 변화를 준 방법이다. 약간의 변화로 흥미를 유발하기에 좋다.
- 점진적 리듬 : 반복되는 장식의 크기, 색의 농담, 밀도의 변화에 점진적인 변화를 주는 방법으로 자연스러운 시선의 움직임을 유도한다.
- 방사상 리듬 : 중심을 기준으로 모이는 곳은 가늘고 좁아 보이는 효과를, 퍼지며 확산되는 곳은 크고 넓어 보이는 시각적인 효과를 주는 방법이다.
- 되울림 리듬 : 큰소리가 작은 소리로 되돌아오는 메아리처럼 한 장식의 크기나 밀도가 작아진 규모로 연결성을 가지며 반복되는 것을 말한다.

그림 4-5 단순 반복 리듬

그림 4-6 교대 반복 리듬

그림 4-7 점진적 리듬

그림 4-8 방사상 리듬

그림 4-9 되울림 리듬

그림 4-10 연속 리듬

- 연속 리듬 : 하나의 장식이 한 방향으로만 반복되는 것을 말한다.

강조

모든 복식에는 반드시 눈길을 강하게 집중시키는 하나의 주된 강조점이 필요하다. 모든 디자인 요소는 강조점의 역할을 할 수 있으며, 어느 것이라도 의복에서 특이하거나 대비되게 사용되면 강조점이 될 수 있다. 장식, 색채, 소재 등 대부분의 요소를 사용할 수 있지만, 강조점으로 사용하고자 하는 디자인 요소를 정했다면 그 밖의 요소들은 평범하게 사용하는 것이 효과적이다. 또 강조는 다른 원리인 균형, 리듬, 비례를 통해 모두 나타낼 수 있다. 따라서 무엇보다 시각적 평가에서 가장 먼저 주목하는 차이점, 즉 유사성과 반대되는 시각적 우선권을 어디에 위치시킬 것인지에 대한 통일감과 디자인 호감도를 고려해야 한다. 강조점은 착용된 의복에서의 크기가 작고 양은 적으면서도 시각적 우선권을 가질 수 있도록 사용하는 것이 효과적이다.

강조의 위치는 착용자를 돋보이게 할 수 있도록 네크라인 근처로 하는 것이 가장 이상적이다. 강조점이 아래에 있으면 시선을 위로 끌어올릴 수 있도록 연결시키는 역할을 하는 요소가 필요하며 이때 디테일 선, 단추, 액세서리 등을 활용하여 시선이 움직이게 하는 것이 효과적이다. 착용자의 체형은 일반적으로 사용되는 강조의 위치(네크라인, 어깨, 허리, 가슴선)와 밀접한 관계가 있는데, 이러한 강조를 통해 체형의 단점을 보완하거나 단점 부위로부터 시선을 분산시킬 수 있다.

그림 4-11 디테일

그림 4-12 색채

그림 4-13 색 + 장식

그림 4-14 소재

그림 4-15 플러스

비례

의복은 인체에 착용되어 입체적인 3차원을 형성한다. 3차원의 입체형을 구성하는 부분의 크기를 결정하는 데 적용시킬 수 있는 디자인 원리가 바로 비례[proportion]이다. 비례는 조형물의 부분과 부분, 부분과 전체의 길이나 크기의 관계가 조화를 이루도록 구성하는 것으로 적절한 변화와 통일감이 조화를 이루어야 완성될 수 있다.

비례는 길이와 크기 모두에 해당되며, 특히 의복의 다른 부분과 착용자 간의 크기와 관계되는 것을 규모[scale]라고 한다. 비례의 관계를 형성하는 규모 사이의 관계가 잘 이루어진 것은 '규모 있는[in scale]'으로 표현하고, 어색하거나 극단적으로 과장된 경우를 '규모에서 벗어난[out of scale]'이라고 표현한다. 심리적으로 큰 규모는 대담하고 공격적으로 보이고, 작은 규모는 우아하고 소극적이며 연약하게 보인다.

오늘날 인체 표준형은 머리(두상)의 길이를 기준으로 인간의 키를 나누어 8등신일 때를 가장 아름다운 비례로 본다. 이 8등신은 폴리클레이토스[Polykeitos]가 캐논을 만든 지 1세기 후 조각가 리시포스[Lystppos]가 만들어낸 새로운 인체 표준형의 캐논으로, 여기에는 이상적인 아름다움의 법칙인 황금분할 법칙이 내재되어 있다. 황금분할을 결정하는 황금비율은 고대부터 조화로운 아름다움을 시각적으로 표현하는 비율 중 가장 널리 알려진 것으로, 고대 그리스인들이 발견한 것이다. 이 비율은 건축, 구조물, 미술품 등에 널리 사용되고 있다.

비례는 고대부터 현대에 이르기까지 길이나 면을 조화롭게 분할하는 기준으로 사용되는 방법이며 $1:1.618$의 비를 가지는 황금분할[golden section]이 대표적이고, 그 등비급수는 $3:5:8:13:21:34\cdots$이다. 또 $1:\sqrt{3} = 1:1.732$의 비

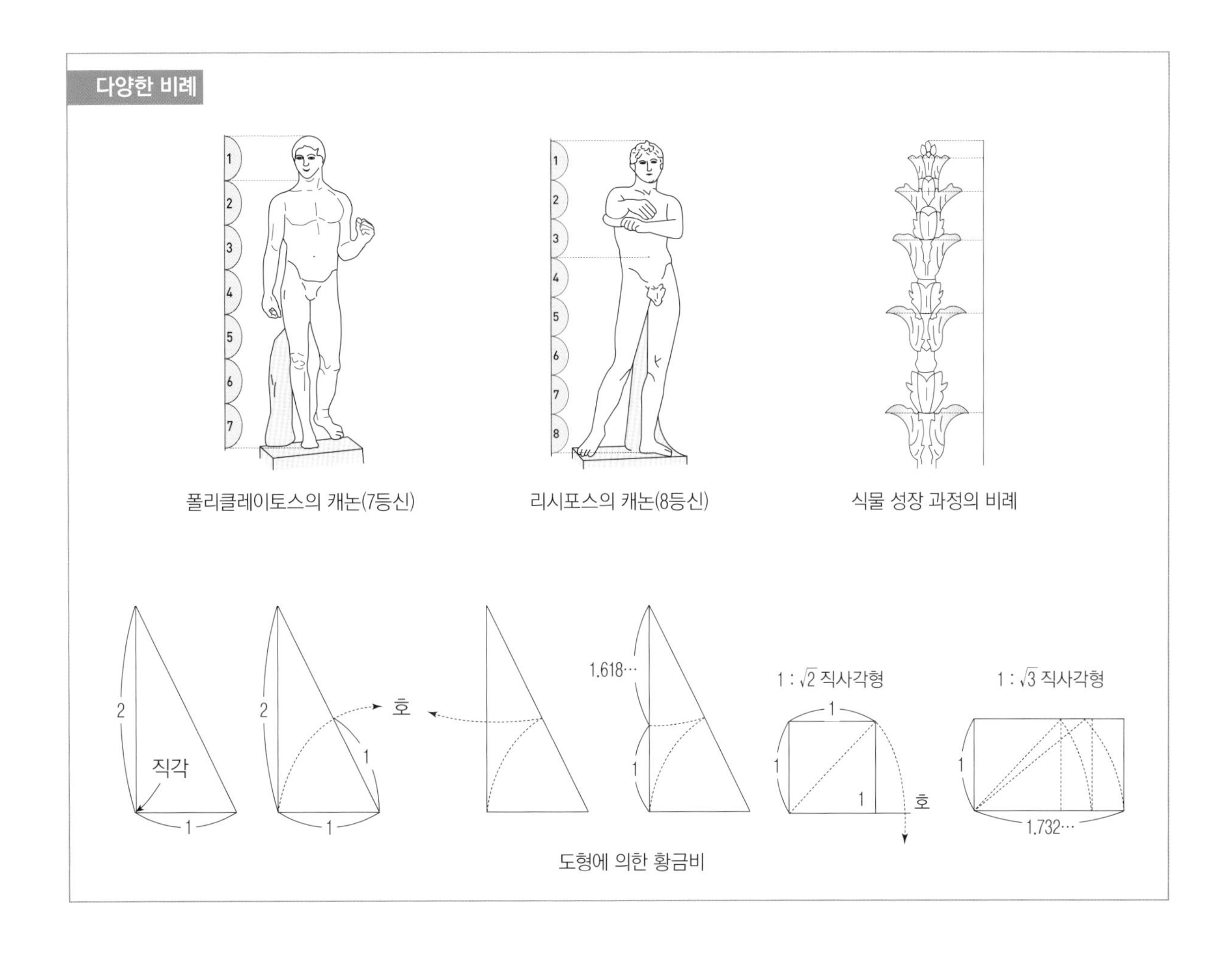

폴리클레이토스의 캐논(7등신)

리시포스의 캐논(8등신)

식물 성장 과정의 비례

도형에 의한 황금비

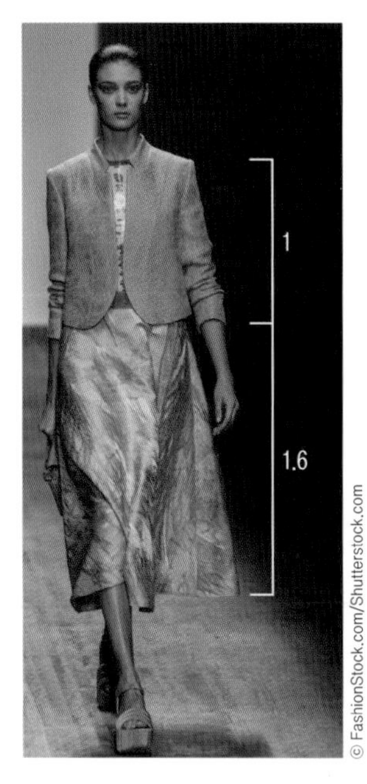

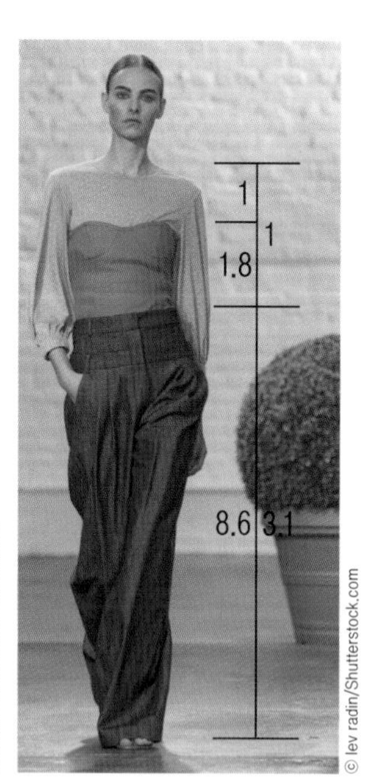

그림 4-16 비례

와 그리스율greek rule인 $1:\sqrt{2}=1:1.414$가 있다.

이와 같은 대표적인 비율은, $1:\sqrt{2}$(짧아 보이는 효과) 〈 황금분할(조화롭고 아름다운 효과) 〈 $1:\sqrt{3}$ (길어 보이는 효과)로 요약할 수 있다. 따라서 시각적으로 뚜렷한 차이를 보이는 경우보다는 미묘한 차이에서 가장 아름답고 조화로운 비례가 형성됨을 알 수 있다.

의복에서 비례의 원리가 어떻게 적용되었는지는 디자인 요소인 선, 색채, 재질과 무늬를 통해 살펴볼 수 있으며 선의 경우에는 길이의 비로 살펴볼 수 있다. 면이나 형태, 그리고 색채와 소재의 경우에는 대비나 강조가 되는 부분과 그렇지 않은 부분 간의 면적 비율에 따라 비례의 관계가 형성된다.

시지각

지각Perception은 눈을 통해 보이는 사물이 뇌신경을 지나 판단의 과정을 거치며 시각적 정보를 받아들이는 감각적 인식과 정신적 인지의 두 과정을 통하여 이루어진다. 사물에 대한 지각은 부분적으로 학습되며, 학습 이외에 사물을 지각할 수 있는 감각기관이나 신경조직의 선천적인 특성을 지니고 있다. 시지각Visual Perception은 시각적 감각을 일정한 의미를 주어 해석하는 과정을 말한다.

시지각은 간혹 주변의 조건과 대비되는데 우리는 이를 통해 본래의 상황을 다른 상황으로 느끼는 시각적 착각, 즉 착시Illusion를 경험하게 되고, 이 같은 착시Illusion 때문에 사물의 본래 모습을 다르게 판단하게 된다. 패션 디자인에서 착시는 긍정적으로 활용되면 신체의 단점을 보완하고 미적인 장점을 부각시키는 특별한 역할을 한다.

여기서는 여러 시지각의 특성 중 패션 디자인에서 적용할 수 있는 시지각에 초점을 두고 착시를 형태 지각과 거리 깊이 및 선의 지각에 의한 착시라는 2가지 관점에서 살펴보고자 한다. 형태 지각은 전경과 배경에 의한 모호한 형체 지각, 시각의 집단화(게슈탈트 원리), 맥락 효과를 중심으로 살펴본다. 거리 깊이 및 선의 지각에 의한 착시에서는 표면결의 밀도에 의한 착시, 크기와 공간의 착시, 선에 의한 착시, 가로세로선에 의한 착시로 나누어 그 특성을 살펴보고자 한다. 그리고 패션에 적용되어 시지각 특성을 통해 착시를 일으키는 대표적인 예를 살펴보기로 한다.

형태 지각에 따른 시지각

전경과 배경에 의한 모호한 형체는 특별한 시각적 단서가 없을 때 하나의 형이 전경과 배경이 공간으로 해석될 때 일어나는 현상이다. 우리는 한 부분을 동시에 형체와 바탕으로 지각할 수 없으며 이는 보는 사람의 마음에 따라 얼마든지 해설이 바뀔 수 있다. 일반적으로 밝고 어두운 부분에 관계없이 작은 부분–형체, 큰 부분–배경으로 눈에 들어오며 대표적인 예로는 마주보는 얼굴과 잔의 실루엣이 함께 보이는 전도되는 잔[reversible goblet]이 있다. 패션에서는 의복과 배경의 관계나 의복의 배색 또는 무늬에 의해 나타나며, 독특한 착시 효과를 가져온다.

시각의 집단화[Grouping]는 게슈탈트[Gestalt] 원리라고 알려진 형태의 구성 요소들이나 특징들이 통합되는 과정으로써 집단화 과정의 규칙을 말한다. 게슈탈트 원리는 시각의 집단화를 나타내는 최대 질서의 법칙으로 표현의 논리적인 작업이라 할 수 있으며 유사성, 근접성, 대칭성, 연속성, 폐쇄성의 5가지 특성을 가진다. 게슈탈트의 시각적 집단화

표 4-1 형태 지각에 따른 시지각

구분	전경과 배경·모호한 형체	시각의 집단화		맥락 효과
형태지각		유사성 ●●○○●●○○ 근접성 ●● ●● ●●	대칭성 ()()()()()()() 연속성 폐쇄성 [][ ]][[][ ]][[][ ]	12 13 14 A B C
패션사진	 © FashionStock.com/Shutterstock.com	 © FashionStock.com/Shutterstock.com	 © FashionStock.com/Shutterstock.com	 © FashionStock.com/Shutterstock.com

현상은 의복의 무늬, 배색 효과에 의해 형성되는 선·면·형·형태 등 모든 디자인 요소와 원리의 관계에서 나타날 수 있으며, 시각적 착시 효과를 유도한다. 패션에서는 이러한 현상이 장식적인 디테일과 트리밍, 무늬나 배색에 의하여 나타나며 전경과 배경에 의한 착시 효과를 통해 다양한 감성적 표현을 할 수 있다.

맥락 효과[Context effect]는 어떤 사물이 접하는 상황에 따라 전혀 다르게 보일 수 있는 현상을 말하는 것이다. 가령, 숫자 13이 알파벳 B로 전달되는 경우, 우아하고 격식을 갖춘 단정한 검은색 원피스가 포멀한 모임뿐만 아니라 조의를 표하는 조문의 상황에서도 적합한 복식이 될 수 있는 상황적 경우를 예로 들 수 있다. 이런 특성을 적절하게 사용하면 의외의 개성과 독특한 매력을 전달할 수 있다.

거리 깊이 및 선의 지각에 의한 착시

표면결의 밀도에 의한 착시는 크기와 개체의 간격에 따라 점점 멀어지는 듯한 거리감과 공간감이 나타나는 착시 효과를 말한다. 패션에서 착시는 무늬나 배색의 농담에 적용되어 인체의 볼륨감을 좀 더 효과적으로 나타내는 데 쓰인다.

크기와 공간 착시는 같은 각도·크기이지만 인접하여 비교되는 각도와 크기들과 비교되어 상대적으로 더 크게 또는 더 작게 보이는 착시 효과를 나타낸다. 이 효과는 의복에서 네크라인과 칼라의 관계에서 착용자의 목 길이 및 두께와 어깨 넓이의 장단점을 적절하게 매력적으로 연출할 수 있게 도와주고, 스커트나 팬츠 헴라인의 폭과 다리 및 발목 두께와의 관계에 사용되어 굵기의 장단점을 잘 드러내고 보완해줄 수 있다.

선에 의한 착시는 목공에 의한 착시[Carpentered Illusion]라고도 한다. 동일한 길이의 선이라도 양 끝에 있는 삿갓의 방향에 따라 시각적으로 길이가 달라 보이는 착시 효과가 나타나는데, 끝이 밖으로 퍼진 각을 가진 가운데 직선(a)은 안으로 퍼진 각을 가진 직선(b)보다 길어 보인다. 이 착시 효과는 키가 커 보이게 하고 시선을 인체 가운데로 모아 날씬해 보이는 시각적 효과를 줄 수 있다. 수평선의 경우 교차하는 사선의 방향으로 인하여 중앙의 수평선들이 움푹 들어가 보이거나(분트[Wundt]) 볼록해 보이는(헤링[Herring]) 착시현상을 나타내며, 이 효과는 주로 의복의 허리선에 장식선, 구조선 및 무늬로 사용되어 허리와 가슴 및 엉덩이의 볼륨감의 착시 효과를 일으켜 여성의 인체 곡선미를 표현하는 데 효과적으로 사용된다.

가로세로선에 의한 착시도 유용하게 사용된다. 일반적으로 세로선은 길이감을 주어 더 날씬해 보이는 착시 효

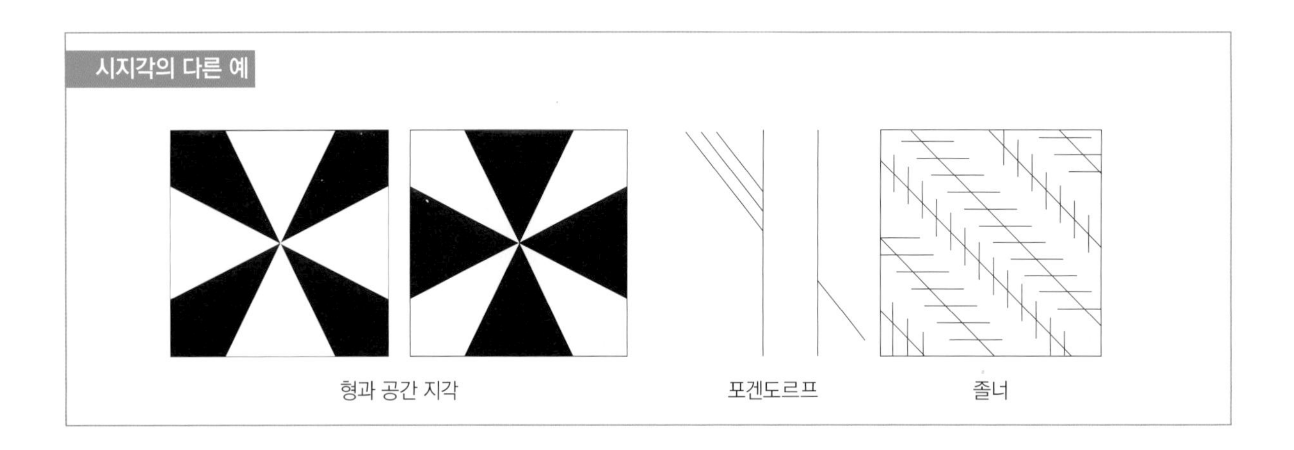
시지각의 다른 예

형과 공간 지각 / 포겐도르프 / 졸너

과를 일으키며, 좁은 간격으로 인접한 세로선들은 가로로 이어지는 시선의 흐름으로 인하여 면적감을 더해주는 효과를 일으킨다. 가로선은 보통 가로로 넓어 보이는 효과와 상하 분할을 통해 수직 길이가 짧아 보이고 가로로 넓어 보이는 시각적 효과를 준다. 그러나 선의 방향, 굵기, 간격을 어떻게 사용하느냐에 따라 야윈 사람에게는 적절한 볼륨감을, 뚱뚱한 사람에게는 날씬해 보이는 착시 효과를 유도할 수 있으므로 패션에서는 가로선과 세로선을 모두 즐겨 사용할 수 있다.

표 4-2 거리 깊이 및 선의 지각에 의한 착시

구분	착시	패션 사진
표면결의 밀도에 의한 착시	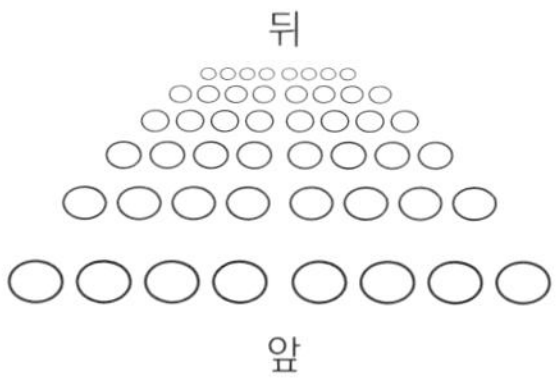 뒤 / 앞	
크기와 공간 착시	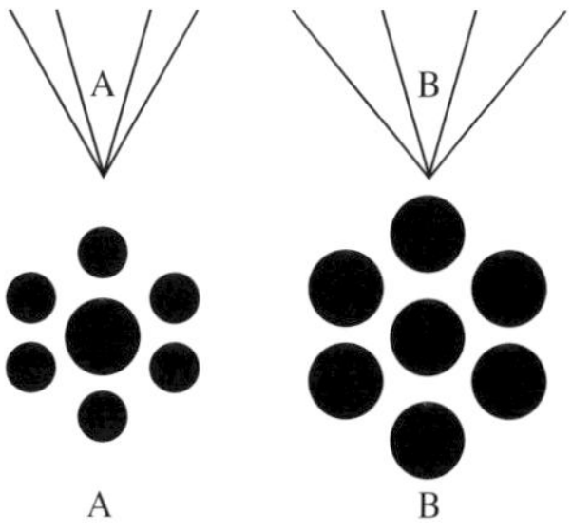 A / B	 
선에 의한 착시	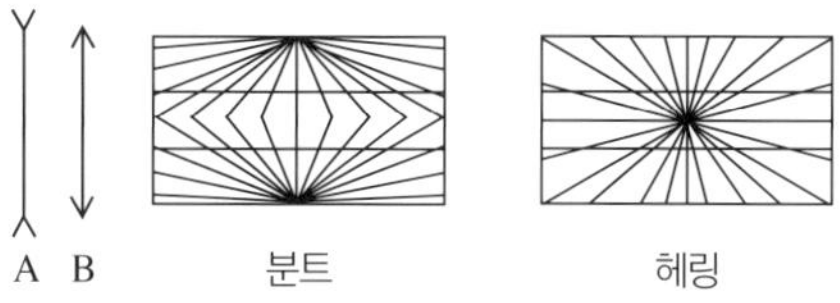 A B / 분트 / 헤링	 
가로·세로선에 의한 착시	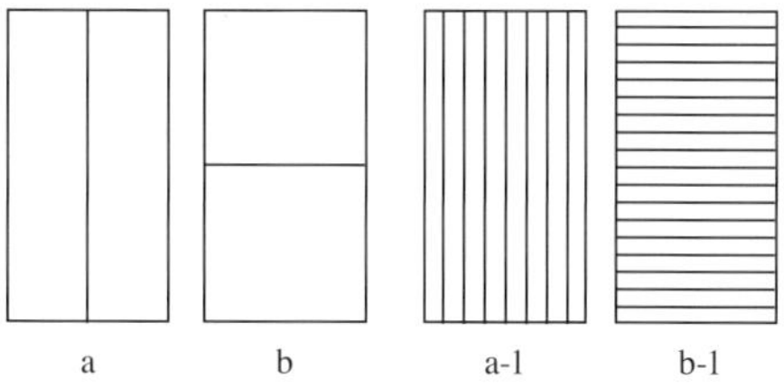 a / b / a-1 / b-1	 

DESIGNER STORY :

야요이 쿠사마 Yayoi Kusama	톰 브라운 Thom Browne
강박관념으로 인한 망상을 예술로 발산하며 꿈을 그리는 작가	남성복에 자신만의 재해석으로 매력을 채워가는 디자이너
▪ 1929~. 일본 나가노 마츠모토 출신 ▪ 남성 중심의 현대미술계에서 활동하는 몇 안 되는 여성 예술가 ▪ 물방울무늬의 강박증적 반복을 통한 설치미술과 퍼포먼스 아트 펼침 ▪ 10살 무렵 정신적 착란현상과 어머니의 폭행으로 강박증에 시달리며 망상을 보는 등 힘든 유년시절을 보냄 ▪ 어린 시절의 강박관념이 그녀의 작품 세계에 지대한 영향 미침 ▪ 1957. 뉴욕으로 가서 팝아트 양식을 하는 소외된 예술가(남성 주류의 미술계에서 여성이며 동양인이라는 점이 비주류)로 시작함 ▪ 비주류로 소외시키는 남성 주도의 팝아트에 대한 주도면밀한 관찰 후, 남성 주도적인 미술계를 날카롭게 비꼬는 구조물로 강력하고 위트 있는 한 방 선사 ▪ 강박적으로 끝없이 생성되는 물방울무늬 작품들은 보는 이를 어지럽고 불편하게 만들지만 몽환적인 신비로움도 전달 ▪ 마크 제이콥스가 루이뷔통 수석 디자이너가 되며 여러 아티스트들과 협업을 성공적으로 이끌어 루이뷔통이 새로이 자리 매김을 하게 됨. 그중에서도 야요이 쿠사마의 독특한 작업은 획기적이고 능동적이라는 평가를 얻음 ▪ "나는 나를 예술가라고 생각하지 않는다. 유년 시절에 시작되었던 장애를 극복하기 위하여 예술을 추구할 뿐이다(1958)."	▪ 1965~. 미국 펜실베니아 출신 ▪ 노트르담대학교 입학 경영학 전공 중도 포기 ▪ 1997. 조르조 아르마니 쇼룸에서 판매 담당으로 패션 일 시작 ▪ 랄프 로렌 산하의 클럽 모나코로 자리 옮긴 후 디자이너로서의 정식 경력 시작 ▪ 랄프 로렌의 곁에서 보조 디자이너 업무를 맡아 패션업계에서의 입지를 굳혀나감 ▪ 2001. 고가의 맞춤식 정장을 선보인 후 보다 다양한 남성복 컬렉션 전개 ▪ 2006. CFDA, 2008. 〈GQ〉에서 '올해의 디자이너상' 수상 ▪ 60년대의 아메리카나를 자신만의 세계로 재해석한 슈트를 내놓으며 유명세를 떨치기 시작 ▪ 톰 브라운의 메인 아이템(슈트)에서 '유니폼'의 개념 강함 ▪ 1950~1960년대 미국의 회색 슈트의 영향을 볼 수 있으며, 모두가 동일한 모습으로 동조라는 미국의 보수성 디자인 철학 보여주면서 시대적 변화에 의한 의미의 변화가 나타남 ▪ 그의 슈트는 동조를 의미하는 유니폼과 동시에 슈트 착용이 일반적이지 않은 현재 사회에서 전통을 기준 삼음과 동시에 그 전통을 깨버리는 슈트를 입는 것이야 말로 반란의 증표이자 아메리카나의 전복이라는 복합의 의미 가짐 ▪ 수제작 위주의 고급 의류 판매를 고집했으나, 회사 경영상의 위기로 일본 자본 유입 후 회생 ▪ 이후 대량 생산으로 품질이 예전보다 하락하고, 삼선 그로스 게인의 시그니처가 시작됨

© Garry Knight/Flickr.com

© Samuel Mark Thompson/Wikipedia.org

© Anthony Shaw Photography/Shutterstock.com

© Vagner Carvalheiro/Flickr.com

© lev radin/Shutterstock.com

© lev radin/Shutterstock.com

© Ovidiu Hrubaru/Shutterstock.com

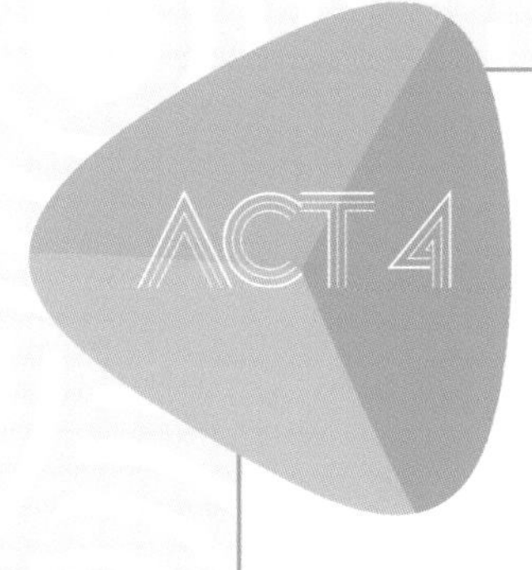

- **목표 : 디자인 원리에 대한 의미와 역할에 맞는 응용에 대하여 알아보고 응용하여 적용하여 디자인 전개의 유연성을 기른다.**
- **준비물 : (체형의 특징이 드러나는) 자기 전신 사진(1장), 패션 잡지, 가위, 풀, 색연필 등**

ACT 4-1 형태 지각(전경-배경)에 따라 달리 보이는 사진을 생활과 패션에서 각각 하나씩 찾아보고 설명해봅시다.

- 시지각 원리로 인하여 달리 보이는 사진을 생활과 패션에서 한 가지씩 찾아서 붙인다.
- 사진에 나타난 시지각을 구체적으로 설명해본다. 통찰에서 사진에 대한 느낌의 변화와 의미를 살펴본다.
- 조원들과의 피드백을 통해 관점에 의한 변화에 대한 서로의 느낌을 나눈다.

ACT 4-2 패션 잡지에서 패션 사진을 찾고 디자인 원리를 적용하여 창의적인 디자인으로 변형해봅시다.

- 균형적인 디자인 사진을 1장 선택하여 불균형 디자인으로 변형해본다. 단순한 디자인 사진을 1장 선택하여 복잡한 디자인으로 변형해본다.
- 디자인 변형에 대하여 구체적으로 설명한다. 통찰에서 변형된 디자인에 대한 새로운 느낌의 변화와 의미를 살펴본다.
- 조원들과의 피드백을 통해 변형된 디자인에 대한 서로의 느낌을 나눈다.

ACT 4-3 시각적 착시를 응용하여 체형의 특징(결점, 장점)을 잘 표현하는 창의적인 패션 디자인 발상을 해봅시다.

- 전신 사진을 붙이고, 보완하고 싶은 체형의 포인트와 적용할 시지각 원리를 선택한다. 창의적인 패션 디자인 발상을 해본다. 아이템마다 디자이너 이름 또는 브랜드명을 적어준다.
- 체형의 객관적인 특성과 창의적인 패션 디자인 발상의 방향을 구체적으로 적어본다. 통찰을 통해 자기가 원하는 보디 이미지가 무엇인지 생각해보고 그 의미를 살펴본다.
- 조원들과의 피드백을 통해 창의적 패션 디자인에 대한 서로의 느낌을 나눈다.

ACT 4-1 **형태 지각(전경-배경)에 따라 달리 보이는 사진을 생활과 패션에서 각각 하나씩 찾아보고 설명해봅시다.**

생활 속 시지각	패션 속 시지각

설명Description

통찰Insight

피드백Feedback

ACT 4-2 패션 잡지에서 패션 사진을 찾고 디자인 원리를 적용하여 창의적인 디자인으로 변형해봅시다.

균형 →	불균형
단순한 →	복잡한

설명Description

통찰Insight

피드백Feedback

ACT 4-3 시각적 착시를 응용하여 체형의 특징(결점, 장점)을 잘 표현하는 창의적인 패션 디자인 발상을 해봅시다.

설명Description

통찰Insight

피드백Feedback

패션 디자인의 다양한 연출

패션 아이템은 단독 또는 여러 개의 조합으로 새로운 분위기와 느낌을 발산한다. 현대 소비자들은 개개인의 취향과 시대적·사회적 요구사항을 반영한 패션 디자인 연출을 시도하고 있으며 이 연출은 독특한unique, 스마트한smart, 섹시한sexy, 스타일리시stylish와 같은 특징을 가지고 자기만의 개성을 발산하는 수단이 되고 있다. 어떻게 연출하느냐에 따라 같은 스타일도 다른 분위기와 이미지를 담은 새로운 스타일로 재창조될 수 있기 때문에 패션 디자인에서의 패션 연출, 즉 코디네이션에 대한 관심이 많아지고 있다.

코디네이션은 '통합', '조정', '종합' 등의 의미를 가진 단어로 1960년대부터 패션에 사용되었다. 특히 1970년대 초의 오일 쇼크 이후 소비자들의 소비패턴이 나은 생활의 질을 추구하는 경향으로 변화되면서 일반화된 말이다. 또 코디네이션은 1970년대 중반 이후부터 성행한 캐주얼 경향과 레이어드 룩 및 구두, 핸드백과 같은 액세서리나 헤어스타일, 화장 등에 이르는 토털 코디네이션과 같은 패션 코디네이션뿐만 아니라 생활공간이나 라이프스타일과의 조화까지 고려하는 등 그 대상이 의복이 중심이 되는 패션에서 생활공간과 생활양식에 이르기까지 점점 확대되고 있다. 최근에는 외모와 관련된 '몸짱', '루키즘'과 같은 새로운 단어가 생길 정도로 사회적으로 외모에 대한 관심이 증가하면서 자신의 체형을 고려한 개성 표출을 원하는 소비자의 욕구가 더욱 커지고 있다.

이제 현대사회에서 패션은 '무엇을 입는가'보다 '어떻게 입는가'에 더욱 초점을 맞추고 있다. 따라서 코디네이션이 패션 디자인에서 차지하는 중요성은 더욱 크다고 할 수 있다. 이 장에서는 패션 디자인의 다양한 연출법에 대하여 살펴보고자 한다.

토털 코디네이션

토털 코디네이션total coordination은 '전체의, 완전한'이라는 뜻을 의미하는 연출 방법으로, 머리끝부터 발끝까지, 즉 모자부터 구두까지 종합적이고 완벽하게 조화를 이루도록 연출하는 코디네이션을 말한다.

토털 코디네이션은 디자인을 통해 형태, 색채, 무늬, 소재와 같은 디자인 요소에 의한 시각적 통일감을 추구한 코디네이션과, 분위기에서 느껴지는 패션 이미지의 감각적 통일감을 추구한 토털 코디네이션이 있다. 머리부터 발끝까지 다양한 아이템이 종합적으로 조화를 이루어야 하기 때문에 전체적인 통일감과 균형감이 무엇보다 우선되어야 한다. 따라서 각 이미지에 대한 정확한 파악이 중요하다.

추구하는 패션 이미지는 시간, 성(性), 활동성, 지역에 따라 클래식, 아방가르드, 페미닌/로맨틱, 매니시, 엘레간트, 액티브/스포티브, 에스닉, 모던 이미지로 나눌 수 있으며(그림 5-1), 패션 이미지에 따른 코디네이션을 하면 본인이 추구하는 스타일을 더욱 효과적이고 완성도 높게 표현할 수 있다. 여기서는 패션의 감각을 나타내는 8가지 패션 이미지를 중심으로 토털 코디네이션에 관해 살펴보고자 한다.

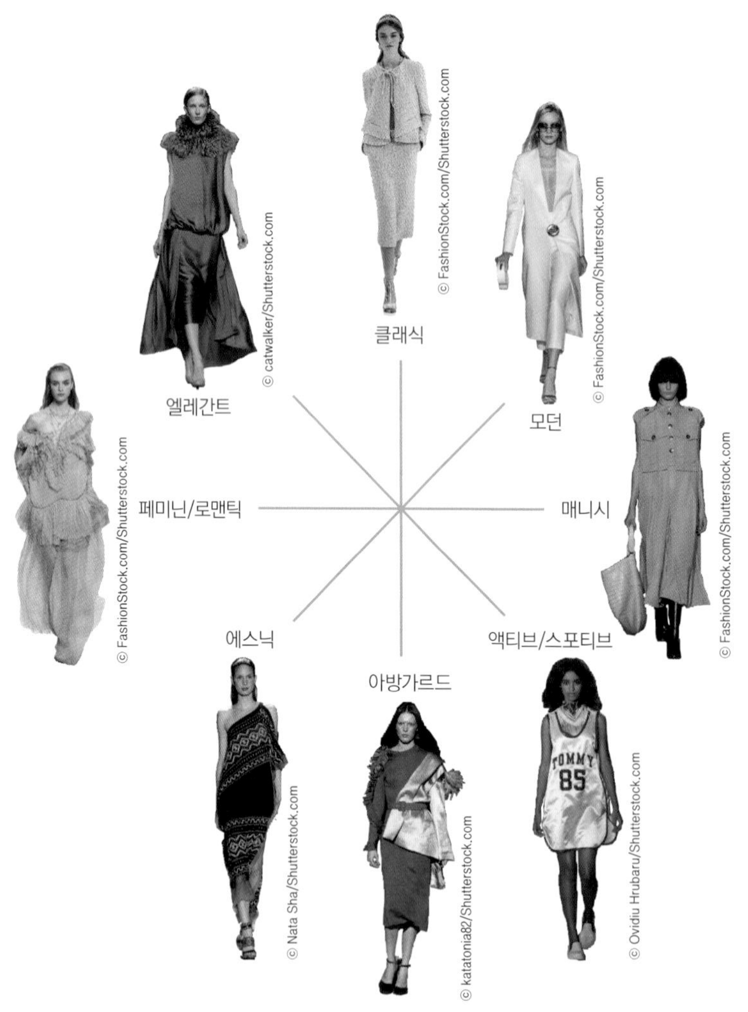

그림 5-1 패션 이미지 축

클래식 이미지

클래식 이미지[classic image]는 유행에 관계없이 시간을 초월하는 가치와 보편성을 가진 고전적이고 전통적인 패션 이미지를 말한다. 최근에는 전통적이고 고전적인 클래식 이미지의 의복 아이템들이 트렌디를 가미한 젊은 감각으로의 변화를 시도하고 있다.

몸에 적당히 맞는 스타일의 디자인으로 베이직한 테일러드 슈트나 샤넬 슈트, 카디건, 진 팬츠, 블레이저 등의 아이템이 여기에 해당된다. 소재는 트위드[tweed], 울[wool] 등이 대부분이며 타탄체크, 격자무늬, 유기적인 구상무늬 등이 대표적이다. 색상은 디프 톤의 브라운 계열을 중심으로 와인, 다크 그린, 겨자색 등과 다크 톤의 블루와 다크 그레이 등도 사용된다. 색상 간의 대비가 강하지 않은 무늬를 선택하여 유사배색의 자연스러운 조화를 연출한다.

그림 5-2 클래식 이미지와 클래식 이미지 패션

아방가르드 이미지

아방가르드 이미지[avant-garde image]는 실험적 요소가 강한 디자인이나 독창적이고 혁신적이며 충격적일 정도의 기괴한 디자인으로 이루어진 전위적인 스타일이 대부분이다. 형태나 색상, 디자인에서 상식을 초월할 정도의 실험적인 패션으로 소수가 즐겨 입는다. 그러나 사람들의 욕구가 다양화되고 일반 브랜드에서 이러한 이미지를 조금씩 선보임에 따라 아방가르드한 이미지를 믹스 앤 매치로 연출하는 경우가 늘어나고 있다. 자기만의 개성을 표현하고 싶을 때 이를 적절하게 활용하면 현대적인 감각을 나타낼 수 있다.

디자인은 기능과 관계된 것보다는 파괴의 목적으로 쓰이는 장식 등을 사용하는데, 의복의 구성적 형태를 파괴 또는 제거, 극한으로 확대하거나 일반적으로 의복에 소재로 사용되지 않는 재료를 사용하는 것 등이 이에 속한다.

그림 5-3 아방가르드 이미지와 아방가르드 이미지 패션

페미닌/로맨틱 이미지

페미닌 이미지[feminine image]는 여성스러운, 상냥한, 부드러운 등의 의미로 단정하면서 성숙하고 정숙한 여성적인 분위기를 가진다. 이러한 분위기를 살리기 위하여 전체적으로 둥근 어깨선과 잘록한 허리, 풍만한 가슴 등 인체의 곡선미를 살린 형태적 특성과 함께 프릴[frill], 플라운스[flounce], 스캘럽[scallop], 리본[ribbon] 등의 곡선적인 디테일로 여성미를 더욱 부각시킨다. 꽃무늬를 중심으로 한 유기적인 구상무늬와 부드럽고 유연한 저지, 실크, 부드러운 순면이나 시폰

그림 5-4 페미닌/로맨틱 이미지와 페미닌/로맨틱 이미지 패션

chiffon, 벨벳velvet, 앙고라angora 등의 소재에 부드러운 느낌의 파스텔 톤과 밝고 따뜻한 느낌의 색상이 많이 사용된다.

로맨틱 이미지romantic image는 페미닌 이미지보다 사랑스럽고 귀여운 분위기, 낭만적이고 환상적이며 꿈결 같은 몽환적인 분위기가 더 부각된 공주풍의 소녀적인 이미지이다. 가볍고 부드러운 질감의 소재에 작은 꽃무늬나 물방울무늬가 많이 사용되고 화이티시 톤과 페일 톤의 밝고 맑은 색상이 환상적이고 달콤하며 사랑스러운 로맨틱 이미지를 강조한다.

매니시 이미지

매니시 이미지mannish image는 자립심이 강한 여성이 지니는 감성을 나타내는 이미지로 직선적이고 남성적인 느낌의 재킷이나 팬츠, 셔츠, 넥타이, 단화 등을 매치시켜 연출하는 것이다. 처음에는 남녀 평등을 주장하는 시대상을 반영한 패션 테마였으나, 요즘에는 클래식하고 중후한 멋을 즐기고자 하는 여성들 사이에서 페미닌한 감각으로 표현되고 있다.

남성의 전유물로 여겨지는 넥타이나 패드를 넣어 강조한 어깨, 남성 스타일의 구두, 테일러드 재킷, 단색의 팬츠, 소년풍의 모자, 웨스턴 부츠도 매니시 룩에 어울리는 아이템이며, 댄디dandy나 머린marine, 밀리터리military 등의 스타일도 매니시 룩에 포함된다.

단순한 디자인에 소재감을 최대한 살릴 수 있게 하며, 의복 스타일로는 약간 오버 사이즈의 재킷이나 팬츠, 회색 코듀로이 재킷, 가죽 소재의 베스트 등을 활용할 수 있다. 소재는 내구성이 있고 튼튼한 재질의 가죽, 울, 두꺼운 목면, 개버딘, 트위드 등이 많이 사용되고, 조밀하게 짜인 기하학적 무늬가 어울리며 전체적으로 단순하고 남성적인 무늬가 주가 된다. 색상은 회색, 녹색, 짙은 갈색, 올리브그린 등 탁색계가 주를 이루고 어두운 톤이 중심이 되어 차분한 분위기를 연출한다.

그림 5-5 매니시 이미지와 매니시 이미지 패션

엘레간트 이미지

엘레간트 이미지elegant image는 우아하고 단정하면서도 성숙하고 품위 있는 이미지를 말한다. 자신감 있고 사회적 지위가 있으며 고급스러운 세련미를 표현하기 위하여 격식을 차린 스타일을 선호하고, 과장되지 않고 자연스러운 어깨와 허리선이 여성의 아름다움을 살려준다. 여성의 경우 보통 심플한 슈트 차림의 클래식한 감각이 엘레간트 이미지의 전형으로 여겨지나, 여성의 인체 곡선미를 살린 우아한 드레스도 이에 포함된다. 레이스, 프릴, 리본 등의 트리밍trimming으로 여성스러움을 나타내는 경우가 많으며 고급스러운 울, 섬세한 레이스, 벨벳, 실크, 레이온 등의 탄력적이면서도 부드럽고 광택이 도는 소재가 많이 사용된다.

색상은 빨강, 자주, 보라가 주로 사용되며 부드럽고 차분한 그레이시 톤으로 대비를 억제하고 부드럽고 옅은 페일 톤이나 라이트 톤을 사용하면 더욱 우아한 느낌을 줄 수 있다. 또한 금색 메탈이나 산호, 진주 등과 같은 액세서리로 고급스러운 분위기를 완성할 수 있다.

© FashionStock.com/Shutterstock.com

그림 5-6 엘레간트 이미지와 엘레간트 이미지 패션

액티브/스포티브 이미지

액티브 이미지active image는 발랄하고 활동적인 느낌에 기능성을 포함하고 있는 단순한 디자인에서부터 밝고 선명한 색상을 이용한 디자인에 이르기까지 매우 다양한 스타일로 연출될 수 있다. 기능성을 중시하는 스포츠웨어와 현대미술 사조의 팝아트 등이 포함되어 밝고 생동감 있는 모습과 젊은 감각을 표현하기에 적합하다.

트렌드의 영향으로 액티브 이미지의 스포츠웨어가 평상복으로 널리 착용되며 캐주얼웨어로 선보이고 있으며, 활동적이고 터프한 남성적 이미지를 살린 프린트와 아이템으로 젊은이들에게 널리 사랑받고 있다. 소재로는 촉감이 부드러워 신체에 잘 맞는 면, 울 등이 많이 사용되며, 선명하고 강렬한 색상이 주조를 이루고, 대비 및 강조와 같은

그림 5-7 액티브/스포티브 이미지와 액티브/스포티브 이미지 패션

배색 효과를 이용하여 캐주얼한 이미지를 효과적으로 표현할 수 있다. 주로 기하학무늬나 추상무늬와 같이 발랄하고 화려한 무늬들이 선호된다.

스포티브 이미지sportive image는 운동이 자유롭고 활동적이며 기능적이어야 하며 자연스럽게 입고 즐길 수 있는 유희적인 요소가 강해야 한다. 최근 라이프스타일의 변화와 여가시간의 증가로 인해 선호도가 증가되고 있는 이미지이다.

에스닉 이미지

에스닉 이미지ethnic image는 아시아, 아프리카, 중근동 등의 기독교 문화권 외 지역의 전통 복식에서 얻는 느낌을 말한다. 토착 신앙의 의미가 포함된 토속적이고 소박한 느낌을 주는 패션으로서의 에스닉에는 유럽을 제외한 세계 여러 나라의 민속복과 민족 고유의 염색, 직물, 무늬, 자수, 액세서리 등에서 영감을 얻어 디자인한 패션이 포함된다.

특히 한국·중국·일본 등 아시아 문화권에 해당하는 이미지를 오리엔탈oriental 이미지로, 하와이나 적도 지방 같은 열대 지역에서 영감을 받은 것을 트로피컬tropical 이미지로, 기독교 문화권 내의 전통 복식에서 영감을 받은 것은 포클로어folklore 이미지로 세분화하기도 한다.

색상은 매우 다양하지만 주로 선명한 컬러들이 주조를 이루며 대비 배색을 많이 한다. 주로 천연 염료를 사용하기 때문에 색감이 거칠고 무겁지만 소박하고 차분하며 친근한 느낌을 준다. 각국의 고유한 전통 아이템이 나타나며 각 나라의 민족성을 살린 특이한 문양이나 자수 등도 많이 사용된다.

그림 5-8 에스닉 이미지와 에스닉 이미지 패션

모던 이미지

'근대적', '현대적'이라는 의미의 모던 이미지modern image는 도회적 감성, 절제된 선을 사용한 건축물이나 차가운 기계의 하이테크한 분위기를 중심으로 진취적이고 세련되며 시크한 이미지를 추구한다. 급속히 변하는 요즘 사회에서는 모던의 의미에 차이가 있을 수 있으나, 여전히 모던은 어른스러운 감각과 도시적이고 세련된 아름다움과 멋을 지닌 전문직 종사자들이 추구하는 대표적인 이미지이다. 차갑고 절제된 간결미를 추구하고 현대적이고 도시적인 감각이 돋보이며 지금껏 상식으로 여겨지던 스타일과 달리 새롭고 특이한 디자인을 지적인 멋으로 승화시킨 세련됨으로 표

그림 5-9 모던 이미지와 모던 이미지 패션

현하기도 한다.

디자인은 개성적이며 미래 지향적인 감각에 직선적인 무늬가 선호되기 때문에 연출 시 전체적으로 장식성이 배제된 간결함을 유지하는 것이 중요하다. 색상은 블랙, 화이트, 그레이 계열, 차가운 색과 함께 색상대비와 명도대비가 강한 배색을 선호하며, 기하학적 무늬가 주로 이용되어 모던한 이미지를 강하고 세련되게 부각시킨다. 즉, 무채색을 중심으로 차가운 분위기를 연출하여 도시적 감각을 살리는 것이라고 할 수 있다.

플러스 원 코디네이션

플러스 원 코디네이션plus One Coordination은 어떤 의복 스타일에 하나의 아이템을 추가로 착용함으로써 기존의 이미지를 더 풍부하고 새로운 의외의 신선한 감각으로 부각시키는 방법이다. 첨가된 아이템으로 의외성을 추구하고 새로운 감각으로 전환할 수 있는 손쉬운 연출 방법 중의 하나이다. 특히 평범하고 일상적인 감각 연출에서 벗어나기 위해 이질적이고 대담한 아이템을 첨가하여 혁신적인 변화를 연출하고자 할 때 활용된다.

반면 옵셔널 코디네이션optional Coordination은 자신의 감각이나 분위기에 따라 자유로운 조합으로 연출한다는 면에서는 플러스 원 코디네이션과 동일하나, 액세서리나 작은 소품의 첨가로 상식의 범주를 벗어나지 않은 변화를 줌으로써 기존 의복의 이미지를 명확하게 돋보이게 하는 방법이라는 점에서 플러스 원 코디네이션과 다르다.

그림 5-10 플러스 원 코디네이션

크로스오버 코디네이션

크로스오버 코디네이션cross over coordination은 '교차시킨다', '짜 맞춘다', '엇갈린다'라는 뜻을 가진 연출 기법이다. 형태, 색채, 소재, 감각에서 전혀 다른 개체를 조화시킴으로써 오는 의외성을 독특한 매력으로 부각시키는 코디네이션 방법이다. 즉, 전혀 다른 이미지나 스타일처럼 이질적인 타입끼리의 조화를 통해 파괴와 통일감의 붕괴가 주는 충격적인, 기묘한, 이상한, 이질적인 분위기와 특성을 아름다움으로 새롭게 재해석하여 멋스러움을 이끌어내는 방법이다.

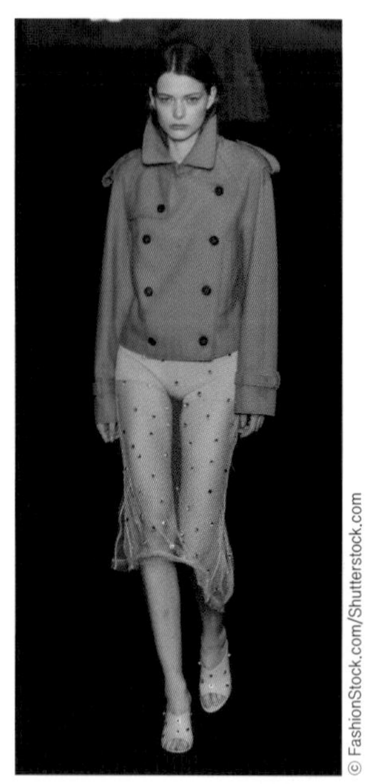

그림 5-11 크로스오버 코디네이션(형태, 소재, 성, 스타일)

멀티 앤 슈퍼 코디네이션

멀티 앤 슈퍼[multi & super] 코디네이션은 '복합의', '다양한', '복잡한', '과장된'이란 의미를 가진 레이어드 룩[layered look]을 이용한 코디네이션 방법이다. 특히 멀티 코디네이션[multi coordination]은 같거나 유사한 아이템을 겹쳐 입기 때문에 속에 입는 의복의 길이나 디자인이 겉에 입는 옷의 그것과 달라야 하며, 소재나 색상에 관한 시각적 효과를 고려해야 한다.

반면 슈퍼 코디네이션[super coordination]은 여러 가지 스타일의 아이템을 겹쳐 입는 것으로, 유행에 따라 볼륨감의 차이는 있으나 과장된 레이어드 룩을 보여주는 것에 연출의 초점을 맞춘다. 이 코디네이션은 상식적인 사고방식을 초월한 것으로, 타인과 나를 차별화하고 자신을 주장하려는 개성 강한 사람에게 어울리는 강렬한 스타일의 믹스 앤 매치[mix & match] 연출법이라고 할 수 있다.

그림 5-12 멀티 코디네이션

그림 5-13 슈퍼 코디네이션

DESIGNER STORY :

비비안 웨스트우드Vivienne Westwood

관습을 거부하며 기성 패션에 끝없이 도전하는
펑크의 대모

- 1941~. 영국 체셔 출신
- 의상 스타일링, 모델의 자세, 작품 사진의 표현을 통해 성적 도발을 일으키는 패션을 개척한 영국 디자이너
- 1971. 말콤 맥라렌과 런던 킹스 로드에 '렛 잇 록'을 개점하고 1950년대 테디 보이 스타일을 추종하는 테드들을 위한 의상을 판매하며 패션 사업을 본격적으로 시작
- 1970년대. 맥라렌과 펑크록 그룹인 섹스 피스톨스의 매니저로서 스타일링을 하며, 펑크 스타일의 기호를 확산시키는 데 핵심적인 역할을 함
- 옛 의상과 이국 문화의 패턴 연구를 통해 새로운 아이디어 패션에 도전적인 방식으로 적용
- 1980년대. 암묵적인 도덕 기준에 공개적으로 적대감을 나타내며 패션 저널리스트들의 이목을 집중시킴
- 그녀의 작품 트렌드는 1980년대 페미니스트의 저항의 물결과 함께 나아감
- 1984. 10. '미니 크리니(엄숙한 빅토리아 시대의 상징인 크리놀린을 축소시킨 디자인)' 컬렉션을 통해 센세이션을 일으키며 그녀의 개성을 뚜렷이 각인시키는 창조적 전환점 마련
- 1990년대. 역사주의를 바탕으로 한 다양한 작품 세계를 추구
- 1990~1991년 올해의 영국 디자이너로 선정, 1992년에는 영국 여왕으로부터 OBE(영국제국훈장), 2006년에는 DBE(2등급의 작위급 훈장)를 받음
- "우리는 디자인의 시작부터 락앤롤 정신에 기초를 두고 있었다."
- "일부러 혁명을 일으키려고 했던 것은 아니다. 왜 한가지 방식으로만 해야 되고 다른 방식으로 하면 안 되는지 알고 싶었을 뿐이다."

© Tinseltown/Shutterstock.com

© catwalker/Shutterstock.com

©lev radin/Shutterstock.com

© lev radin/Shutterstock.com

레이첼 조Rachel Zoe

자신의 색깔로 할리우드의 셀러브리티들을 매료시킨
패션 스타일리스트

- 1971~. 미국 출신
- 대학에서 사회학과 심리학 전공
- 패션계에 입성하고 4년의 수습기간을 거쳐 맨해튼에서 21살에 〈YM〉 매거진의 패션 에디터로 일함
- 에디터로 일하면서 '10대들의 여왕'이라고 불리며 10대 배우와 아이돌 가수를 스타일링함
- 잡지사 퇴사 후에는 스타일리스트로 전향하고 할리우드 스타들을 스타일링하며 그동안 축적된 패션에 대한 연구와 계속적인 스타들에 대한 이미지 구축에서 능력을 발휘함
- 패션 잡지와 책을 탐구하고 연예인들의 사진을 보며 이미지를 연구하는 개인적 탐닉이 20여 년간 스타일리스트 업무에 도움이 되었다고 함
- 그녀의 롤리팝 레이디스(Lollipop Ladies : 지나치게 말라서 막대사탕처럼 보이는 체형. 니콜 리치 등이 대표적인 롤리팝 레이디였음)와 함께 그들의 스타일을 따라하는 많은 팬 보유
- 그녀의 스타일링팀이 TV 리얼리티쇼에 등장하면서 셀러브리티들의 이미지와 개성을 표현하고 만드는 작업 현장과 직업의 매력을 공개함
- 패션 세계 입문을 꿈꾸는 사람들에게 좀 더 현실적인 스타일리스트에 대하여 알려줌
- 셀러브리티들의 레드카펫 룩 스타일링을 통해 몇몇 스타일리스트들이 대중에게 드러나며 알려짐
- 고객과 작업하면서 가장 우선시하는 것은 "고객들이 자신에 대해 점점 더 많이 인식해가도록 돕는 것"
- 고객을 제대로 파악하고 그들만의 특색이 잘 발현되도록 표현하며 자신만의 느낌표를 찍는 것이 중요하다고 함

© Dylan Armajani/Shutterstock.com

© Tinseltown/Shutterstock.com

© Featureflash Photo Agency/Shutterstock.com

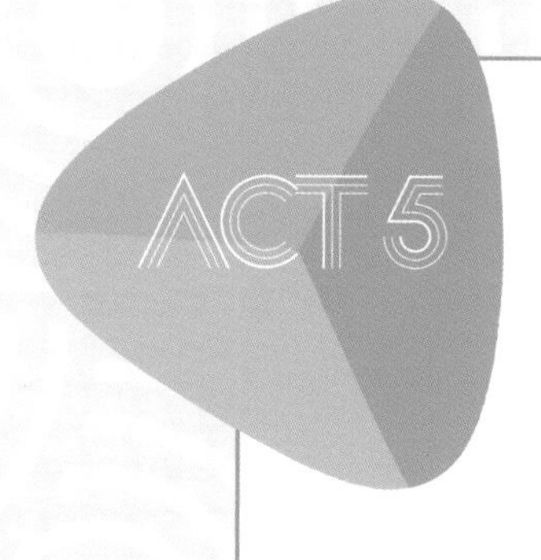

• **목표 : 이미 표현된 패션 연출과 표현하고자 하는 패션 연출을 통해 자기를 알아본다.**

• **준비물 : (최근에 찍은) 자기 사진 3장, 패션 잡지, 가위, 풀, 색연필 등**

ACT 5-1 최근에 찍은 자기 사진(3장) 속에 나타난 패션 연출을 통해 자신에 대해 알아봅시다.

- 최근에 찍은 자기 사진(3장)을 선택하여 붙인다. 사진을 통해 느껴지는 감정을 살펴본다.
- 자기 사진 속에 나타난 패션 연출에 대해 구체적으로 설명해본다. 통찰을 통해 패션 연출과 감정과의 관계를 알아본다.
- 피드백을 통해 조원들과 서로의 느낀 점을 나눈다.

ACT 5-2 패션 이미지에 맞는 사진으로 이미지 맵(map)을 만들고 패션 사진을 붙여봅시다.

- 패션 이미지를 설명하는 사진으로 이미지 맵을 만든다. 패션 이미지에 적합한 패션 사진을 선택하여 붙인다.
- 패션 이미지를 나타내는 디자인 코드(Design Code)를 적어본다.

ACT 5-3 2가지 이상의 패션 이미지를 선택하여 창의적인 디자인 발상을 해봅시다.

- 2가지 이상의 패션 이미지를 선택한다. 각 패션 이미지에 적합한 다양한 패션 아이템을 선택하고, 창의적인 디자인 발상을 해본다. 디자인 발상에 사용한 각 아이템에 디자이너 이름 또는 브랜드명을 적는다.
- 창의적인 디자인 발상에 대하여 구체적으로 적어본다. 통찰에서 디자인 발상에 표현된 이미지의 의미와 느낌을 알아본다.
- 피드백을 통해 창의적인 디자인 발상에 대해 서로의 느낌을 나눈다.

ACT 5-1 **최근에 찍은 자기 사진(3장) 속에 나타난 패션 연출을 통해 자신에 대해 알아봅시다.**

설명Description

통찰Insight

피드백Feedback

ACT 5-2 패션 이미지에 맞는 사진으로 이미지 맵(map)을 만들고 패션 사진을 붙여봅시다.

Classic Image Design Code :

Image	패션 사진

Avant-garde Image Design Code :

Image	패션 사진

Feminine / Romantic Image Design Code :

Image	패션 사진

Mannish Image Design Code :

Image	패션 사진

Elegant Image Design Code :	
Image	패션 사진

Active / Sportive Image Design Code :	
Image	패션 사진

Ethnic Image Design Code :	
Image	패션 사진

Modern Image Design Code :	
Image	패션 사진

ACT 5-3 **2가지 이상의 패션 이미지를 선택하여 창의적인 디자인 발상을 해봅시다.**

선택한 패션 이미지들 :

설명Description

통찰Insight

피드백Feedback

패션 트렌드와 패션 컬렉션 읽기

패션 트렌드

패션 트렌드란 패션fashion과 트렌드trend의 합성어로, '패션의 경향', 즉 '새로운 패션이 나타나는 방향', '새로운 실루엣이나 컬러, 소재, 패턴, 디자인, 디테일 등이 움직이는 방향'으로 정의할 수 있다. 트렌드는 과거, 현재, 미래로 이어지는 시간적 연속성을 기본으로 일정한 방향성을 가지고 움직이는 사회적, 정치적, 경제적, 문화적, 기술적 변화현상이며 사회적 가치관을 반영하는 것이기도 하다. 의복은 순수한 즐거움이나 효용을 위한 단순한 소품일 뿐만 아니라, 사회적 기능과 깊게 관련되어 있기 때문에 패션 트렌드에 대해 살펴보는 일은 중요하다고 할 수 있다.

일반적으로 트렌드와 패션 트렌드는 주기성, 변화성, 방향성이라는 속성을 더 가지고 있지만 특히 패션 트렌드는 단기간의 작은 변화를 포착하여 적절한 시기를 예측하는 적시성이라는 특별한 속성을 가지고 있다. 비록 단기라고는 하지만 소비자들이 만나게 되는 새로운 패션 트렌드에 대한 정보는 길게는 24개월 전부터 짧게는 6개월 전의 디자이너 컬렉션에 의해 미리 소개되어 해당 시즌에 소비자들이 만나게 된다.

패션 트렌드는 매년 새로운 패션의 경향과 방향성을 제공해주는 중요한 역할을 한다. 패션 트렌드 정보업체마다 정보를 제공하는 방식에는 약간의 차이가 있으나, 종합해보면 크게 정보를 수집하는 정보 추적 단계, 예측 단계, 기획 단계로 구분할 수 있다. 패션 트렌드 정보업체에서는 전체적인 트렌드 경향을 이끄는 요인과 그해의 중심이 될 트렌드의 전체적인 방향·주제를 설정하고, 각 주제에 해당하는 형태(실루엣), 색채, 소재, 무늬, 스타일 경향에 대한 정보를 제공한다.

패션 트렌드 정보에는 특정 내용을 전달하기 위하여 다양한 용어들이 사용되므로, 이 용어들을 구체적으로 살펴볼 필요가 있다. 패션 트렌드 정보의 각 항목은 시각적인 스크랩map과 함께 제시되어 아이디어를 시각적으로 표현하게 된다. 아이디어의 구체화 단계와 더불어 사용되는 다양한 용어들을 살펴보면 다음과 같다.

- 인플루언스Influence : '패션에 주는 영향', '영향을 미치는' 등의 의미로 패션 트렌드 테마에 영향을 주는 정치, 경제, 사회, 문

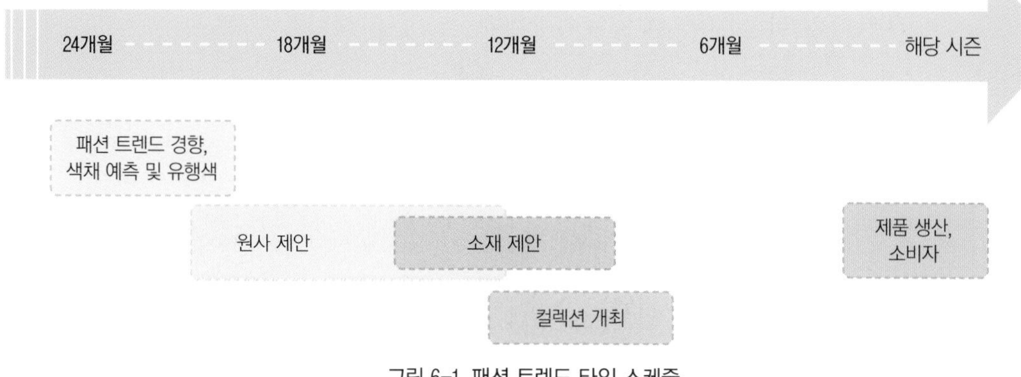

그림 6-1 패션 트렌드 타임 스케줄

화 전반의 현상들이 패션에 영향을 주는 요소가 된다.

- 소스Source : '근원', '출처'라는 원래의 의미부터 데이터의 발생원 등을 표시하는 데 사용된다.
- 인스피레이션Inspiration : 영감, 창조적 자극을 말한다. 영감에 의한 착상, 즉 계시적인 착상을 일컫는다.
- 콘셉트Concept : 인스피레이션이 어느 정도 발전하여 정리된 주제이다. 일반적으로 궁리하여 내어놓은 새로운 생각이나 고안 또는 사상이라고 한다. 트렌드에서는 전체적인 테마 콘셉트Theme Concept와 세부적인 소주제 테마Sub-theme Concept와 같이 구체적으로 설정된다.
- 디렉션Direction : 패션에서의 실루엣, 색상, 소재, 디테일 등의 경향이나 지향성을 지칭한다. 예를 들어, 디렉션 컬러라고 하면 방향성이 있는 색, 금후의 경향에 지시를 주는 색이라는 의미로 유행색 중에서도 특히 전체를 리드해가는 강한 힘을 가진 색을 지칭한다. 또한 유행색의 커다란 흐름 중에서 특히 시장을 활성화할 목적으로 설정된 색을 이렇게 부르기도 한다.
- 이미지Image : 어떤 사물에 대하여 마음에 떠오르는 직관적 인상 및 심상으로 그것에서 연상되는 감각적·정서적인 반응을 말한다. 즉, 여성적인 이미지, 독특한 이미지와 같이 큰 범위로 사용하기도 하고 클래식 이미지, 매니시 이미지, 엘레간트 이미지와 같이 구체적으로 특정 이미지를 지칭하는 표현으로 사용하기도 한다.
- 룩Look : 외관·스타일 전체의 모양을 단적으로 나타내는 말이다. 색채·문양·소재·디테일 등을 포함해서 그 의복의 대표적인 특징과 경향을 나타낼 때 쓰이는 말로 실루엣과 같은 뜻으로 사용되는 경향이 크다. 주로 실루엣의 변화로 설명하며, 스타일이라고 부르기도 한다. 디오르의 뉴룩, 밀리터리 룩 등이 한 예다.
- 스타일Style : 형식, 양식 등으로 '다른 것들과 구별되는 특징적인 디자인이나 형태'로 정의되며 실루엣, 라인, 룩이라는 말과

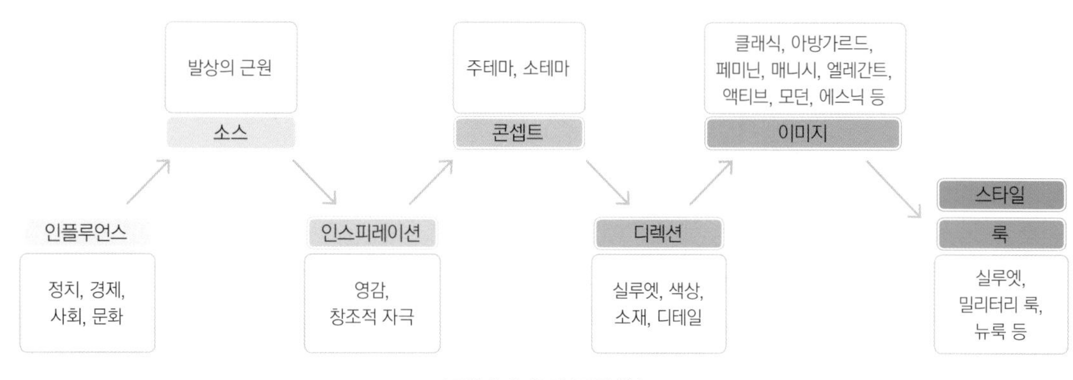

그림 6-2 용어 프로세스

비슷하게 사용되는 용어이다. 예를 들어 1920년대에 유행한 샤넬의 슈트, 1960년대의 미니스커트나 판탈롱 팬츠는 대중에게 일정 기간의 유행이 아닌 현재에도 일정한 모양으로 정착되었기 때문에 스타일이라고 한다.

패션 컬렉션 읽기

패션 컬렉션에서는 패션 디자인의 체계적 관찰을 위한 노력이 필요하다. 체계적 접근 방법은 개인의 관심과 시각으로부터 개인적인 감정을 유보시키는 의식적인 노력을 내포한다. 패션 디자인에 대한 의식화된 노력이란 디자인의 뚜렷한 특징뿐만 아니라 뚜렷하지 않은 특징들, 즉 전체와 부분의 기능이 불분명한 특징들도 자세히 보는 것을 말한다.

이러한 노력은 시각 형태에 대한 관찰에서 시작하여 관찰[Observation], 분석[Analysis], 해석[Interpretation], 평가[Evaluation]의 과정이 단계적으로 이루어지며 각각의 특징은 다음과 같다.

- 첫 번째는 관찰[Observation (attending to the form)] 단계이다. 관찰에서는 형태에 대하여 주목(주목을 끄는 것은 무엇인가?) 하는 것이 목적인 ABC[Apparel-Body-Construct]의 시각적 우선권[Visual Priority]을 살펴보는 단계이다. 관찰할 때는 묘사적인 언어를 사용하여 표현하며 이때 주관적인 가치 판단은 하지 않는다.
- 두 번째는 분석[Analysis (considering the relationships)] 단계로, ABC의 구조를 조사하여 전체/부분, 부분/부분에서의 관련성을 고려하는 관계에 대한 고려가 이루어지는 단계이다. 관계는 시각적 효과[Visual Effect]를 나타내며 이것은 객관적인 묘사로 표현된다.
- 세 번째 과정은 해석[Interpretation (summarizing the form)]으로 ABC에서 연상되는 의미[Meaning]와 시각적 이미지[Visual Image]를 살피고 표현하는 단계이다. 이 단계에서는 앞의 두 단계와 달리 개인적인 해석이 들어갈 수 있다.
- 마지막으로 앞의 3가지 단계를 기초로 결론을 짓는 평가[Evaluation (considering the visual merit)] 단계이다. ABC에 나타난 시각적 장점[Visual Merit]을 고려하여 의복의 적합성과 용도를 묘사하는 것이다.

패션 컬렉션의 작품을 예로 살펴보자(표 6-1).

표 6-1 패션 컬렉션 분석

 © Ovidiu Hrubaru/Shutterstock.com 패션 사진	**1. 관찰(Observation : attending to the form)** • 형태에 대한 주목(주목을 끄는 것은 무엇인가?) • Visual Priority of ABC(Apparel-Body-Construct) • 묘사적인 언어 • 주관적인 가치 판단을 하지 않음
	- 자연스러운 루즈 핏의 사각형 실루엣 - 브라운 컬러의 벨트와 소매의 플라운스 장식으로 주의 집중 - 신체에 밀착되지 않는 얇고 부드러운 소재 - 깔끔한 화이트 셔츠와 팬츠로 구성
	2. 분석(Analysis : considering the relationships) • 관계에 대한 고려(ABC의 구조를 조사) : 전체/부분, 부분/부분에서의 관련성 고려 • Visual Effect • 객관적인 묘사
	- 딱딱한 셔츠 칼라와 부드러운 플라운스 장식이 상반된 이미지를 자연스럽게 표현 - 소매와 가방의 플라운스 장식과 와이드 팬츠의 움직임이 주는 곡선미가 율동감 있는 시각적 효과 부여 - 구두, 가방, 벨트의 색상과 재질이 리듬감 있게 시선의 움직임 유도
	3. 해석(Interpretation : summarizing the form) • 연상되는 의미(Meaning) • Visual Image • 개인적인, 주관적인 해석
	- 곡선적인 장식과 세련된 연출로 시크하고 활동적인 도시 여성을 부드럽게 표현 - 딱딱함과 부드러움이 조화롭게 어우러진 로맨틱 매니시 이미지 표현
	4. 평가(Evaluation : considering the visual merit) • 시각적 장점(Visual Merit), 가치(Value) 고려 • 적합성, 용도
	- 소매의 플라운스 장식 곡선과 와이드 팬츠는 넉넉한 폭으로 마른 체형을 잘 커버해줄 수 있는 의상 - 여성성과 활동성을 함께 표현하면서 트렌드를 잘 반영한 세련된 시티 룩

DESIGNER STORY :

빅터 앤 롤프 Viktor & Rolf

오트쿠튀르의 전통을 거부하고 레트로와 클래식에 바탕을 둔
건설적 해체를 통한 새로운 오트쿠튀르의 부활을 꿈꾸며
초현실주의적 판타지 세계를 만드는 디자이너

- 빅터 호르스팅 : 1969~. 네덜란드 출신
- 롤프 스누런 : 1969~. 네덜란드 출신
- 아르헴예술아카데미 예술전공대학원 출신
- 1993. 빅터 호르스팅과 롤프 스노렌이 만든 브랜드
- 독특한 컬렉션으로 주목받음
- 1998. 첫 컬렉션 : 모델에게 옷을 계속 입혀 작은 몸이 커다랗게 될 때까지 옷을 층층이 쌓아 '마를수록 좋다'는 개념을 비판한 퍼포먼스로 풍자적인 컬렉션을 연출하였으나 판매는 거의 이루어지지 않음
- 〈V&R는 파업 중〉에서 옷이 없는 컬렉션을 선보이며 '개념 Conceptual' 패션 디자이너로 조롱 섞인 인정을 받음
- 의도적인 계획(왜곡된 몸, 과장된 형태, 고의적인 실수, 모순)으로 하이패션에 대한 흥미 유발
- 2000/2001 첫 기성복 컬렉션 〈성조기〉 : 작품성과 상업적으로 성공한 최고의 컬렉션 선보임
- 협업을 통한 다양한 활동 : 샘소나이트, H&M 등
- 2003. 10. 빅터 앤 롤프의 작품 회고전이 루브르 장식미술박물관에서 개최됨
- 컬렉션에서 오트쿠튀르를 비웃으며 가식과 참 패션에 대한 메시지 전달
- 오트쿠튀르의 전통을 거부하고 레트로와 클래식에 기반을 둔 새로운 아방가르드로 쇠퇴하는 오트쿠튀르의 부활을 꾀하는 디자이너들

© s_bukley/Shutterstock.com

© Bit Boy/wikimedia CC BY

후세인 샬라얀 Hussein Chalayan

철학적 바탕과 개념 및 아이디어를 실험적으로 패션에
결합시켜 다각도의 미래 지향성을 보여주는
실험정신이 강한 디자이너

- 1970~. 지중해 키프로스섬 출신
- 신체의 역할을 건축, 과학, 자연과 같은 다른 문화적 맥락에서 고찰하여 의복으로 창조해내는 실험적인 작품 선보임
- 철학적 의미와 미래적이고 정제된 미학을 담은 독창적인 해석으로 개념적 표현의 의복 제안
- 의복과 신체 간의 근원적인 관계 및 맥락의 재해석을 통해 의복의 형태 및 착장법에서 옷은 인체를 둘러싼 환경이라는 새로운 해석과 메시지를 전달
- 1993. 재킷에 쇠가루가 묻은 옷을 사용해 '더 탄젠 플로우 The Tangen Flow'를 컬렉션에 발표하여 '삶', '죽음', '부활'을 상징적으로 표현
- 1999. '에코폼 Echoform' 컬렉션 : 인체의 형태와 속도를 자동차나 비행기 좌석의 헤드 레스트를 이용하여 나타냄
- 1999. 2000. 'British Designer of the Year' 선정
- 2000. 〈타임〉 선정 '21세기 가장 영향력을 떨칠 혁신가 100인', 미국 〈보그〉 선정 '다음 10년간 패션의 담론을 바꿀 디자이너 12인' 선정
- 협업 : 탑샵(1998), 英. 주얼리 브랜드 'Asprey'(2001)
- 2003. 복식을 통해 전쟁의 이미지 표현하며 반전 의지 전달
- 과학기술이 접목된 퍼포먼스 형식으로 옷을 새로운 공간 영역으로 확장하며 공연 예술적 형식으로 미래적 상상력 전달

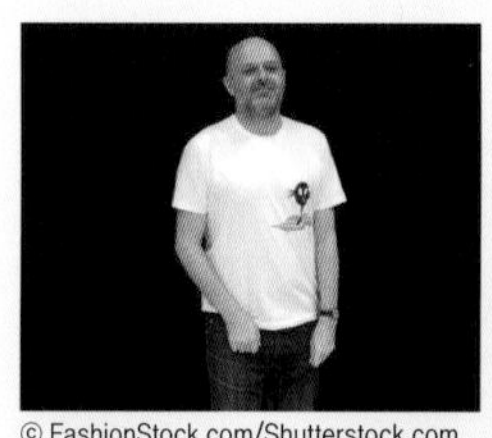
© FashionStock.com/Shutterstock.com

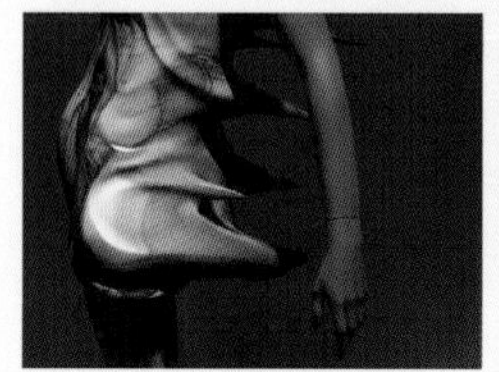

© internets_dairy/wikimedia CC BY

© FashionStock.com/Shutterstock.com

- **목표 : 패션 트렌드를 살펴보며 패션의 흐름을 알아보고 분석하고 전개하는 능력을 키워본다.**
- **준비물 : 트렌드 자료, 패션 잡지, 가위, 풀, 색연필 등**

ACT 6-1 패션 트렌드 테마 중 하나를 선택해서 이미지와 스타일 맵을 만들어봅시다.

- 최근 패션 트렌드의 테마 중 하나를 선택한다. 선택한 트렌드 테마에 대하여 알아보고, 그 특징이 잘 표현되도록 콜라주로 이미지와 스타일 맵을 만든다.
- 선택한 트렌드 테마의 특성을 자세히 설명해본다. 통찰을 통해 자기가 표현한 이미지와 스타일이 트렌드 테마를 잘 표현하는지 살펴보고 그 사진을 선택한 이유와 느낌을 알아본다.
- 피드백을 통해 조원들과 서로의 느낀 점을 나눈다.

ACT 6-2 패션 컬렉션을 분석해봅시다.

- 패션 사진(전신)을 1장 선택하여 붙이고 관찰-분석-해석-평가에 따라 자세히 분석해본다.

ACT 6-3 최신 트렌드를 반영한 패션 디자인 발상을 해봅시다.

- 패션 디자인 발상을 최신 트렌드를 적용하여 해본다. 콜라주로 스타일링한 각 아이템에 디자이너 이름 또는 브랜드명을 적는다.
- 패션 디자인 발상을 자세히 설명해본다. 통찰을 통해 사용한 트렌드와 디자인 발상의 이유와 느낌을 알아본다.
- 피드백으로 조원들과 서로의 느낀 점을 나눈다.

ACT 6-1 패션 트렌드 테마 중 하나를 선택해서 이미지와 스타일 맵을 만들어봅시다.

패션 트렌드 테마 :

이미지 & 스타일 맵

설명Description

통찰Insight

피드백Feedback

ACT 6-2 패션 컬렉션을 분석해봅시다.

시즌 / 컬렉션 : 디자이너 :	1. 관찰Observation : 형태에 대한 주목Attending to the form
	2. 분석Analysis : 관계에 대한 고려Considering the relationship
	3. 해석Interpretation : 연상되는 의미Summarizing the form
	4. 평가Evaluation : 시각적 장점을 고려한 평가Considering the visual merit

ACT 6-3 **최신 트렌드를 반영한 패션 디자인 발상을 해봅시다.**

설명Description

통찰Insight

피드백Feedback

3 PART 디자인 요소에 의한 발상

오늘날 패션은 급변하는 환경에 발맞추어 아주 빠르게 변화하고 있다. 이러한 패션의 변화는 창의성과 기능성을 고루 갖춘 다양한 디자인을 필요로 하므로, 디자이너는 풍부한 아이디어를 통해 자유롭게 디자인 발상을 할 수 있는 능력을 갖추어야 한다.

창의적인 패션 디자인은 디자이너의 독창적인 아이디어의 표현에서 비롯된다. 디자이너의 풍부하고 다양한 아이디어의 표현은 디자인 요소, 즉 형태, 색채, 소재, 무늬 등의 활용에 의해 이루어진다.

선은 다양한 선의 특성과 더불어 의복에서 디테일(detail), 트리밍(trimming)으로 여러 장식적 효과를 나타낸다. 형태는 의복의 실루엣으로 표현되고 색채는 색의 종류와 배색에 따라 다양한 이미지로 의복에 표현된다. 소재는 재질감의 특성에 따라 시각적·촉각적 효과가 연출되며 무늬는 다양한 종류와 구성 방법에 따라 다양한 이미지가 표현된다. 이러한 각각의 디자인 요소가 가지는 시각적 특징은 의복 이미지 결정에 중요한 역할을 한다.

디자이너는 디자인을 하기 전에 먼저 어떤 디자인 요소에 포인트를 둘 것인가를 결정하는데, 이때 디자이너에게는 디자인 포인트가 되는 주된 디자인 요소와 나머지 요소가 서로 조화를 이루게 하며 시대적 감성을 충족시킬 수 있는 능력이 필요하다.

시대적 감성에 적합한 창의적인 디자인을 하기 위해서는 이러한 디자인 요소들을 감각적으로 활용할 수 있는 능력이 필요하며, 이를 위해서는 각 디자인 요소의 특성을 충분히 이해하고 이를 활용한 자유로운 발상 훈련을 해야 한다.

PART 3에서는 디자인 요소의 특성과 이에 따른 디자인 발상의 예를 살펴보고 실제 예와 액티비티를 통한 발상 훈련으로 자유로운 디자인 발상을 수행하는 데 도움을 주고자 한다.

7
CHAPTER

선에 의한 디자인 발상

패션 디자인을 표현하는 기본적이고 핵심적인 요소는 선이다. 어떠한 선을 사용하느냐에 따라 선이 모여서 만들어지는 2차원의 형(면)과 3차원의 형태가 달라지고, 패션 디자인의 이미지도 변화되기 때문이다. 이를 통해 다채로운 표현이 가능하기 때문에 선의 선택은 매우 중요하다. 의복에서 선은 실루엣선, 디테일, 트리밍, 구성선, 무늬 등으로 나타나며 이로 인한 시각적인 착시 효과를 유도하는 등 다양한 미적 표현을 하게 된다.

이 장에서는 선을 이루는 점의 특성과 함께 선의 특성 및 다양한 선의 효과를 보여주는 디테일, 트리밍을 중심으로 의복에 사용되는 선에 의한 디자인 발상을 살펴보고자 한다.

점의 특성

점은 일정한 형태가 없으며 시작과 끝이 되는 위치이기도 하다. 점은 단독 또는 그룹으로 사용되는데 배열되는 크기와 간격에 따라 밀도에 의한 공간의 채워짐과 비워짐의 표현 차이가 나타날 수 있다. 점은 상대적으로 비교되며 크기로 중량감과 같은 시각적인 힘이 증가되어 표현에 영향을 미친다. 점이 서로 일정한 간격으로 인접하게 위치할 경우, 하나의 그룹으로 인식되어 불연속적인 선과 같은 특성을 띠게 된다. 따라서 연속으로 인접한 점들은 선과 같은 길이감과 시선을 움직이게 하는 방향성을 가지고, 여기에 점 사이의 간격 차이가 더해지면 속도감에 대한 표현도 동반될 수 있다.

의복에서 점은 무늬와 실루엣에 영향을 주는 형태로 나타날 수 있으며 크기와 위치에 따라 이미지와 의미를 효과적으로 전달할 수 있는 힘을 가진다. 하나의 점이 중심에 있을 경우 시각적인 우선권을 가지며 시선을 집중시키고, 안정감을 준다. 점의 크기가 클수록 점이 가지는 시각적인 힘은 더 강해진다. 크기가 작은 점은 하나일 때 힘은 크지 않지만 여러 개가 모여 그룹을 이루고 그 간격이 가까울수록 인접한 점으로 인하여 연속적인 선과 하나의 면적으로 인식되면서 시각적인 힘이 커지게 된다.

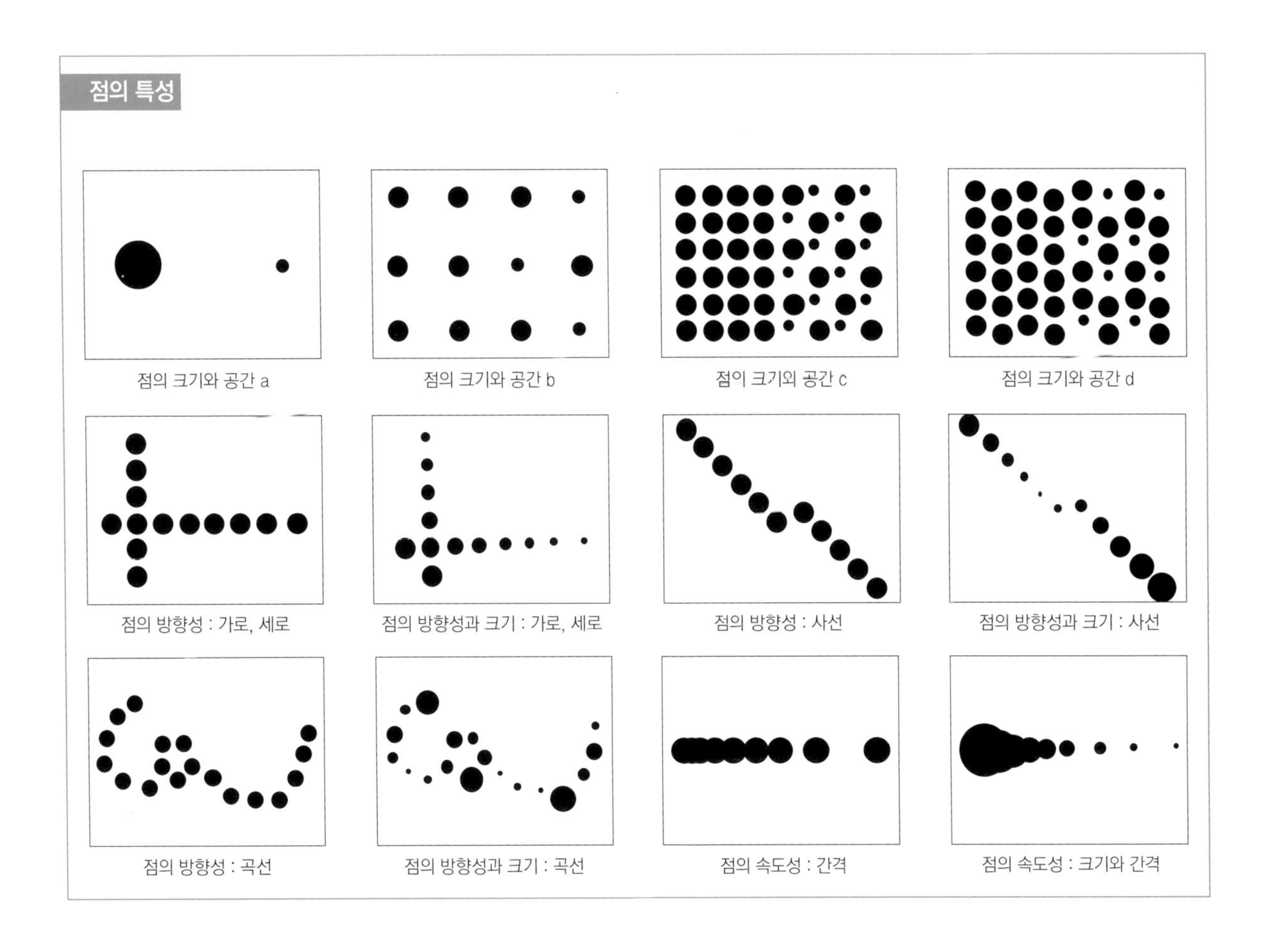

점이 인접해 있고 연속으로 이어져 있을 경우, 크기가 크고 균일할 때는 힘이 있고 규칙성이 있으며 정돈된 느낌을 표현하고 크기가 작은 경우 차분하고 연약하며 부드러운 느낌의 정리된 모습을 보이며 시선을 유도한다. 반면 점의 크기가 불균일하지만 규칙을 가지고 점진적으로 변하는 경우에는 자연스러운 변화와 시선의 움직임을 주고,

그림 7-1 점의 특성

불균일한 크기 변화가 불규칙할 때는 산만하고 복잡하고 혼잡한 느낌을 주며, 변화의 의외성이라는 특성을 가지는 율동감과 재미 및 개성이 주는 독특한 아름다움을 표현할 수 있다. 따라서 점은 스타카토 같은 리듬감으로 시선을 이끌고 변화와 통일감을 더하는 독특한 매력의 표현 도구라고 할 수 있다.

선의 특성

'선이 아름다운 옷', '라인을 살리는 디자인'과 같이 선을 강조한 광고 카피에서 나타나듯 사물을 가장 간결하고 단순하게 표현하는 방법인 선은 패션 디자인에서 매우 중요한 역할을 한다.

선은 그 특성에 따라 디자인에 변화를 일으킨다. 디테일과 트리밍으로 적절한 장식적 효과를 부여할 뿐만 아니라 소재, 색채와 같은 디자인 요소와 조화를 이루어 다양한 이미지를 전달한다. 또 의복 구성선이나 프린트와 같은 선뿐만 아니라, 단추와 같이 인접하여 연속으로 위치하는 형이나 형태의 반복이 불연속적인 선을 형성하며 선과 같은 시각적 효과를 나타낸다.

선은 방향, 두께, 굴곡, 명확성, 연속성에 따라 그 특성이 달라진다. 또 외관 변화와 더불어 시각적 착시와 같은 심리적 효과를 동반하며 의복에 나타내는 방법도 다양하다(표 7-1). 또 한 가지 특성의 선만 사용되기도 하지만 다양한 다른 특성의 선들이 조화를 이루며 복합적으로 사용되어 독특한 의미를 담은 참신하고 독창적인 디자인과 같은 효과를 표현하기도 한다.

의복의 선은 모여서 2차원의 형shape을 형성하고 각각의 형은 모여서 3차원의 형태form를 만든다. 형은 평면적이고 장식적인 측면이 강한 반면, 형태는 인체에 의복이 어떤 형태로 걸쳐지는지를 표현하며 기능적이고 구조적·입체적인 조형적 측면이 강하다. 따라서 의복의 외형선이나 소재에 의한 외곽선 및 장식선과 무늬에서 나타날 수 있는 다양한 선의 특성을 이해하고 디자인의 목적과 역할에 맞는 선을 적절히 사용해야 더욱 적합하고 효과적이며 창의적인 디자인을 탄생시킬 수 있다.

의복에 나타난 선의 특성을 실제 작품에서 살펴보면 선의 특성이 복합적으로 나타나는 경우가 많다. 또 세로선을 이용하여 길이감과 날씬함을 더해주는 것은 물론이고, 굵은 세로선으로 넓이감과 함께 인체에 풍부한 볼륨감을 줄 수 있다. 가로로 넓어 보일 수 있는 가로선도 가늘거나 다양한 두께로 의복에 리듬감을 주며 나타나는 경우 시각적 착시 효과를 주며 율동감과 길이감을 주어 길어 보이는, 즉 날씬해 보이는 효과를 얻을 수 있다. 퍼나 프린징 장식에서 나타나는 불명확한 선은 부피감을 주며 재질감에서 시각적으로 독특한 매력을 더해줌으로써 간결하고 명확한 의복 가장자리선과 강한 대비를 이루는 연출을 보여줄 수 있다.

단순한 디자인의 의복에 있는 명확하고 굴곡감 있는 선들은 인체의 곡선미를 극대화하며 볼륨감 있는 대담한 이미지를 강하게 표현한다. 반면 불명확하고 유동적인 곡선의 수직선들은 명확한 길이감을 주는 것은 아니지만 인체의 부드러운 여성미와 입체감을 자연스럽게 표현하는 데 효과적이다. 이와 같은 다양한 선들을 각도와 방향을 달리하며 의복에 사용하면, 좀 더 풍부하게 여러 감성을 전달하고 자극할 수 있다.

직접적이고 연속된 선들과는 달리 단추의 간격에 의하여 만들어지는 불연속적인 선에서도 길이감과 방향성이

표 7-1 선의 특성

특성	선의 종류	시각적 효과
방향	수직 수평 사선	• 수직 : 길이 연장효과 • 수평 : 넓이 확장효과 • 사선 : 움직임과 속도감
두께	두꺼운 가는 불균일한	• 두꺼운 : 무거운, 육중한 • 가는 : 가벼운, 경쾌한 • 불균일한 : 부피감 있는, 표면이 거친
굴곡	직선 만곡선 스칼럽	• 직선 : 남성적인, 정확한, 위엄 있는 • 만곡선 : 부드러운, 우아한, 자연스러운 • 스칼럽 : 귀여운, 젊은, 활동적인
명확성	명확한 불명확한	• 명확한 : 확실한, 예리한, 딱딱한 • 불명확한 : 불확실한, 부드러운, 유연한
연속성	연속적인 불연속적인 복합적인	• 연속적인 : 부드러운, 팽창된, 확실한 • 불연속적인 : 불규칙적, 경쾌한, 불확실한 • 복합적인 : 다채로운, 장식적인, 복잡한

© FashionStock.com/Shutterstock.com

© FashionStock.com/Shutterstock.com

© Nata Sha/Shutterstock.com

© FashionStock.com/Shutterstock.com

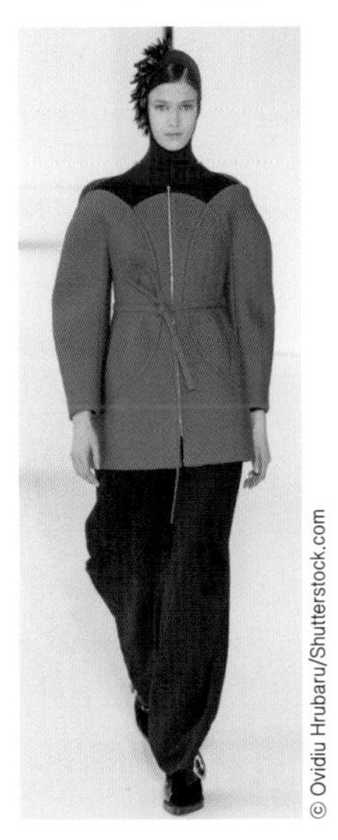
© Ovidiu Hrubaru/Shutterstock.com

© FashionStock.com/Shutterstock.com

© Catwalker/Shutterstock.com

© FashionStock.com/Shutterstock.com

나타날 뿐만 아니라 날씬하거나 확장되어 넓어 보이는 착시 효과를 얻을 수 있다.

불연속적인 선으로 디자인에 변화를 주거나, 의복 제작에 의한 구성선에 색상 차이를 주며 사용되는 장식적인 선들은 또 신선하고 색다른 시각적 주목성을 띠며 디자인에서 시각적 우선권을 가지기도 한다.

장식선에 의한 디자인 발상

디테일

의복에서의 대표적인 선은 구성선과 함께 디테일과 트리밍 같은 장식적 디자인에 많이 나타난다. 디테일과 트리밍을 표현 효과의 특성에 따라 분류하면 선, 면적, 볼륨, 공간, 입체(돌출)로 나눌 수 있다.

먼저 디테일에 대하여 살펴보자. 디테일detail이란 '세부', '부분'이라는 뜻으로 장식적 효과를 높이는 세부 장식을 의미하며 대부분 봉제 과정에서 만들어진다. 디테일은 봉제 방법에 따라 드레이프drape, 프릴frill, 개더gather, 러플ruffle, 플라운스flounce, 셔링shirring, 턱tuck, 톱스티칭top stitching, 지퍼zipper, 퀼팅quilting, 패치워크patchwork, 스모킹smocking, 스캘럽scallop, 보bow, 에폴렛epaulet, 탭tab, 파이핑piping, 슬릿slit 등이 있다. 의복의 구조와 종류에 따른 디테일은 네크라인neck line, 칼라collar, 슬리브sleeve, 커프스cuffs, 포켓pocket, 웨이스트라인waist line, 벨트belt, 스커트skirt, 팬츠pants 등이 있다.

이러한 디테일은 대개 디자인의 특정 이미지를 부각시키는 포인트로 사용된다. 창의적인 디자인 발상을 위한 가장 기초적이며 간편한 접근 방법 중의 하나이다.

턱

'주름 겹단', '주름 잡기'를 뜻하는 턱tuck은 가로 또는 세로 방향으로 옷감에 주름을 접어 박은 것이다. 주름의 넓이, 간격, 방향에 따라 여러 가지 모양으로 장식되며 블라우스, 스커트, 드레스, 유아복에 많이 쓰인다. 특히 아주 가늘게 잡은 턱은 그 굵기가 마치 바늘과 같다 하여 핀턱Pin-tuck이라고 한다. 넓고 큰 턱은 남성적이고 강한 이미지를 표현하고, 핀턱은 얇고 가늘어 여성적인 이미지를 표현하는 장식적 역할과 함께 위치에 따라 다트의 기능적 역할을 하기도 한다. 또 접힌 턱을 반대 방향으로 열어 펴서 다시 스티치로 고정시키는 응용 방법은 독특한 표면의 시각적 효과를 더해준다.

톱스티칭

동색 또는 대비색의 실을 사용하여 장식 상침을 하는 톱스티칭top stitching은 주로 스포티한 의복에 이용된다. 소재와 유사한 색의 실을 사용하여 은근한 장식적 효과를 주기도 하고, 다른 색의 실을 사용하여 두드러지는 색상의 스티치로 인한 색상대비 효과를 부각시키기도 한다. 무늬가 없는 소재를 사용하여 경쾌함이나 명료함을 전하고자 할 때 사용하는 경우가 많다. 간혹 아플리케와 함께 사용되어 고정하는 기능적 역할과 장식적 역할을 겸하기도 한다.

그림 7-2 턱

그림 7-3 톱스티칭

그림 7-4 파이핑

그림 7-5 바인딩

파이핑

파이핑piping은 칼라, 커프스, 포켓, 헴라인 등의 가장자리나 옷감과 옷감 사이의 솔기선에 배색 효과가 좋은 천을 끼워넣어 장식하는 방법이다. 안에 코드가 들어 있는 경우, 좀 더 입체적인 효과를 줄 수 있다. 칼라, 주머니, 소맷부리, 헴라인 등의 테두리를 정리하는 디자인 발상에 많이 사용된다.

바인딩

색채나 재질이 다른 옷감을 바이어스 방향으로 잘라 디테일이나 가장자리에 감싸며 둘러 장식하는 것을 바인딩binding이라고 한다. 심플한 라인의 의복 디자인에서 깔끔한 이미지로 선을 정리하고자 할 때 사용한다. 바인딩의 폭을 조절하여 산뜻하거나 묵직하게 강조되는 장식의 효과를 내기도 한다.

슬릿

슬릿slit은 좁고 긴 트임으로 소맷부리, 칼라의 가장자리, 재킷, 스커트의 헴라인에 이용된다. 특히 타이트 스커트에 기능성을 주기 위해 사용하기 시작하여 다양한 디자인으로 발전한 것으로 기능적인 역할을 함과 동시에 슬릿의 길이와 위치에 따라 장식성을 동반하기도 한다. 슬릿과 유사하지만 양끝이 닫혀 있는 슬래시slash가 있는데, 이것 역시 장식으로 사용되거나 팔꿈치나 무릎 등에 사용되어 독창적인 활동성을 주는 기능적 측면을 부가하기도 한다.

지퍼

헝겊 테이프 좌우에 한 줄로 늘어선 이(齒)를 중앙의 손잡이를 잡아당겨 맞물리게 하여 닫고, 반대 방향으로 잡아당겨 열리게 하는 것을 지퍼zipper라고 한다. 기능적인 역할로 의복을 여미는 것으로 사용되기도 하지만, 최근에는 지퍼의 이 색상과 재질의 차이 효과를 사용하여 장식적 목적을 겸하여 사용하는 디자인이 많이 나온다. 금속, 나일론, 플라스틱과 같이 다양한 재료를 사용하여 만든다.

© Zvonimir Atletic/Shutterstock.com

그림 7-6 슬릿

© Debby Wong/Shutterstock.com

그림 7-7 슬래시

© FashionStock.com/Shutterstock.com

그림 7-8 지퍼

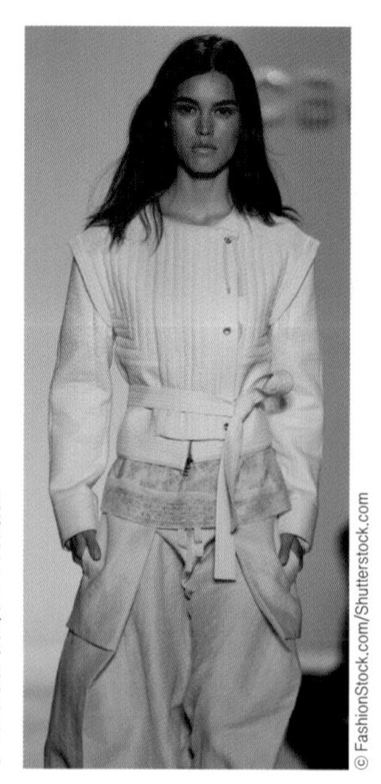
© FashionStock.com/Shutterstock.com

그림 7-9 퀼팅

퀼팅

옷감을 안팎으로 맞붙여서 그 사이에 솜이나 심을 넣고 촘촘하게 홈질하거나 봉제하여 부분적으로 부풀리거나 무늬를 돋보이게 하는 것을 퀼팅quilting이라 한다. 퀼팅은 표면 재질감에 변화를 주고 부피를 증가시킬 수도 있으나, 퀼팅 장식의 스티치로 인하여 소재가 힘을 받아 형태를 만드는 힘을 가질 수 있다.

레이스업

양쪽의 구멍을 끈이나 천으로 타이트하게 잡아당겨 장식하는 방법을 레이스업lace-up이라 하며, 이를 이용하면 당겨서 여미는 기능적인 역할과 장식적인 역할 표현이 가능하다. 스포츠웨어에서는 실용적이고 기능적인 이미지를 표현하고, 여성복에서는 관능적이고 섹시한 여성적 이미지를 표현하며 시선을 유도하는 힘을 주는 장식 기법이다.

프린징

천의 올을 뽑아 몇 올씩 묶거나 올 풀림이 없는 소재에 깊은 가윗밥을 주어 올풀림 효과를 연출하는 것을 프린징fringing이라 한다. 프린징과 유사한 디테일로 유사 또는 이질 소재인 모사, 견사, 금은사 등을 코바늘로 몇 올씩 천에 걸어 의복에 매듭을 지어 매다는 장식 방법과 독특한 장식술을 다는 타슬tassel이 있다. 프린징과 타슬은 효과가 유사하기 때문에 보통 같이 사용하기도 하지만 근본적인 소재 활용 방법에는 차이가 있다.

따라서 프린징은 직물의 올을 풀어서 사용하는 방법과 다른 실이나 장식술을 부가하여 사용하는 방법으로 나눌 수 있다. 숄, 스카프의 가장자리를 장식하는 데 많이 이용되며 주로 웨스턴 스타일의 패션 디자인, 커튼, 가구 커버의 가장자리 장식에 이용되나 현대에는 우아한 드레스에도 많이 활용된다.

개더

주름을 모은다는 의미의 개더gather는 천에 주름을 잡아 한 곳에 모으면 볼록한 입체 형태를 만들 수 있으며, 요크나

그림 7-10 레이스업

그림 7-11 프린징

그림 7-12 타슬

그림 7-13 개더

스커트의 절개선, 소매, 소매산 등에 많이 이용된다. 개더 장식은 주름에 의한 볼륨감을 만들어 체형 보완 효과를 나타낸다.

셔링

천에 적당한 간격을 두고 재봉틀로 여러 단을 박아 밑실을 잡아당겨 줄이는 방법으로, 개더가 균일하고 조밀하게 모인 상태를 셔링shirring이라고 한다. 셔링 장식을 하면 자연스러운 주름이 생기며 표면의 입체적인 재질감이 더해져 풍성한 표면 재질감을 표현하는 효과가 나타난다.

그림 7-14 셔링

그림 7-15 드로스트링

그림 7-16 스모킹

드로스트링

터널에 고무줄이나 끈을 넣고 잡아당겨 풍성한 주름을 만드는 데 많이 사용되는 방법을 드로스트링draw string이라고 한다. 소맷부리나 네크라인, 웨이스트라인 등에 간편하고 편리한 캐주얼 이미지를 연출하기 위해 많이 활용된다. 드로스트링은 조이거나 여미는 기능적인 역할뿐만 아니라 직선의 남성적 실루엣에서 허리가 들어가는 실루엣으로 변화시키는 수단이 되기도 한다. 과거에는 주로 사파리 룩에 주로 나타났으며, 현대 패션에서는 캐주얼 및 스포츠웨어에 많이 사용된다. 간혹 우아한 드레스에 사용되어 의외의 매력을 보여주기도 한다.

스모킹

천을 봉축하여 올 사이사이로 자수실을 넣어가며 여러 가지 무늬로 여미거나 꿰맨 주름인 스모킹smoking은 에이프런과 영·유아복에 많이 쓰인다. 스모킹을 할 때는 옷감에 정확하고 아름다운 주름을 잡아야 하는데 이를 위해 물방울, 격자무늬, 피코 등의 천을 사용하는 것이 적당하다. 무지일 때는 선을 그어 사용한다. 규칙적인 스티치로 다이아몬드 등의 무늬를 나타낸다. 보통은 스모킹으로 겉에 드러나는 주름이 장식적으로 사용되지만, 간혹 뒷면에 나타나는 스모킹 문양이 겉면과 다른 은은한 아름다움을 보여주기 때문에 반대의 면을 사용하는 경우(백 스모킹)도 있다.

프릴

주름(개더, 셔링, 플리츠)을 잡은 좁은 폭의 끈을 잡아 붙인 가장자리 장식을 프릴frill이라고 한다. 귀엽고 깜찍한 로맨틱 이미지의 여성성을 살리는 장식으로 많이 사용된다. 일반적으로 러플보다 폭이 좁다.

러플

칼라, 소매 끝 등의 가장자리나 솔기 부분에 개더, 셔링 또는 플리츠를 잡은 레이스나 천을 부착한 것을 러플ruffle이라고 한다. 블라우스, 원피스, 커프스, 칼라의 둘레, 가슴 장식, 스커트의 헴라인 등에 이용한다. 모양은 프릴과 같

그림 7-17 프릴

그림 7-18 러플

그림 7-19 플라운스

으나 크기가 큰 관계로, 프릴보다 대담하고 화려하며 율동감 있는 볼륨감을 표현하는 디자인에 효과적으로 활용할 수 있다.

플라운스

러플보다 폭이 넓고 아래로 늘어지는 주름을 플라운스flounce라고 한다. 얇고 부드러운 천을 바이어스로 재단하여 만들며 칼라, 커프스, 블라우스의 앞부분, 스커트단 등에 이용한다. 플라운스는 직물을 평면으로 폈을 때 지름의 차이로 인하여 생긴 면적이 아래로 처지면서 자연스럽게 생기는 우아하고 여성미가 잘 표현되는 특성을 가진 주름이다. 플라운스가 아이템 전체에 풍성하고 크게 나타나는 대표적인 아이템인 플레어스커트는 아랫단의 자연스러운 플라운스가 우아함을 나타낸다.

플라운스는 소재의 특성과도 밀접한 관계가 있는데, 부드럽고 얇은 소재일수록 아래로 툭 떨어지면서 차분하고 우아하게 나타난다. 딱딱한 소재이거나 플라운스 길이가 짧은 경우에는 꺾이고 뻗쳐서 부피감이 커지기 때문에 우아한 표현을 하기는 어렵다.

드레이프

부드럽고 자연스럽게 흘러내리는 부정형(일정한 형식을 갖추지 않은) 주름을 드레이프drape라고 한다. 입체적으로 주름을 잡는 기법을 드레이핑이라고 하며 고대 그리스 의복에서 유래된 것이다. 드레이프는 여성적인 부드러움과 우아함을 잘 표현하며 부드러운 주름이 공간적 규모로 표면 재질감의 입체적인 변화를 표현하고 착용자의 체형 커버에도 용이하다.

에폴렛

소매와 어깨 봉재선을 가리거나, 군복에서 장식과 칼을 묶는 끈을 고정하기 위해 고안한 어깨 장식을 에폴렛epaulet이

그림 7-20 드레이프

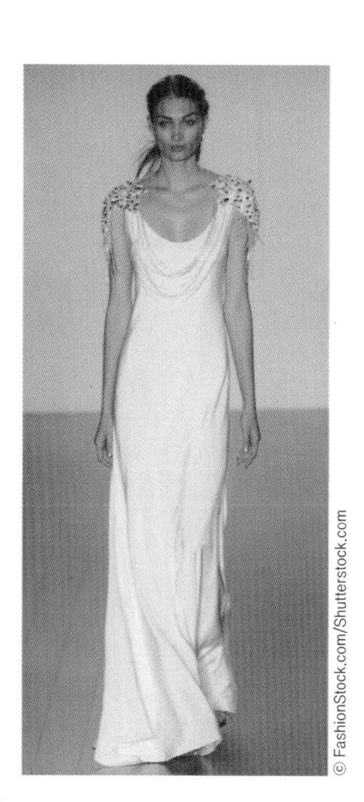

그림 7-21 에폴렛

© lev radin/Shutterstock.com

© lev radin/Shutterstock.com

그림 7-22 보

© Ovidiu Hrubaru/Shutterstock.com

그림 7-23 컷워크

라고 한다. 초기에는 금색 술을 늘어뜨리고 금색 에이프런 장식을 한 견장으로 만들어 화려하고 전형적인 이미지의 매니시와 밀리터리 이미지를 형성하기 위한 디자인 발상에 많이 사용되었다. 기성복에서는 전형적인 에폴렛 형태보다는 단순한 탭[tab] 형태를 많이 사용하고 있다.

보

같은 옷감이나 대비되는 옷감을 이용하여 리본처럼 매는 것을 보[bow]라고 한다. 강조점으로 사용되는 경우가 많으며, 주로 네크라인에 가장 많이 위치하지만 어깨나 허리 부분에 사용되기도 한다. 최근에는 보의 형태적 변형을 통하여 구조적 디자인의 소매나 상의의 앞면의 형태에 변화를 준 창의적 디자인이 제시되는 등 다양한 변화를 꾀하고 있다.

컷워크

옷감에 도안을 그리고 가장자리를 견고하게 스티치한 후 도안의 안 부분을 잘라내어 신체를 부분적으로 노출시키는 방법을 컷워크[cut-work]라고 한다. 레이스와 같은 효과를 내는 장식 기법이다. 이와 유사한 효과를 내는 펀칭[punching]은 올풀림이 없는 가죽이나 비닐과 같은 소재에 구멍을 뚫는 기법으로 컷워크와 같은 효과를 낸다. 컷워크 장식이 있는 아이템을 레이어드로 연출하면 배색 효과가 이루어지며 다양한 변화를 줄 수 있다.

페플럼

드레스의 허리선이나 블라우스·재킷의 허리선에 달린 짧은 스커트를 페플럼[peplum]이라고 한다. 페플럼은 복부 체형 커버에 효과적이며 개더, 플리츠, 플라운스 등의 다양한 디테일로 변화를 주며 디자인을 전개해나갈 수 있다.

아플리케

여러 가지 재료를 사용한 다양한 형태의 디자인을 의복에 덧붙여 장식하는 것을 아플리케[applique]라고 하며, 덧붙임

© Dmitry Abaza/Shutterstock.com

그림 7-24 페플럼

© FashionStock.com/Shutterstock.com

그림 7-25 아플리케

© FashionStock.com/Shutterstock.com

그림 7-26 패치워크

으로 인하여 표면에 요철이 생기며 입체적인 효과를 줄 수 있다. 장식을 고정시킬 때는 보통 숨겨진 스티치보다는 밖으로 드러나는 스티치를 다양한 기법으로 사용하는데, 아플리케의 색상 및 소재와 스티치에 사용하는 실색의 대비 효과가 클 경우에는 톱스티칭 장식 효과를 함께 나타내기도 한다.

패치워크

여러 가지 형태의 조각천을 이어붙이는 장식 기법을 패치워크patchwork라고 한다. 조각천을 이어 매끈한 한 장의 천을 만드는 것이 아플리케와의 차이점이다. 이때 연결된 조각들이 마치 퍼즐과 같은 공간무늬를 형성하기도 한다. 조각의 색에 따른 배색 효과가 두드러지는 장식 기법이다.

트리밍

트리밍trimming이란 이미 만들어진 장식을 적당한 곳에 붙이는 것으로 가장자리를 장식하는 등의 마무리 장식을 뜻한다. 특히 기성복에서 흔히 사용되는 기법으로 패턴을 가능한 한 변화시키지 않으면서 다품종 소량 생산을 할 때 많이 활용된다. 대체로 개성적인 의복을 만들고자 할 때 쓰이며, 흥미의 초점으로서 의복의 선을 강조하거나 부드럽게 마무리하기 위해 이용된다.

의복의 실루엣이 유행에 따라 변하는 것과 마찬가지로, 트리밍도 유행에 따라 그 사용 방법이 달라진다. 단순하고 직선적인 라인이 유행할 때는 디자인 포인트를 주기 위해 대담하고 강한 이미지의 트리밍이 사용된다. 의복 디자인이 복잡하고 다른 디자인 요소에 디자인 포인트가 있을 때는 보조적인 수단으로 사용된다.

트리밍의 종류에는 브레이드braid, 코드cord, 버튼button, 비드bead, 큐빅cubic, 스팽글spangle, 시퀸sequin, 진주 장식pearl, 로즈버드rosebud, 레이스lace, 퍼fur, 징stud과 핀pin, 자수embroidery, 루싱ruching, 레더leather, 김프gimp, 리본ribbon, 훅hook, 갤룬

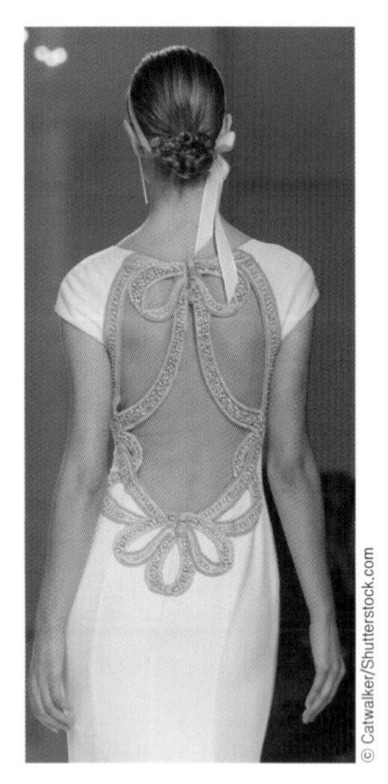

그림 7-27 브레이드

그림 7-28 코드

그림 7-29 버튼

galoon 등이 있다. 이외에도 다이아몬드, 금속, 플라스틱 등 여러 가지 트리밍이 있다.

브레이드

짜거나 좁게 엮어 만든 끈인 브레이드braid는 짠 것, 꼰 것, 수놓은 것 등 종류가 많으며 화려함의 정도, 넓이, 모양, 색 등이 다양하다. 이것은 슈트나 드레스의 가장자리 장식에 많이 사용되는데, 디자인과의 조화가 필요한 장식이다. 때로는 디자인과 의외의 조합으로 독특하고 이질적인 이미지를 전달하는 강한 힘을 가진다.

코드

굵은 끈을 단독으로 사용하여 장식하는 방법을 코드cord라고 한다. 굵은 끈을 바이어스 천으로 감싸 가장자리를 장식하는 파이핑 방법에 사용하기도 한다.

버튼

버튼button은 금속, 플라스틱, 조개껍데기, 사기, 유리, 뼈, 나무, 피혁 등을 재료로 하여 옷을 여미거나 여는 것을 편하게 하기 위한 기능적인 목적과 장식적인 목적으로 사용되며 모양과 크기가 다양하다. 때로는 이것을 밀도 있게 부착하여 의복 표면 재질감의 변화를 주며 의복 소재에 대한 발상의 전환을 보여주는 재료로 활용하기도 한다.

비드

실을 꿰는 구멍이 있는 유리제 또는 도자기제의 다양한 크기의 바bar와 구슬을 비드bead라고 한다. 비드는 소재 표면에 고정시키는 것은 2차원의 평면적인 선과 면적 효과뿐만 아니라, 움직임이 있는 3차원의 입체적인 장식으로도 활용할 수 있는 다양한 장식 효과를 나타내는 매우 편리한 장식법이다.

그림 7-30 비드

그림 7-31 큐빅

그림 7-32 스팽글

그림 7-33 시퀸

큐빅

유리 또는 원석으로 만들어진 다양한 색상과 모양 및 크기의 장식물로, 아름답고 고급스러운 광택이 나는 것을 큐빅cubic이라고 한다. 이것은 의복에 부착하여 장식하며, 크기가 큰 경우에는 틀을 만들어 의복에 박거나 작은 구멍을 뚫어 엮기도 한다. 가장자리 장식으로 브레이드 역할의 장식처럼 보이게 사용하거나 아이템 전면에 밀도의 변화를 주며 면적을 채우는 방식으로 사용하기도 한다.

스팽글

금속이나 합성수지로 만든 다양한 모양의 얇은 조각을 스팽글spangle이라고 한다. 스팽글은 빛을 반사하여 반짝거림을 한결 더하므로 화려한 장식에 많이 활용된다. 이브닝드레스, 재킷, 블라우스, 베스트, 스웨터 등의 장식에 부분 또는 전체적으로 사용되어 화려한 장식적 효과를 더해준다.

시퀸

시퀸sequin은 의복에 다는 원형의 작은 금속 장식으로, 화려한 광택이 나며 각도에 따라 색이 달라 보인다. 특히 고급스러운 의복을 연출하고자 할 때 많이 사용된다.

진주 장식

진주pearl 또는 진주 색상의 둥근 구슬을 실로 꿰어 장식하는 방법으로, 은은하고 고급스러운 광택이 나며 우아하고 여성스러운 이미지를 표현할 때 주로 사용된다. 부분에 사용하여 우아함과 고급스러움을 표현하는데, 최근에는 다양한 크기의 진주 장식을 의복 전체에 사용하여 표면 재질감에 변화를 주어 화려한 장식적 효과를 강조하기도 한다.

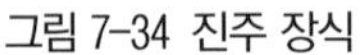

그림 7-34 진주 장식

그림 7-35 로즈버드

그림 7-36 레이스

로즈버드

손으로 만든 장미 모양의 장식인 로즈버드rosebud는 이브닝드레스나 웨딩드레스에 많이 사용된다. 일반적으로 로즈버드는 부분적인 포인트로 사용되는 경우가 많으나, 인체의 볼륨감과 로즈버드의 입체적인 특성을 접목하여 예술적 감성을 극대화하거나 특별한 조형성을 부각시키는 작품에 전체적으로 사용되어 화려함의 극치를 표현하기도 한다.

레이스

천에서 윤곽선이 뚜렷한 무늬를 오려내어 원하는 장소에 붙이는 것을 레이스lace라고 한다. 레이스를 이용한 트리밍은 이브닝드레스나 웨딩드레스 등에 많이 사용된다. 레이스는 표현하고자 하는 목적에 따라 다양한 면적으로 사용할 수 있다. 일반적으로 속옷이나 의복의 가장자리 또는 일부분에 소극적으로 장식하기 위하여 사용된다. 최근에는 블라우스나 스커트 및 코트와 같은 아우터의 큰 부분에 단독 또는 겹쳐 사용하여 레이스의 멋스러움을 과감하고 화려하게 사용함으로써 노출의 다양성을 보여주는 새로운 매력을 발산하는 장식으로 다시 주목받고 있다.

퍼

독특한 인조털이나 고급스러운 모피 등과 같이 다양한 털을 사용하여 장식하는 방법을 퍼fur라고 한다.

징 및 옷핀

징stud과 핀pin은 펑크 룩Punk Look의 공격적이고 파괴적인 성향을 잘 반영해주는 대표적인 장식이다. 징은 의복, 신발 등에 박는 쇠못을 말하는 것으로, 모양과 크기가 다양하며 과감하고 충동적이며 공격적인 이미지를 잘 표현한다. 핀은 스트레이트 핀보다는 안전핀의 형태로 많이 사용된다. 사용되는 양과 면적에 따라 표면 재질감 변화와 함께 다양한 이미지를 전달하는 드라마틱한 장식법이다.

그림 7-37 퍼

그림 7-38 징

그림 7-39 자수

자수

바탕천에 여러 가지 색실을 사용하여 바느질하는 것으로, 무늬를 나타내는 장식기법을 자수[embroidery]라고 한다. 대개 손으로 직접 수를 놓지만 재봉틀이나 시플리 자수기를 사용하기도 한다. 나라별로 다양한 스티치 방법이 사용되며 지역적·시대적 전통과 특색을 드러낸다.

의복의 구조선

의복의 구조와 종류에 따른 디테일에서 나타나는 선으로는 네크라인[neck line], 칼라[collar], 슬리브[sleeve], 커프스[cuffs], 스커트[skirt], 팬츠[pants], 포켓[pocket], 웨이스트라인[waist line], 벨트[belt] 등이 있다. 여기서는 이들 중 다양한 선으로 나타나는 각각의 위치와 역할이 다른 네크라인, 칼라, 슬리브, 스커트, 팬츠, 포켓의 특성과 종류에 대해서 살펴보고자 한다.

네크라인

목둘레를 뜻하는 네크라인[neck line]은 칼라를 구성하기 전에 기본이 되는 선으로 칼라리스[collarless] 또는 노칼라[no collar]라고도 한다. 네크라인은 라운드 네크라인[Round neckline], V 네크라인[V-neckline], 스퀘어 네크라인[Square neckline]과 같이 3가지 기본형을 폭과 깊이에 변화를 주어 다양한 네크라인으로 변화시킬 수 있다(표 7-2).

라운드 네크라인은 주로 부드러운 이미지, V 네크라인은 날카롭고 개성 있는 이미지, 스퀘어 네크라인은 딱딱하고 남성적인 이미지를 표현하는 데 효과적이다. 특히 스퀘어 네크라인의 경우 노출의 범위가 커지면 네크라인보다는 오프 숄더와 같은 데콜테의 의미가 크다.

네크라인은 얼굴 및 헤어스타일과 근접하여 얼굴형, 목 길이, 키 등 착용자의 특정 신체 부위와 깊은 관계가 있다. 따라서 얼굴이 매력적으로 보이도록 주의를 집중시키는 데 영향을 미칠 뿐만 아니라 의복 전체의 이미지를 좌우하는 데 큰 역할을 하므로, 의복 착용 시 착용자의 신체적 장점을 살리고 단점은 가리는 착시효과를 고려해야 한다.

표 7-2 네크라인의 종류

구분	V 네크라인	라운드 네크라인	스퀘어 네크라인

베이직 (basic)	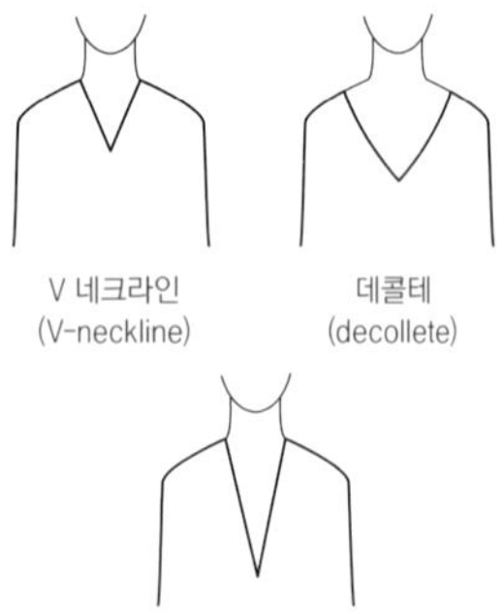 V 네크라인 (V-neckline), 데콜테 (decollete), 플런징 (plunging)	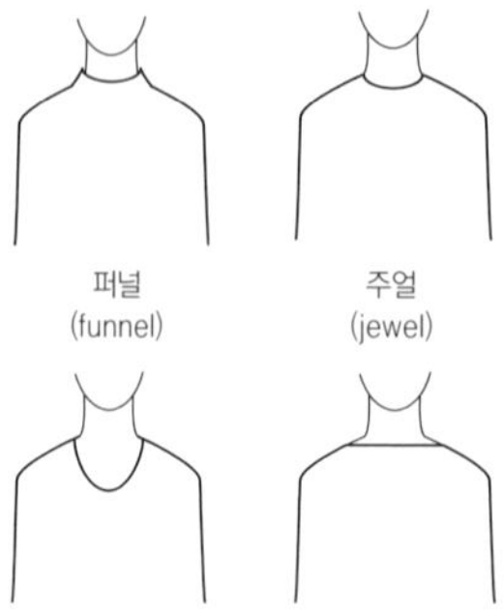 퍼널 (funnel), 주얼 (jewel), U 네크라인 (U-neckline), 보트 (boat)	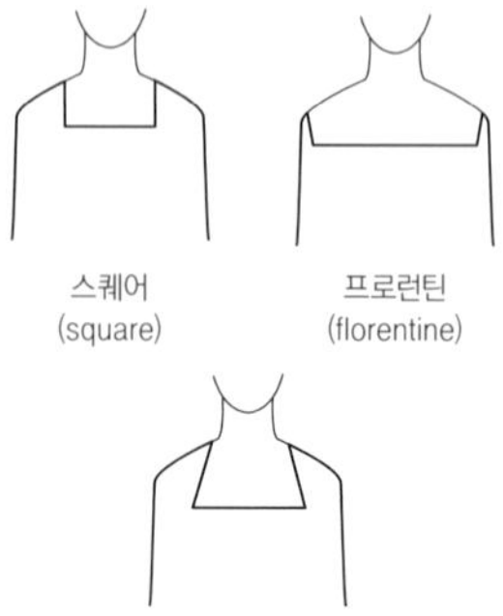 스퀘어 (square), 프로렌틴 (florentine), 트라페즈 (trapeze)
베리에이션 (variation)	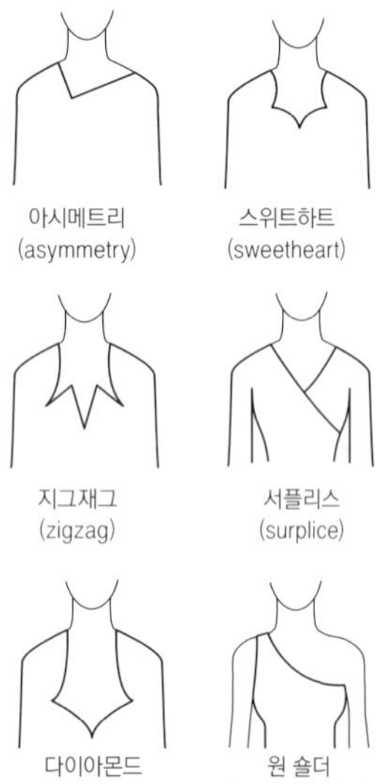 아시메트리 (asymmetry), 스위트하트 (sweetheart), 지그재그 (zigzag), 서플리스 (surplice), 다이아몬드 (diamond), 원 숄더 (one-shoulder)	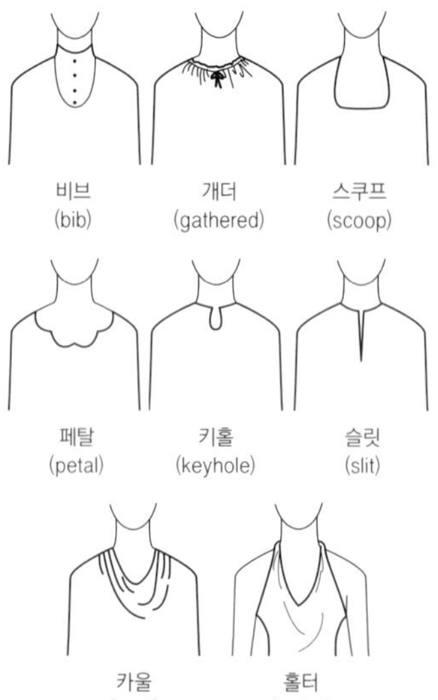 비브 (bib), 개더 (gathered), 스쿠프 (scoop), 페탈 (petal), 키홀 (keyhole), 슬릿 (slit), 카울 (cowl), 홀터 (halter)	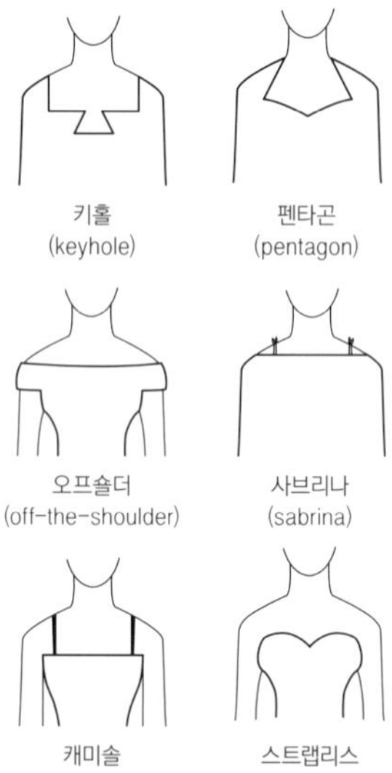 키홀 (keyhole), 펜타곤 (pentagon), 오프숄더 (off-the-shoulder), 사브리나 (sabrina), 캐미솔 (camisole), 스트랩리스 (strapless)

칼라

일반적으로 의복의 길과 목둘레에 붙이는 칼라[collar]는 네크라인에서 목둘레를 따라 결합된 것이다. 칼라는 크게 네크라인을 따라 세워진 부분이 전혀 없으며 옷을 착용했을 때 어깨선을 따라 평평하게 눕는 플랫 칼라[flat collar], 목둘레선에서 목 위로 세워진 스탠드 칼라[stand collar], 롤칼라와 스탠딩칼라의 결합인 셔츠 칼라[shirt collar], 칼라와 라펠로 구성된 테일러드 칼라[tailored dollar]로 나눌 수 있다(표 7-3).

칼라는 곧은 형, 곡선형, 장식적인 드레이프나 플레어와 같이 형태가 다양하며, 여러 가지 소재가 사용되고 있다. 의복에서 칼라는 네크라인이나 라펠[lapel]과 관련이 있으나 하나의 독립된 부분으로 인정되며, 얼굴과 가장 가까운 곳에 위치해 있어 얼굴형과 목 및 어깨와 조화를 이루며 장식의 역할과 함께 시선을 유도하는 중요한 부분이다.

표 7-3 칼라의 종류

구분	플랫 칼라	셔츠 칼라	스탠드 칼라	테일러드 칼라
베이직 (basic)	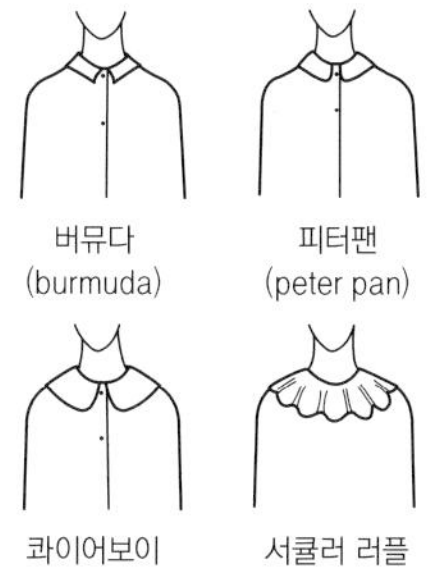 버뮤다 (burmuda) 피터팬 (peter pan) 콰이어보이 (chior-boy) 서큘러 러플 (circular ruffle)	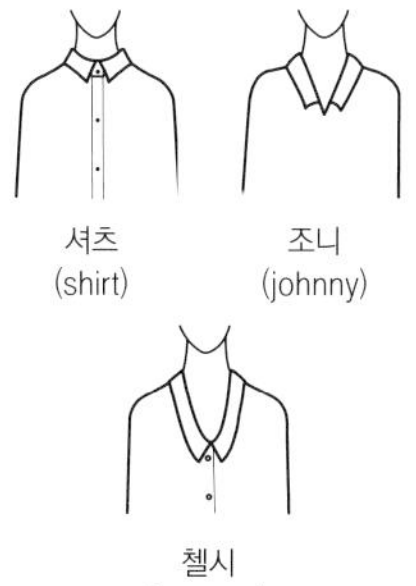 셔츠 (shirt) 조니 (johnny) 첼시 (chelsea)	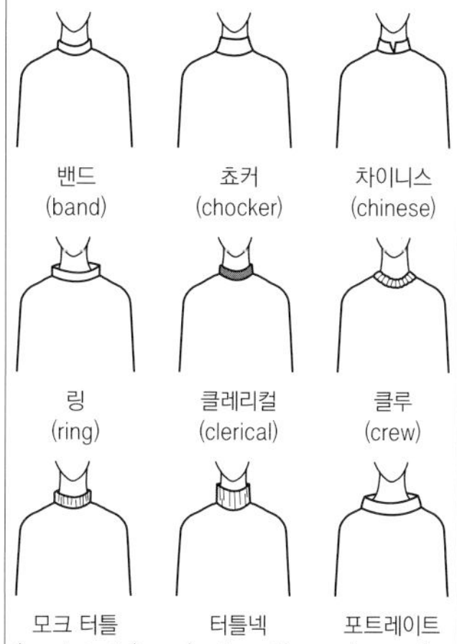 밴드 (band) 쵸커 (chocker) 차이니스 (chinese) 링 (ring) 클레리컬 (clerical) 크루 (crew) 모크 터틀 (mock-turtle) 터틀넥 (turtleneck) 포트레이트 (portrait)	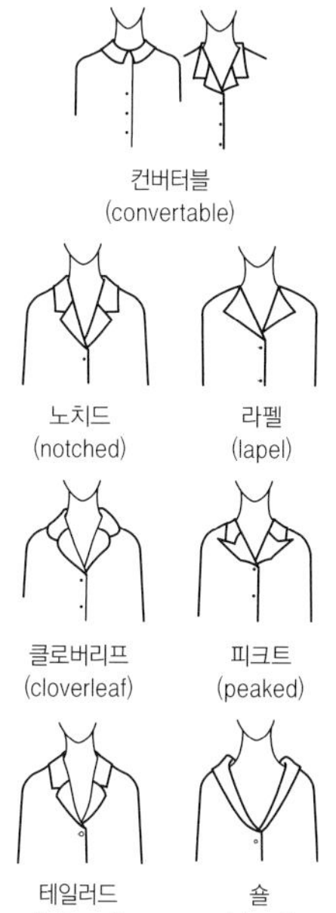 컨버터블 (convertable) 노치드 (notched) 라펠 (lapel) 클로버리프 (cloverleaf) 피크트 (peaked) 테일러드 (tailored) 숄 (shawl)
베리에이션 (variation)	 플래터 (platter) 버터플라이 (butterfly) 버디 (berthe) 필그림 (pilgrim) 퓨리턴 (puriten) 비숍 (bishop) 케이프 (cape) 세일러 (sailer) 스트레이트 러플 (straight ruffle) 피에로 (pierrot) 자보 (jabot) 캐스케이트 (cascade)	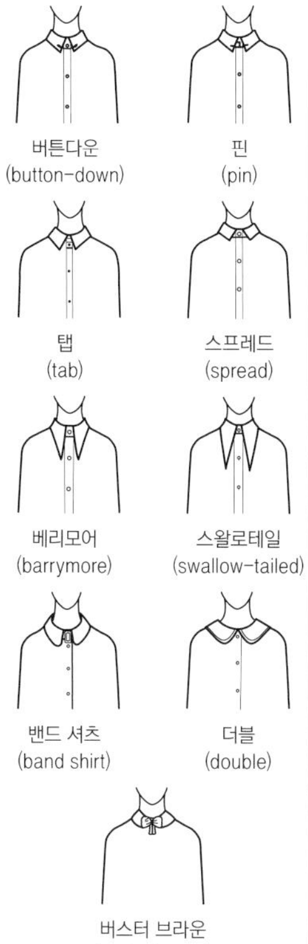 버튼다운 (button-down) 핀 (pin) 탭 (tab) 스프레드 (spread) 베리모어 (barrymore) 스왈로테일 (swallow-tailed) 밴드 셔츠 (band shirt) 더블 (double) 버스터 브라운 (buster brown)	 메딕 (medic) 비브 (bib) 친 (chin) 스탠드 어웨이 (stand away) 사이드웨이 (saidway) 퍼널 (funnlel) 카울 (cowl) 코삭 (cossack) 에스콧 (ascot) 보 (bow)	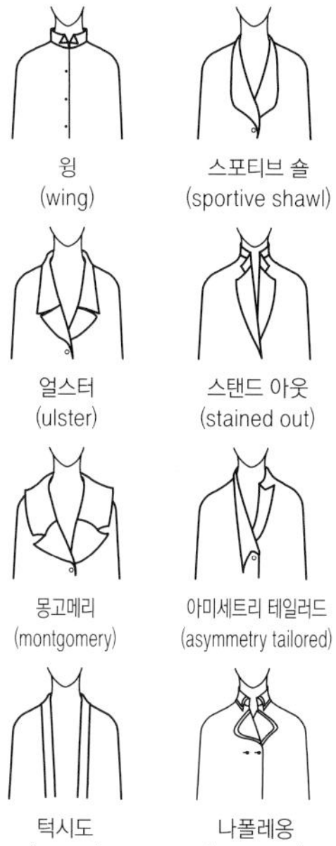 윙 (wing) 스포티브 숄 (sportive shawl) 얼스터 (ulster) 스탠드 아웃 (stained out) 몽고메리 (montgomery) 아미세트리 테일러드 (asymmetry tailored) 턱시도 (tuxedo) 나폴레옹 (Napoleon)

슬리브

의복에서 팔을 감싸는 부분을 슬리브sleeve라고 하며, 구성상으로는 길 원형과 연결된 소매와 길의 암홀에 소매를 다는 형으로 크게 나눌 수 있고, 장식성의 정도에 따라 인위적인 형태와 자연스러운 형태로 분류할 수도 있다. 슬리브의 종류는 피트성과 볼륨감 정도의 변화에 따라 다양해진다(표 7-4).

슬리브는 어깨에서 팔로 연결되는 것으로, 팔의 굴신운동(屈伸運動) 등에 의해 당겨지거나 압축되며 시각적으로 좌우의 균형에 영향을 미치기 때문에 의복의 전체적인 형태와 깊은 관련을 가진다. 따라서 디자인의 미적 측면과 기능적인 특성을 충분히 고려해야 한다.

의복 실루엣은 슬리브 모양에 큰 영향을 받으며 착용자의 어깨 넓이나 네크라인과 같이 얼굴과 인접하기 때문에 얼굴형을 함께 고려해야 한다. 특히 소매산의 퍼프 분량이 큰 소매는 어깨선을 연장시키는 효과를 주며 타이트

표 7-4 슬리브의 종류

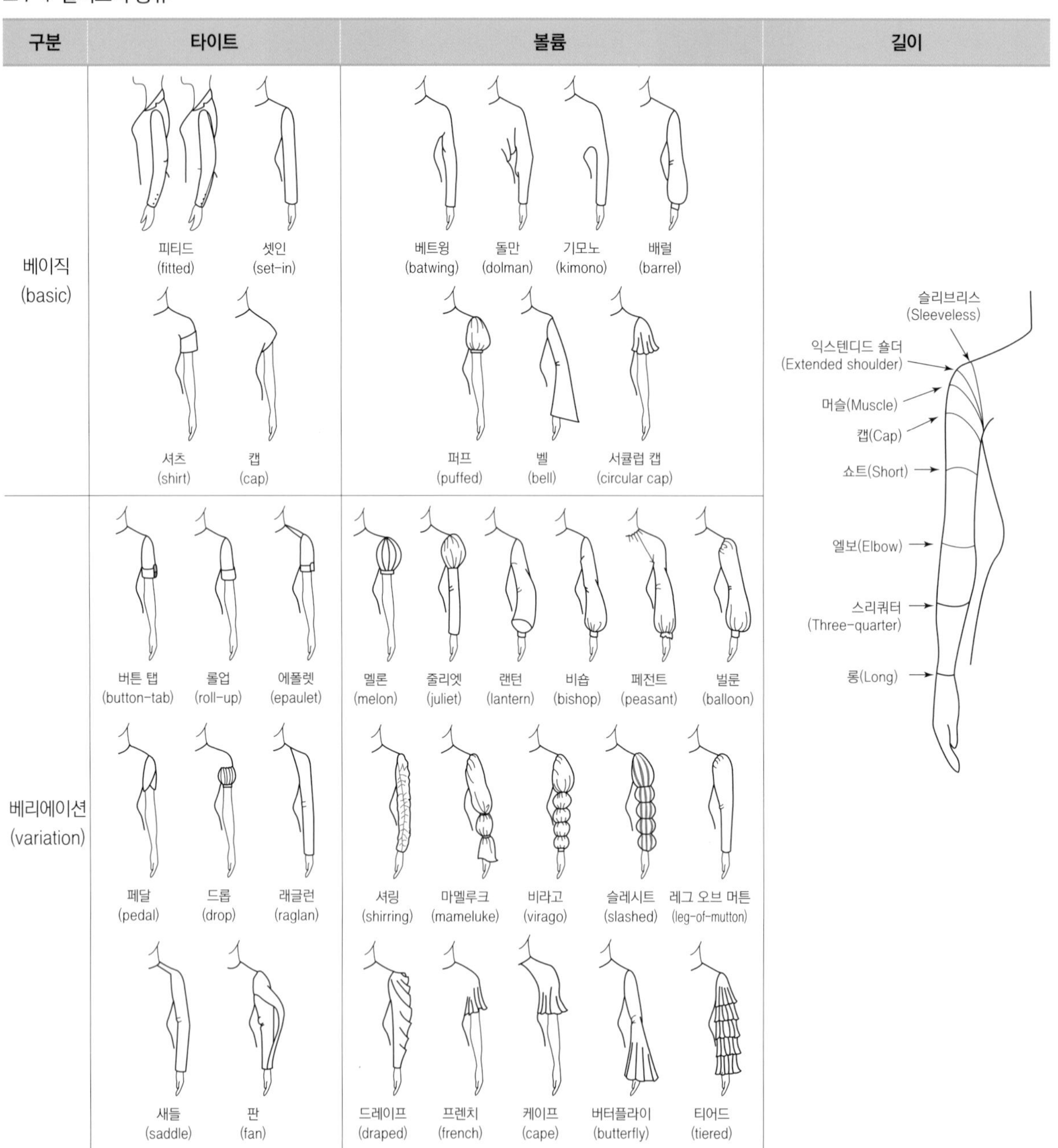

한 하의와 함께 착용할 경우 남성적이고 위압적인 이미지의 역삼각형 실루엣을 형성하고, 볼륨 있는 스커트와 함께 착용할 경우 여성의 인체 곡선미를 살려 여성적인 이미지를 표현하는 데 효과적인 X형 실루엣을 형성한다.

따라서 슬리브는 의복 전체의 이미지를 결정하는 데 중요한 역할을 하며 시각적인 조화나 상징적인 의미 및 심리적인 자극을 주기도 하므로 의복에서 매우 중요한 부분이라 할 수 있다.

스커트

스커트skirt는 여성의 대표적인 하의로, 상의와 함께 착용되어 실루엣을 형성하는 중요한 아이템이다. 길이, 폭, 허리선의 위치, 장식 정도, 소재에 따라 다양한 실루엣을 만들 수 있으며, 상의와 연결된 원피스 드레스나 코트 등의 허리선에서 아래로 드리운 부분을 포함하는 경우도 있다(표 7-5).

스커트는 팬츠보다 다양한 형태를 연출할 수 있다. 특히 스커트의 길이는 유행과 사회의 경제적 상황을 반영하며 사회상을 나타내는 대표적인 요소로, 새로운 유행의 상징으로서 트렌드를 표현하는 수단이 되기도 한다. 최근엔 스커트를 레깅스나 팬츠와 같은 하의와 레이어드하여 착용하는 연출 방법으로 다양한 이미지를 나타내기도 한다.

폭이 좁은 스커트의 경우 단정하고 딱딱한 이미지의 여성스러움을 표현하는 데 효과적이며, 과장된 장식과 폭을 가진 스커트의 경우 낭만적이거나 독특한 아방가르드 이미지를 표현하기에 효과적이다. 또 스커트 폭에 적당한 여유

표 7-5 스커트의 종류

구분	디자인						길이
	베이직	베리에이션					
타이트 (tight) 	타이트 스커트 (tight skirt)	페그톱 스커트 (peg-top skirt)	벨 스커트 (bell skirt)	랩어라운드 스커트 (wraparound skirt)	스파이럴 스커트 (spiral skirt)		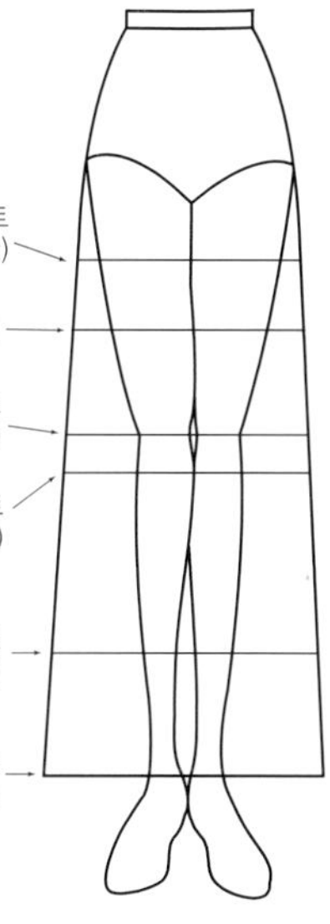 마이크로 미니스커트 (Micro-mini skirt) 미니스커트 (Mini skirt) 니랭스 스커트 (Knee length skirt) 스트리트 랭스 스커트 (Street length skirt) 미디스커트 (Midi skirt) 맥시스커트 (Maxi skirt)
세미타이트 (semi-tight) 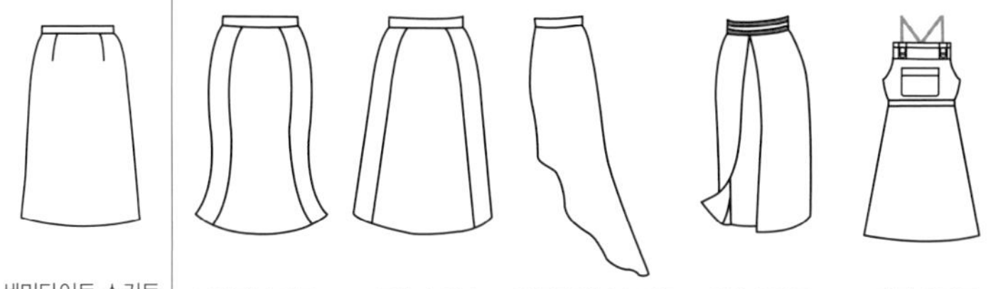	세미타이트 스커트 (semi-tight skirt)	트럼펫 스커트 (trumpet skirt)	고어 스커트 (gore skirt)	디클라이닝 스커트 (declining skirt)	오버 스커트 (over skirt)	점퍼 스커트 (jumper skirt)	
디테일 (detailed) 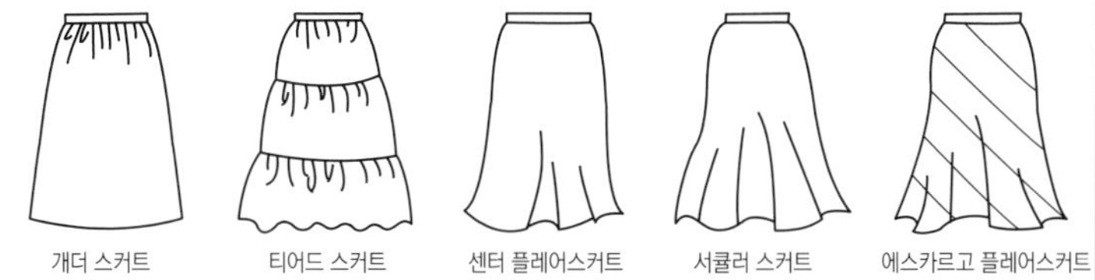	개더 스커트 (gather skirt)	티어드 스커트 (tiered skirt)	센터 플레어스커트 (center flare skirt)	서큘러 스커트 (circular skirt)	에스카르고 플레어스커트 (escargot flare skirt)		
	인버티드 플리츠 스커트 (inverted pleats skirt)	박스 플리츠 스커트 (box pleats skirt)	큐롯 스커트 (culotte skirt)	원웨이 플리츠 스커트 (one-way pleats skirt)	아코디언 플리츠 스커트 (accordian pleats skirt)		

가 있거나 풍성한 볼륨감이 있으면, 스커트 길이와 함께 하반신의 단점을 가려주는 역할을 하여, 착용자의 장점을 부각시키고 단점을 커버하여 매력을 더해주게 된다.

팬츠

일반적으로 예장복의 바지를 트라우저trouser라고 하며, 스포티한 바지는 슬랙스slacks라고 한다. 길이에 관계없이 캐주얼한 바지를 팬츠pants라고 하는데 이것은 길이에 따라 그 명칭이 달라진다(표 7-6). 남성의 전유물로 여겨졌던 팬츠는, 1960년대의 유니섹스 및 캐주얼 스타일과 함께 남녀평등의 상징적인 의미를 담은 여성용 아이템으로 확산되었다.

표 7-6 팬츠의 종류

구분	디자인	길이
타이트 (tight)	 사이클링 (cycling), 레깅스 (leggings), 스키 팬츠 (ski pants)	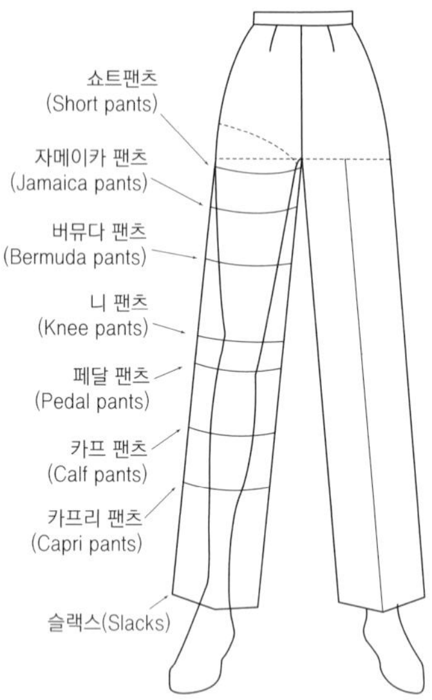 쇼트팬츠 (Short pants) 자메이카 팬츠 (Jamaica pants) 버뮤다 팬츠 (Bermuda pants) 니 팬츠 (Knee pants) 페달 팬츠 (Pedal pants) 카프 팬츠 (Calf pants) 카프리 팬츠 (Capri pants) 슬랙스(Slacks)
핏 (fit)	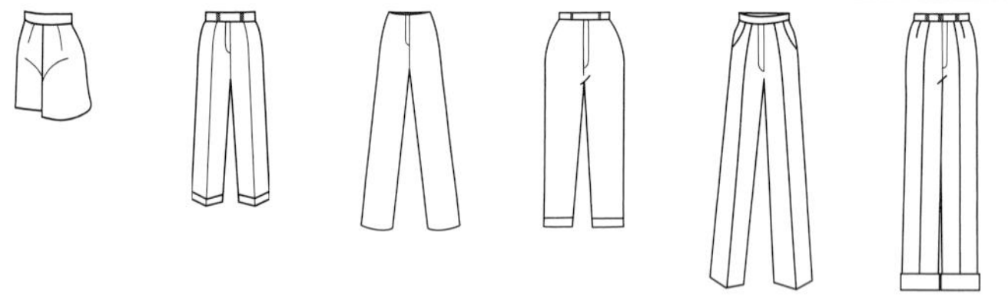 쇼츠 (shorts), 버뮤다 (bermuda pants), 니커스 (knickers), 토레아도르 팬츠 (toreador pants), 판탈롱 (pantalong), 트라우저스 (trousers),  베기 팬츠 (baggy pants), 힙 본 팬츠 (hip bone pants), 슬림 팬츠 (slim pants), 진 (jeans), 피커스 (puckers), 오버롤 (over all)	
세미핏 (semi-fit)	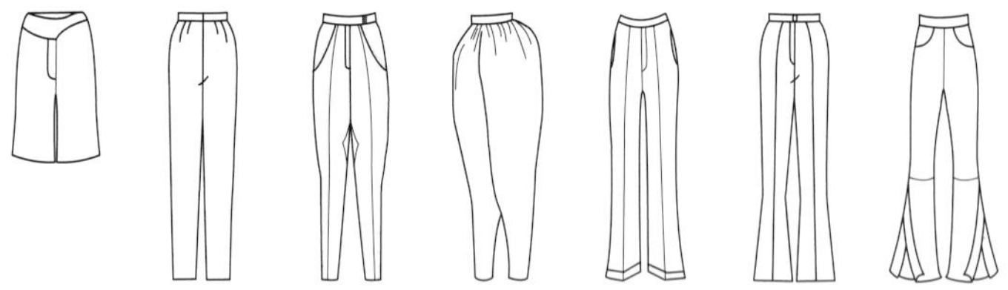 디바이디드 팬츠 (dividied pants), 테이퍼드 팬츠 (tapered pants), 조퍼스 (jodhpurs), 던들 팬츠 (dirndl pants), 힙 본 팬츠 (hip bone pants), 벨보텀스 (bell bottoms), 플레어드 팬츠 (flared pants)	
루스 (loose)	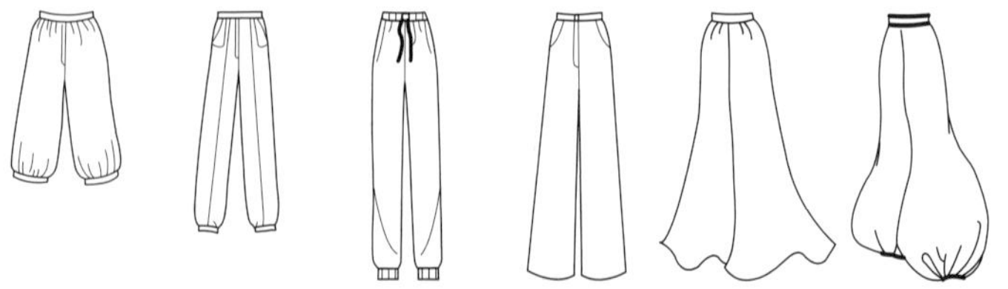 블루머 (bloomers), 니커보커스 (knkickerbockers), 조깅 팬츠 (jogging pants), 디바이디드 팬츠 (divided pants), 팔라초 팬츠 (palazzo pants), 하렘 팬츠 (harem pants)	

여성과 남성이 함께 착용하는 대표적인 하의 아이템인 팬츠는 기능성의 강조뿐만 아니라 다양한 장식이 가미된 디자인을 통해 클래식, 스포티브, 섹시, 엘레간트, 매니시 등 다양한 패션 이미지 표현이 가능하여 착용 상황과 디자인의 범위가 확대되고 있다.

포켓

포켓pocket은 의복에 붙어 있는 주머니를 지칭한다. 원래 밖으로 드러나지 않는 은밀한 장소에 붙여 실용적인 측면을 수행하기 위해 사용되었으나, 의복의 실용성이 강조되면서 점차 밖으로 드러나고 장식적인 측면을 포함하면서 디자인에서 중요한 역할을 하고 있다(표 7-7).

표 7-7 포켓의 종류

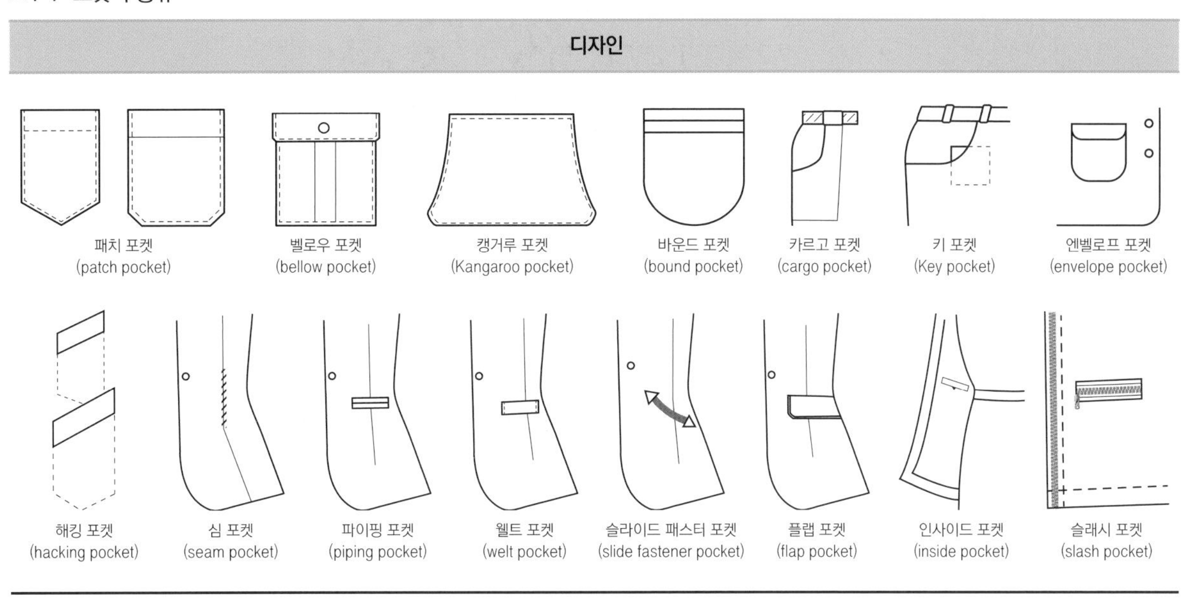

선에 의한 플러스 디자인 발상

선은 독특하고 과장된 이미지를 연출하기 위해 한꺼번에 여러 종류의 장식을 과다하게 사용하는 경우도 있으나, 보통은 하나의 의복에 여러 종류의 장식을 많이 사용하지는 않는다.

오늘날에는 절제된 미니멀한 디자인을 제외하고는, 다양한 장식선들이 사용되어 동일한 아이템을 변화된 디자인으로 표현하여 디자이너의 개성과 철학을 담음으로써 익숙한 디자인과 차별화하고 디자인의 매력을 전달하고 있다.

디자이너들은 원하는 이미지를 표현하기 위하여 비슷한 성격의 선과 장식들을 어우러지게 하여 표현하려는 이미지를 더 풍성하고 명확하며 깊이 있게 완성하기도 하고, 때로는 반대로 부드러운 선과 딱딱한 선의 조합과 같이 이질적인 성격의 장식선들을 하나의 의복에서 적절한 양으로 조화시켜 신선하고 독특하며 개성 있는 매력의 색다른 디자인을 완성하기도 한다.

그림 7-40 버튼 + 자수 + 슬릿

그림 7-41 훅 + 슬릿 + 슬래시

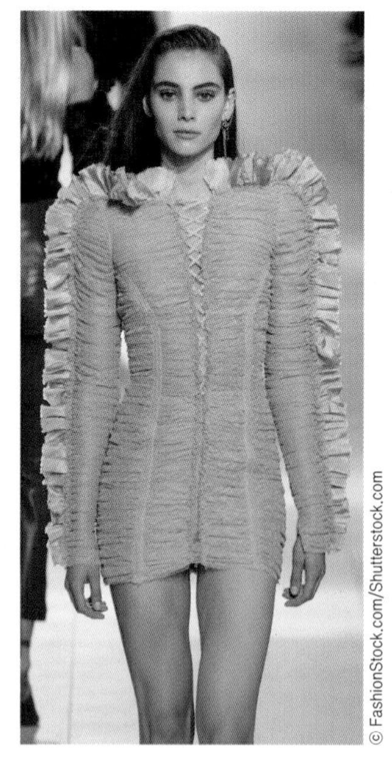

그림 7-42 프릴 + 셔링 + 레이스업

그림 7-43 보 + 자수 + 지퍼 + 플리츠

그림 7-44 로즈버드 + 개더 + 플리츠 + 비드 + 스팽글

그림 7-45 퍼 + 컷워크 + 퀼팅

이세이 미야케Issey Miyake

플리츠를 형태적 차원으로 승화시키고 의복 형태의 유동적인 움직임을 통해 패션 디자인을 예술로 승격시키며 기능성과 실용성을 보여주는 디자이너

- 1938~. 일본 히로시마 출신
- 동양-서양, 과거-미래, 인간-오브제가 융해된 디자인을 제시하며 예술가로 인정받는 디자이너
- 전통을 재인식하고 동시대성을 의상이라는 수단으로 해석하여 형태와 기능이라는 두 요소를 결합시켜 소비자가 요구하는 감성에 부합하는 자유로운 디자인 추구
- 1980년대 디자인 방향 : 소재에 대한 폭넓은 실험, 실용성을 향한 열정
- 1993. '플리츠 플리츠' 라인에서 가벼움과 유연성 보여줌
- 대량 생산의 새로운 차원 제시 : 착용자의 신체와 감성에 따라 옷의 형태가 자유롭게 결정되도록 디자인하고 기계로 대량 생산하는 데 성공
- 새로운 형태를 통한 기능성과 유연성을 증가시키고 착용자의 다양한 상황과 신체적인 특성에 따라 변형시킨 연출로 개성적인 형태를 갖게 하여 움직이는 조각이라는 평을 받음
- 기하학적인 형태 재단과 폴리에스테르 소재에 주름을 잡아 누구나 입을 수 있고 신체에 자유를 주는 편안한 의복 개발 : 이지케어easy care
- '플리츠와 폴리에스터' 시리즈 의상들 도쿄, 샌프란시스코, 런던, 파리, 암스테르담 등 주요 박물관에 전시됨
- 플리츠 플리츠와 '한 장의 천A-POCA Piece Of Cloth(한 사이즈one-size-fit-all)'을 사용하여 개인에 따라 형태를 자유롭게 재단해서 입을 수 있는 혁신적인 디자인을 선보임

© FashionStock.com/Shutterstock.com

© FashionStock.com/Shutterstock.com

돌체 앤 가바나Dolce & Gabbana

패션에 이탈리아의 화려하고 장엄한 아름다움을 다시 불어넣은 디자이너들

- 도미니크 돌체 : 1958~. 시슬리 팔레르모 출신
- 스테파넬 가바나 : 1962~. 이탈리아 베네치아 출신
- 1982. '디자이너 컨설팅' 회사 설립하며 본격적인 커리어 시작. '돌체 앤 가바나' 이름 사용 시작
- 1985. S/S 밀라노 패션위크를 통해 패션계 등장. 고급스러우면서 부드러운 의상 선보임
- 시그니처 : 코르셋 드레스와 섹시한 블랙 슈트, 호피무늬, 모던하고 세련된 검은색 의상들로 섹시하고 매력적인 커리어 우먼 표현, 화려하고 다양한 장식을 고급스럽고 장엄하게 사용
- 1986. F/W 첫 단독 컬렉션 〈Real Women〉으로 본격적인 주목받으며 이탈리아 대표 브랜드로서의 명성 얻음
- 1987, 1989. 니트웨어, 비치웨어, 란제리 선보임
- 1990. 맨즈웨어 데뷔
- 1990. 10~1995. 3. 'Complice'의 컨설턴트로 계약
- 영화의상 및 무대의상 : 마돈나 투어 의상(1991, 1993), 영화 〈로미오+줄리엣〉(1996), 〈알리샤 케이〉(2002)
- 1992. 웨딩사업 시작, 첫 번째 향수 선보임
- 저서 : 《Ten Year of Dolce & Gabbana》(1996), 《Animal : Dolce & Gabbana》(1998), 《Hollywood》(2003), 《Milan : Dolce & Gabbana》(2006)
- 2000. 브랜드 액세서리 공장 설립
- 2002. D & G Junior 라인 런칭
- 2004. 이탈리아 축구팀 AC 밀란의 선수 의상 디자인 체결
- 2005. 연인 관계 공식 결별 발표하나 파트너 관계는 유지하며 계속해서 '돌체 앤 가바나' 스타일 발표

© Maxim Blinkov/Shutterstock.com

© FashionStock.com/Shutterstock.com

© FashionStock.com/Shutterstock.com

- **목표 : 선에서 느껴지는 느낌과 감정을 알아보고, 선을 이용한 창의적인 디자인 발상을 리사이클 작업으로 표현해봄으로써 힐링 패션의 표현 능력을 기른다.**
- **준비물 : 패션 잡지, 가위, 풀, 색연필, 리사이클 재킷, 바느질 도구, 마스킹 테이프 등**

ACT 7-1 자기의 감정을 선으로 표현해봅시다.

- 자기의 감정을 정하고, 그 감정을 나타내는 선을 자유롭게 그려본다.
- 자기가 그린 선의 특성을 설명하고, 선으로부터 느껴지는 감정·느낌과의 관련성에 대한 통찰을 적어본다.
- 조원들과의 피드백을 통해 선에 대한 다양한 감정, 느낌, 생각을 나눈다.

ACT 7-2 표현하고자 하는 감정을 2가지 정하고, 그것을 잘 표현한 선(장식선, 구조선, 아이템 등)이 강조된 패션 디자인 사진을 찾아 표현해봅시다.

- 먼저 표현하고자 하는 감정 2가지를 정한다. 그 감정을 잘 표현하는 선의 특성이 강조된 패션 디자인 사진(전신)을 2장 선택하여 붙인다.
- 사진에 나타난 선의 특성(장식선, 구조선, 아이템 등)을 구체적으로 설명한다. 통찰을 통해 선에 따른 패션 디자인의 느낌과 메시지를 살펴본다.
- 조원들과의 피드백을 통해 패션 디자인에 나타난 선에 대한 서로의 느낌과 생각을 나눈다.

ACT 7-3 장식선과 구조선을 활용한 창의적 디자인 발상을 해봅시다.

- 다양한 재료를 사용하여 장식선과 구조선을 활용한 창의적인 디자인 발상을 한다. 재료 준비, 작업 과정, 완성된 패션 디자인은 발상 과정을 모두 사진을 찍어 맵을 통해 구체적으로 표현한다.
- 창의적인 디자인 발상을 설명하고, 전달하고자 하는 의미를 통찰을 통해 살펴본다.
- 조원들과의 피드백을 통해 선에 의한 창의적인 디자인 발상에 대한 서로의 느낌과 생각을 나눈다.

ACT 7-1 자기의 감정을 선으로 표현해봅시다.

설명Description

통찰Insight

피드백Feedback

ACT 7-2 **표현하고자 하는 감정을 2가지 정하고, 그것을 잘 표현한 선(장식선, 구조선, 아이템 등)이 강조된 패션 디자인 사진을 찾아 표현해봅시다.**

감정 :	감정 :

설명Description

통찰Insight

피드백Feedback

ACT 7-3 장식선과 구조선을 활용한 창의적 디자인 발상을 해봅시다.

설명Description

통찰Insight

피드백Feedback

8 CHAPTER 형태에 의한 디자인 발상

형태란 사물의 생긴 모양, 생김새를 말한다. 의복 디자인은 대부분 형태를 통해 창조적인 발상을 시작하며 형태는 그 시대의 트렌드를 이끌어가는 중요한 역할을 한다. 따라서 창의적인 디자인 발상을 위해서는 형태에 대한 이해를 바탕으로 형태를 다루는 감각과 대상을 조형적으로 관찰하는 훈련이 필요하다. 의복에서 형태는 주로 실루엣, 디테일, 트리밍과 함께 표현되기 때문에 기능적·구조적·장식적 측면에서 인체 구조와의 조화가 중요하므로 전면·후면·측면의 시각적 효과 또한 고려해야 한다.

의복의 실루엣silhouette이란 의복의 외형선, 즉 전체적인 윤곽선으로, 유행 변화의 가장 기본적인 요소이다. 실루엣은 의복 자체의 디자인선, 디자인의 장식 요소, 소재 등에 의해 형성되며 의복의 미적 특성을 결정 짓는 데 중요한 역할을 한다. 실루엣의 변화 구조는 상체, 하체, 팔 부분이며 실루엣을 결정하는 기준은 숄더라인shoulder line, 웨이스트라인waist line, 헴라인hem line 등으로 이 기준들의 넓이(폭)와 웨이스트라인의 높이 변화에 따라 실루엣이 달라진다. 이외에도 상체·하체·팔 부분의 길이, 폭, 높이의 변화에 따라 실루엣을 다양하게 연출할 수 있다. 실루엣 결정의 3가지 요소 중 어깨 폭은 넓어질수록 딱딱한, 위압적인, 남성적인, 권위적인 이미지 전달에 효과적이다. 허리폭이 인체에 피트(fit)된 경우에는 여성의 인체적인 볼륨감을 살리는 여성미를 부각시키고 허리폭이 넓어질수록 중성적, 편안한, 풍성한 이미지를 동반하는 둥근 형태가 만들어진다. 헴라인의 폭은 넓어질수록 보폭이 자유로워져서 활동성이 더해진다. 이와 같은 요소들 각각의 특성과 요소들이 결합하며 독특한 개성을 가진 다양한 형태가 만들어진다.

실루엣의 명칭은 형태적 특성을 띤 경우가 많다. 대표적인 예로, 크리스티앙 디오르Christian Dior는 1947년 봄에 뉴룩new-look을 발표한 후 10년간 실루엣의 변화를 통해 라인 시대를 열면서 세계 모드계를 주도했다. 당시에는 하나의 실루엣이 유행을 지배하기도 했다. 그러나 다양화되고 개성화된 시대에 접어들면서 다양한 실루엣이 공존하고 형태적 결합을 통해 새로운 형태미가 표현되고 있다.

실루엣은 의복의 특징을 표시하는 대표적인 기호로 의복 디자인 발상의 목적은 미적인 실루엣의 창조에 있다고도 할 수 있다. 이에 따라 여러 가지 실루엣을 살펴보고, 디자인 발상의 예를 실루엣의 유형에 따라 살펴보고자 한다. 여기서는 실루엣을 형태적 특성에 따라 사각형, 삼각형, X자형, 타원형 등으로 분류하고 특정 형태에서 벗어난 실루엣은 부정형, 혼합형 등으로 나누도록 한다. 실루엣의 유형을 분류하고 정리하면 그림 8-1과 같은 형태의 축으로 정리할 수 있다.

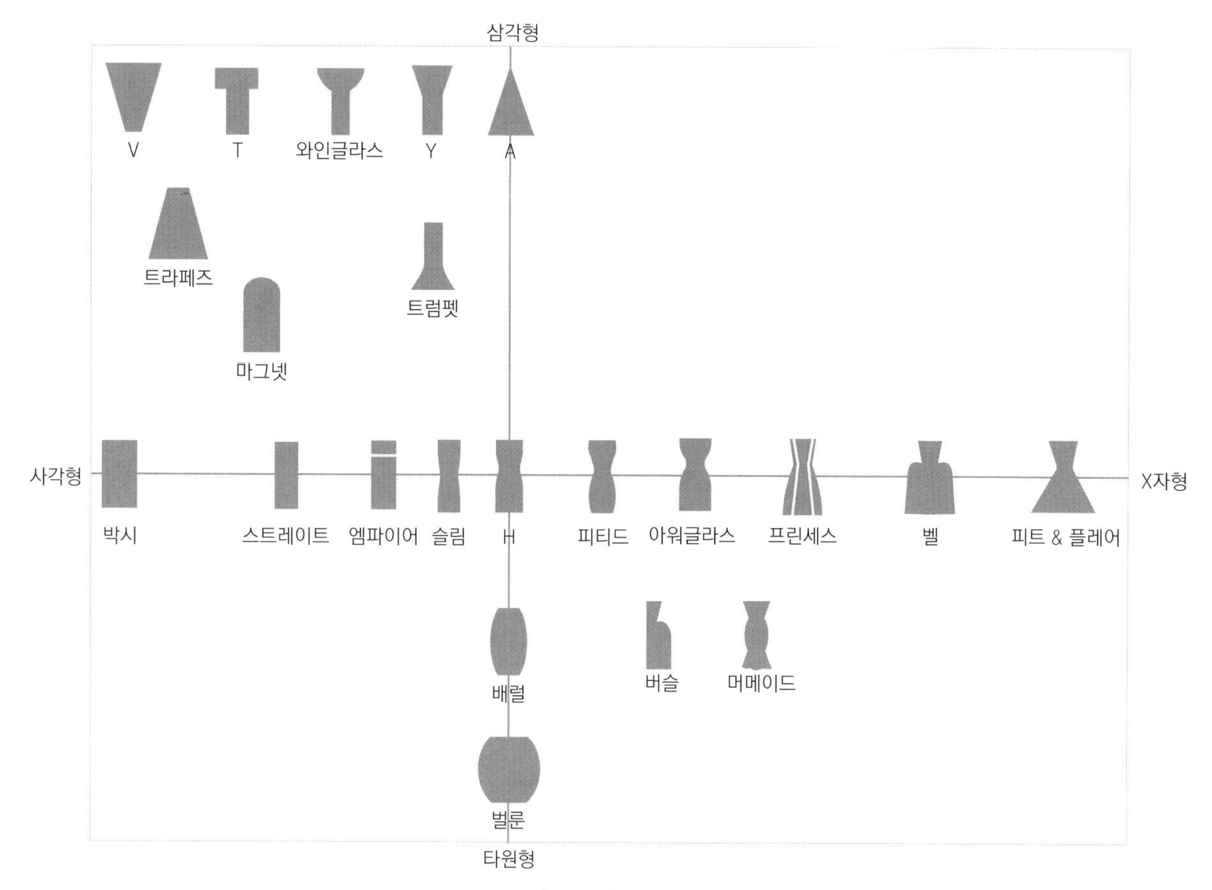

그림 8-1 실루엣의 변화

사각형

사각형 실루엣은 숄더라인, 웨이스트라인, 헴라인이 크게 차이가 없는 직선적인 느낌을 강조한 형태이다. 전반적으로 사각형의 외관을 지닌 실루엣으로 숄더라인, 웨이스트라인, 헴라인의 폭과 높이의 변화에 따라 박시boxy, 스트레이트straight, 엠파이어empire, H라인H-line, 슬림slim, 마그넷magnet 등으로 구분할 수 있다.

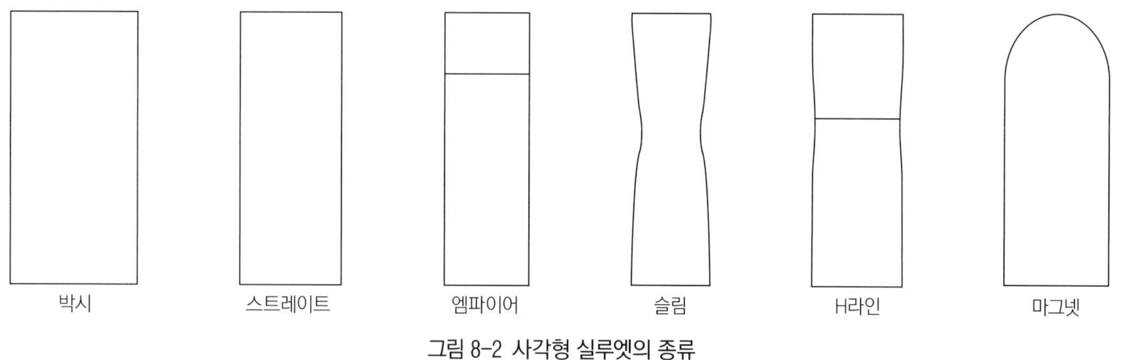

그림 8-2 사각형 실루엣의 종류

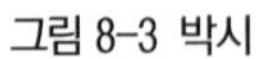
그림 8-3 박시

그림 8-4 스트레이트

그림 8-5 엠파이어

박시

박시 실루엣은 어깨 패드를 사용하여 넓은 어깨를 강조한 상자형으로 어깨-허리-헴라인의 넓이에 변화가 없는 것이 특징이다. 여성의 신체적 특성이 드러나지 않는 실루엣으로 남성적 또는 중성적 이미지를 표현하는 권위적이고 힘 있는 디자인 발상에 많이 활용된다.

스트레이트

스트레이트 실루엣은 바스트bust, 웨이스트waist, 힙hip이 강조되지 않은 직선적인 형태이다. 이 실루엣은 장식성을 배제한 모던한 이미지를 표현하기 위한 디자인 발상에 많이 활용되고 있다.

엠파이어

엠파이어 실루엣은 하이웨이스트로 관 모양처럼 위에서 아래까지 좁고 긴 루즈 웨이스트 실루엣loose waist silhouette을 이룬다. 이 실루엣은 둥글고 직선적인 이미지를 동시에 표현하므로 여성스럽고 귀여운 이미지의 디자인 발상에 많이 활용된다. 나폴레옹 시대의 대표적인 실루엣으로 대개 여성스럽고 순수하며 귀여운 이미지를 표현하는 디자인에 많이 활용되기도 하지만, 역설적인 표현 방법으로 활용되어 의외의 분위기를 나타내기도 한다.

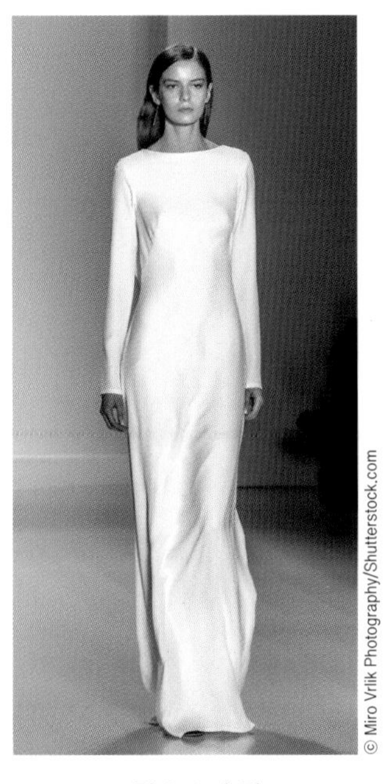

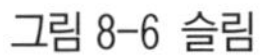

그림 8-6 슬림

그림 8-7 H라인

그림 8-8 마그넷

슬림

'얇은', '날씬한'의 의미로 보디라인을 자연스럽게 나타내는 실루엣을 슬림이라고 한다. 트리코트, 저지 등의 부드럽고 신축성 있는 소재를 사용하여 기능성이 있고 착용감이 좋으며 보디라인이 잘 나타나서 날씬한 여성에게 어울린다.

H라인

알파벳 H에서 발상된 실루엣으로 1954년 크리스티앙 디오르가 추동 컬렉션에서 발표한 것이다. 전체적으로 바스트, 웨이스트, 힙이 강조되지 않으나 스트레이트 실루엣보다 웨이스트라인이 약간 들어가 호리호리한 느낌을 준다.

마그넷

마그넷은 자석 특히 U자형의 말발굽 자석을 뜻하는 것으로 머리, 어깨, 웨이스트라인 등에 U자형의 자석과 같은 둥근 커브로 인해 전체가 부드러운 커브로 보이는 실루엣을 말한다. 1956년 가을 크리스티앙 디오르Christian Dior가 발표한 스타일이며, 모자가 없더라도 어깨에 독특한 디자인을 주어 둥근 라인 형태를 형성하거나 어깨 진동을 내리거나 기모노 슬리브와 같은 둥그런 모양을 잡는 방법을 사용하여 실루엣의 변화를 준다. 윗부분이 둥글게 변형된 사각형 실루엣이라고 할 수 있다.

삼각형

삼각형 실루엣은 허리를 강조하지 않는 것이 특징이며 숄더라인과 헴라인의 폭에 따라 삼각형과 역삼각형으로 구분된다.

삼각형 실루엣은 숄더라인, 웨이스트라인, 헴라인으로 갈수록 폭이 넓어져 삼각형의 외관을 지닌 것을 말하고, 역삼각형 실루엣은 숄더라인, 웨이스트라인, 헴라인으로 갈수록 폭이 좁아지는 역삼각형의 외관을 지닌 것을 말한다.

삼각형의 실루엣에는 A라인A-line, 트라페즈trapeze, 트럼펫trumpet 실루엣이 포함되고 역삼각형 실루엣에는 V라인V-line, Y라인Y-line, 와인글라스 라인wineglass line, T라인T-line 등이 포함된다.

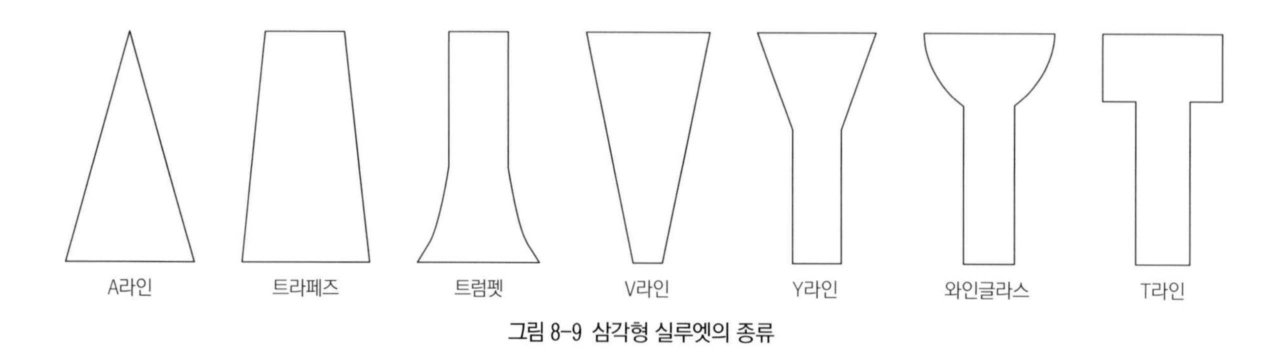

그림 8-9 삼각형 실루엣의 종류

A라인

A라인은 1955년 크리스티앙 디오르Christian Dior가 S/S 컬렉션에서 발표한 실루엣으로 알파벳의 A형을 연상시킨다. 어깨는 좁고 가슴이 강조되지 않으며 헴라인으로 갈수록 넓어져 편안하고 여성적이며 체형의 결점을 감출 수 있다는 장점이 있다. 자유로운, 편안한, 활동적인, 여성적인, 부드러운, 풍성한, 안정감 있는, 볼륨감이 있는, 여유로운 이미지를 나타내며 리듬감이 있고 세련된 디자인에 효과적이다.

트라페즈

사다리꼴이라는 의미의 트라페즈는 헴라인으로 갈수록 넓어지는 형태를 띤다. 이 실루엣은 이브 생 로랑Yves Saint Laurent이 1958년 S/S 컬렉션에서 발표하였다. 시각적인 형태로 인한 무게감과 따뜻함을 주는 케이프나 코트 디자인에 많이 활용된다.

그림 8-10 A라인

그림 8-11 트라페즈

그림 8-12 트럼펫

그림 8-13 V라인

트럼펫

트럼펫 실루엣은 스트레이트 실루엣이 힙 아래에서 나팔 모양으로 넓게 벌어지는 형태이다. 이 실루엣은 스커트에 많이 사용되고 율동감과 여성의 보디라인을 자연스럽게 살림으로써 우아한 여성미를 표현하는 디자인 발상에 많이 이용되어 세련되고 성숙한 여성스러움을 나타낸다.

V라인

어깨를 넓게 강조하고 헴라인으로 갈수록 좁아지는 역삼각형 실루엣으로 V라인은 세련된, 특이한, 노숙한, 딱딱한, 권위적인 이미지를 표현하는 디자인 발상에 많이 사용된다. 상체의 풍성함과 헴라인 폭 좁음에서 보여지는 역삼각형의 불안정한 형태가 주는 재미와 변화가 독특하고 세련된 이미지를 표현하는 데 효과적으로 사용될 수 있다.

Y라인

알파벳 Y의 형태와 같은 실루엣으로 크리스티앙 디오르Christian Dior가 1955년 추동 컬렉션에서 발표하였다. V라인과 달리 옆선의 사선이 허리 정도까지 보이고 그 이하는 수직으로 떨어지는 형태가 주는 어깨와 소매가 강조되고 하반신의 길이 효과를 주는 디자인에 효과적으로 사용될 수 있는 형태이다.

와인글라스 라인

넓은 어깨선과 풍성하고 둥근 느낌의 상반신에 타이트한 하반신을 조합한 형태를 와인글라스 라인이라고 한다. 풍성한 상반신과 슬림한 하반신의 조화가 우아하고 화려한 여성적 이미지와 하반신이 세로로 길어 보이는 효과를 주며 길어 보이는 디자인에 효과적이다.

T라인

어깨와 가슴 부분을 장식하여 수평적인 느낌을 강조하고 하반신은 직선적으로 떨어지는 실루엣을 T라인이라고 한다. 어깨 또는 가슴의 수평적 효과와 아래의 수직적 효과가 어우러지며 형태의 조형적 특성을 강조하는 데 효과적인 형태이다.

그림 8-14 Y라인

그림 8-15 와인글라스 라인

그림 8-16 T라인

X자형

X자형 실루엣X-form silhouette은 어깨선을 살리고 웨이스트라인에 피트되며 헴라인에서 넓어져서 전체적으로 X자형의 느낌을 지니는 것을 말한다.

이 실루엣은 여성복의 대표적인 실루엣으로 허리선이 강조되는데, 어깨선과 헴라인의 폭의 변화에 따라 피티드fitted, 아워글라스hourglass, 프린세스princess 라인, 피트 앤드 플레어fit and flare, 벨bell 등으로 구분한다.

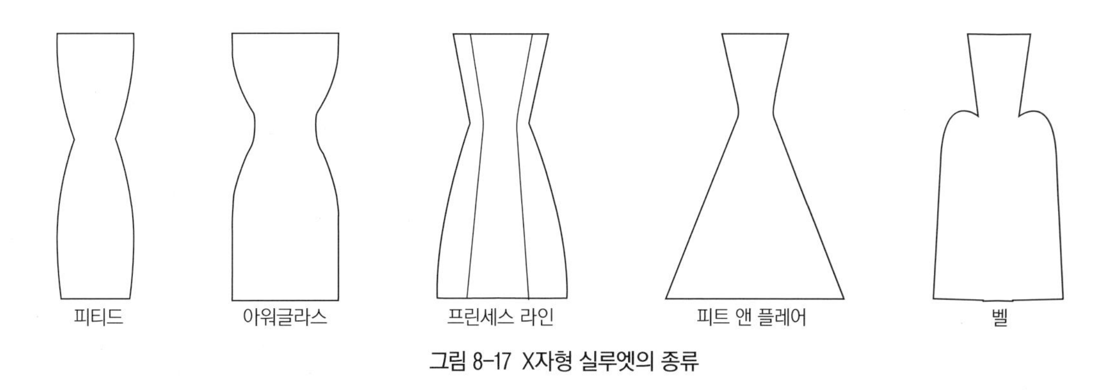

그림 8-17 X자형 실루엣의 종류

피티드

피티드 실루엣은 몸에 밀착되어 보디라인이 그대로 드러나며 인체의 자연스러운 X자형 실루엣을 나타낸다. 신축성이 좋은 소재를 주로 사용하여 여유분이 없어도 기능적이며 활동적인 디자인의 발상에 활용되고, 특히 인체라인을

그림 8-18 피티드

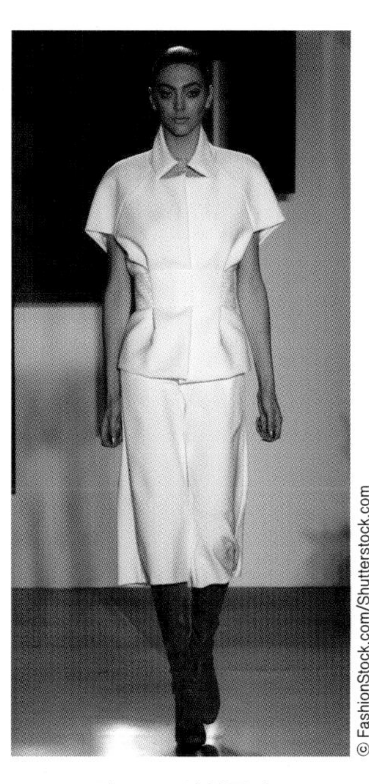

그림 8-19 아워글라스

그림 8-20 프린세스 라인

강조하는 것에 포인트를 두고자 의도하는 디자인 발상에 사용되어 여성의 섹시함을 극대화시킬 수 있는 실루엣으로 많이 활용된다. 밀착되는 실루엣으로 인하여 착용자의 신체적 단점이 두드러질 수 있으므로 착용자의 체형을 고려하여 패턴의 구조선 및 소재 선택에 신중을 기해야 한다.

아워글라스

아워글라스 실루엣은 둥근 느낌의 상반신과 하반신에 웨이스트가 밀착된 모래시계 같은 형태이다. 여성복에 가장 많이 사용되는 실루엣으로, 스커트와 블라우스를 착용할 때 허리를 강조하여 시선을 허리로 유도하고 허리선 상하로 여유분을 자연스럽게 조절하는 방법으로 블라우징을 주어 아워글라스 실루엣을 유도하여 가슴과 힙에 볼륨을 주어 우아하고 여성적인 이미지를 표현하는 디자인 발상에 많이 사용된다. 19세기 말의 제2차 세계대전 이후 1934~1947년 슈트suit에 나타난 실루엣으로 1971년 이브 생 로랑Yves Saint Laurent이 이 라인을 발표하였다.

프린세스 라인

앞뒤의 어깨에서 헴라인에 이르기까지 세로로 된 이음선에 따라 상반신을 밀착시키고 웨이스트라인을 강조한 후 헴라인으로 갈수록 넓어지는 형태를 프린세스 라인이라고 한다. 19세기 말 영국 에드워드 7세 왕후 알렉산더Alexander가 애용한 스타일로 여성스러운 인체선을 살리는 의복 디자인 발상에 자주 사용된다.

피트 앤드 플레어

피트 앤드 플레어 실루엣은 상반신은 피트되고 하반신은 플레어 양에 의해 더욱 넓어지는 형태이다. 하반신의 풍성한 여유량으로 활동적이면서 우아하고 여성적인 이미지를 표현하는 디자인 발상에 사용된다. 특히 하반신이 굵은 체형상 결점을 가릴 수 있는 실루엣으로, 스커트의 풍성한 볼륨감이 여성적인 이미지를 동적으로 표현하는 데 효과적이다.

벨

벨 실루엣은 허리를 밀착시키고 스커트를 종 모양처럼 부풀린 형태이다. 종 모양의 독특한 볼륨감을 살리기 위하여 독특한 재료와 장식이 사용되는 경우가 많아 아방가르드하고 흥미로운 개성을 보여주는 데 효과적으로 사용된다.

그림 8-21 피트 앤드 플레어

그림 8-22 벨

타원형 및 기타

타원형 실루엣은 벌크 실루엣bulk silhouette으로 웨이스트라인을 부풀리고 헴라인으로 갈수록 좁아지는 형태이다. 전체적으로 타원형의 느낌을 강조하고 부피감에 따라 구분하며 배럴barrel, 벌룬balloon 등을 예로 들 수 있다. 앞에서 제시된 4가지 유형에 포함되지 않는 실루엣으로는 버슬bustle, 머메이드mermaid 등이 있다.

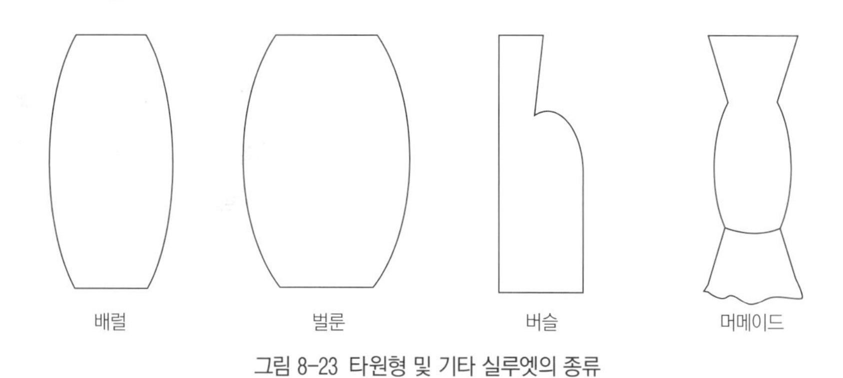

그림 8-23 타원형 및 기타 실루엣의 종류

배럴

배럴 실루엣은 어깨에서 허리에 걸쳐 둥글게 부풀고 헴라인에서 좁아지는 형태로 원피스나 코트의 디자인 발상에 많이 활용된다. 1957년 크리스티앙 디오르가 발표한 실루엣으로 방추형과 유사하여 스핀들 라인spindle line이라고도 한다.

허리에 볼륨감을 주어 인체를 자연스럽게 감싸기 때문에 과장되지 않게 체형의 단점을 커버하는 효과가 있으며, 소재의 특성을 고려하면 형태에 적절한 효과를 얻을 수 있다.

벌룬

벌룬 실루엣은 풍선처럼 크게 부풀린 형태로 버블 라인bubble line이라고도 한다. 따뜻하고 몸을 감싸는 듯한 느낌 때문에 코트류의 발상에 많이 활용된다. 소재의 종류에 따라 부피와 시각적인 무게감이 상반된 디자인, 즉 가벼우면서도 풍성하고 포근한 느낌을 극대화하는 독특한 디자인 발상이 가능하다. 과장된 밀착으로 인한 보디라인이 주는 답답함을 벗어난 형태적 크기를 극대화시키는 조형적 디자인 발상에 효과적이다.

버슬

버슬 실루엣은 19세기 후반의 대표적인 형태로 힙을 부풀려 강조한 스타일이다. 이 실루엣은 측면에서 볼 때 형태적 특징이 두드러진다. 측면을 보면 앞부분은 가슴에서 스커트 헴라인까지 거의 수직선의 느낌을 주는 데 비하여 뒷부분은 웨이스트라인이 극단적으로 가늘게 조여져 엉덩이 위치를 버슬로 둥글게 과장함으로써 곡선적인 아름다움을 표현한다. 이브닝드레스나 웨딩드레스의 우아한 이미지를 연출하는 데 많이 사용되지만, 현대 기성복에서 흔히 볼 수 있는 실루엣은 아니다. 간혹 탈부착이 가능한 아이템의 레이어드로 버슬 형태의 독특한 실루엣을 보이는 디자인이 소비자의 다양한 욕구를 만족시키는 발상에 효과적으로 사용되기도 한다.

그림 8-24 배럴

그림 8-25 벌룬

그림 8-26 버슬

그림 8-27 머메이드

머메이드

머메이드 실루엣은 상반신과 하반신이 피트되고 헴라인 부분에서 플리츠나 플라운스를 사용하여 인어 꼬리와 같은 모양을 나타낸 형태이다. 스커트의 헴라인이 플레어로 퍼져 유동적이며 여성스러운 이미지를 표현하는 데 많이 사용된다. 여성의 인체라인을 피트하게 관능적으로 살림으로써 성숙한 여성적 이미지를 극대화시키는 실루엣이다. 소재에 따라 화려하고 고급스러운 여성미를 성숙하고 우아하게 표현하기도 하고, 남성적인 카무플라주camouflage 무늬(군복 무늬)나 색상 등과 어색한 조화를 이루며 의외의 복합적 이미지를 나타내기도 한다.

형태에 의한 플러스 디자인 발상

현대 의복에서는 기존에 있던 일반적인 실루엣 범주가 아닌, 디자이너들의 창의적인 독창성이 함축된 형태들이 많이 나타난다. 이와 같은 의복의 형태를 분석해보면, 혼합형과 부정형으로 나눌 수 있다.

혼합형은 같은 형태의 반복 또는 다른 형태의 혼합과 같이 익숙한 여러 개의 형태가 결합되어 새로운 형태로 재구성된 것으로 독특하면서도 익숙한 실루엣들을 찾아볼 수 있다.

부정형은 익숙한 기존의 형태를 분할, 축소, 확대, 교차의 변형 단계를 거친 후 결합하는 재구성을 통해 디자이너의 예술적인 창의성을 풍부하게 표현하는 의외성을 띤 독창적인 새로운 구조적 형태를 말한다. 이는 어디에도 속하지 않는 특이한 실루엣으로 하나의 명칭으로 표현하기 어렵다.

혼합형과 부정형 실루엣은 본래의 기능성 측면과 구성 형식뿐만 아니라 착장으로 만들어질 수 있는 복합적인 실루엣으로 끊임없는 창의적 발상의 결과물이라고 할 수 있다.

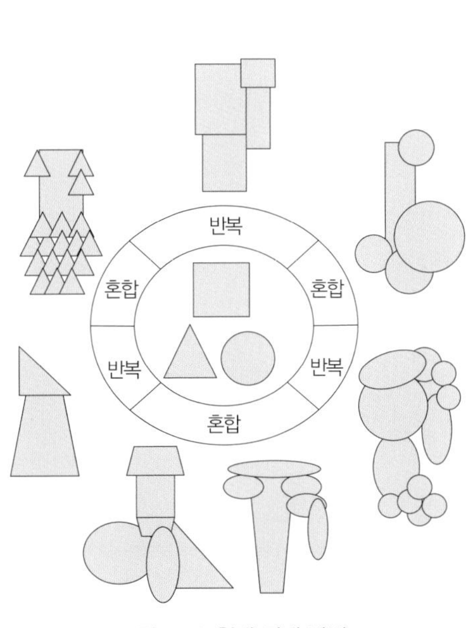

그림 8-28 형태 전개 방법 I

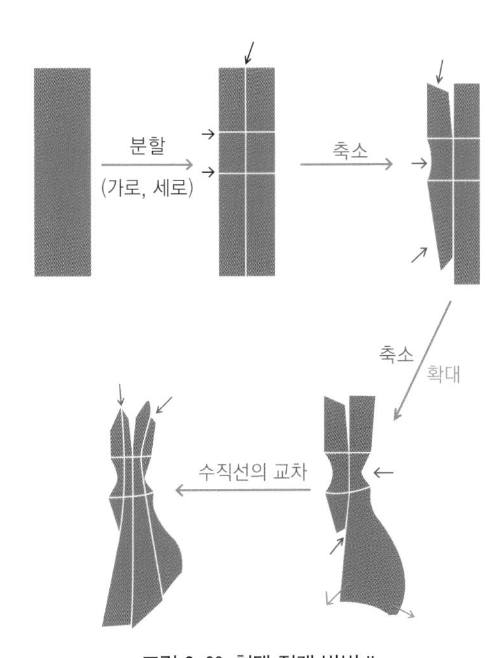

그림 8-29 형태 전개 방법 II

혼합형

혼합형 실루엣의 발상법은 반복과 혼합으로 나누어진다. 기존 실루엣에서 나타나는 하나의 형태가 축소와 확대가 병행, 반복, 재구성된 경우와 서로 다른 실루엣이 결합되는 혼합의 방법으로 이루어진다. 혼합형 실루엣은 디자인 제작 구성 및 아이템의 착장에 따른 코디네이션에 의하여 만들어지는 새로운 실루엣이다.

혼합형 실루엣 의복은 특이한 시각적 조형성을 띠므로 참신한 과장된 실루엣으로 인한 위엄 있고 권위적인 이미지 표현과 아방가르드한 조형미 표현에 효과적이다.

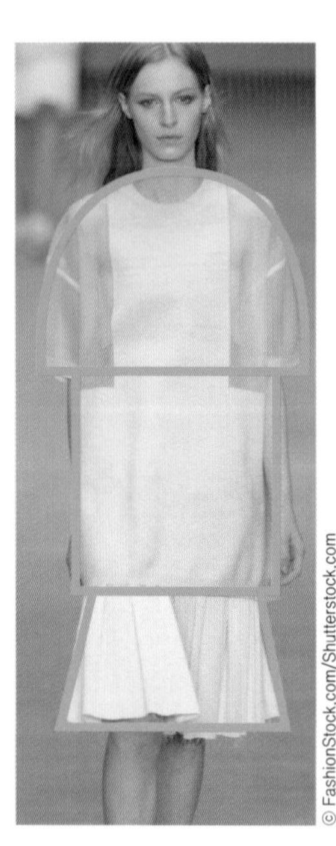

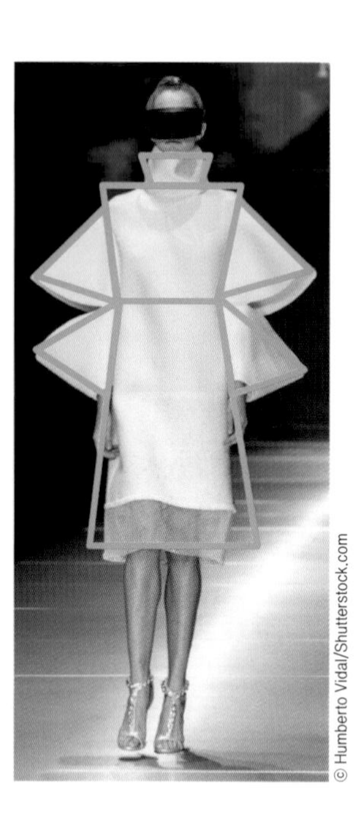

그림 8-30 혼합형

부정형

일본 디자이너들에 의해 많이 소개되었던 부정형 실루엣에서는 형태 파괴를 통한 특이하고 다양한 모양을 찾아볼 수 있다. 부정형은 기본 실루엣의 패러다임을 깨뜨려 실용성이나 기능적인 측면보다는 디자이너의 창의성이 중요한 의외성의 개성을 가진다. 포스트모던의 영향에 따라 전형적인 의복 구조가 해체되고 인체의 기능적 개념을 탈피한 구성 방법에서 비대칭적인 형태의 실루엣을 찾아볼 수 있는 예술적인 측면이 강조된 창의적인 신개념 실루엣이다.

주로 비대칭인 부정형 실루엣은 형태의 혼합, 반복 및 과감한 제거 등으로 인하여 실험적 조형미와 이질적인 이미지의 크로스오버 감성 표현에 효과적이다. 독특한 조형미는 때로 실험정신이 주는 익숙하지 않음에 대한 불안감과 아방가르드의 기괴한 감정을 불러일으키지만, 기존 형식에 대한 도전의식과 새로운 개척정신에 대한 끊임없는 자극을 주고 더 넓은 표현을 가능하게 하는 촉매제가 되는 등 창의적인 조형의 매력을 드러내준다.

그림 8-31 부정형

DESIGNER STORY :

크리스티앙 디오르 Christian Dior

전후 현대적인 감각의 뉴룩을 발표하며
여성적인 실루엣을 새로운 표현으로 복귀시키고
다양한 실루엣을 제시한 디자이너

- 1905~1957. 프랑스 출신
- 1947. 아름답고 여성적인 뉴룩 New Look 발표. 쿠튀르 의상의 위상 재확립
- 여성의 아름다운 보디라인을 살리며 파리 모드계의 리더로 자리 잡음
- 스타킹을 패션의 일부로 강조 시도
- 디자인은 '형태-소재-색채'의 순서라고 생각
- 라인 시대 : A라인(1956), H라인(1956), Y라인(1956), 프리라인, 튤립라인, 애로 arrow 라인 등
- 디자인의 3가지 모토 : 우아함의 절대화, 여성성의 극대화, 안목의 완성
- 1957년 디오르 사망 이후. 이브 생 로랑이 수석 디자이너로 지휘하고 마르크 보앙, 지안프랑코 페레 등이 디오르 정신을 계승함
- 1958. 트라페즈 라인 발표
- 1996~2011. 존 갈리아노가 수석 디자이너로서 디오르를 맡으며 과거와 현재의 완벽한 상호작용 속에 혼합된 새로운 힘과 현실성을 예술적으로 표현
- 존 갈리아노의 디자인은 예술성은 뛰어나지만 상업성이 결여되어 있다는 평가를 받을 정도로 아티스틱하며, 레트로 지향의 에로틱한 표현을 중심으로 함
- 2012~. 라프 시몬스가 수석 디자이너 맡음
- 질 샌더의 수석 디자이너였던 라프 시몬스가 맡으며 뉴룩에서 보여주던 절제미 가득한 우아한 여성미를 다시 부활시킨 모던하고 고급스러운 우아미 가득한 여성미로 비상 중

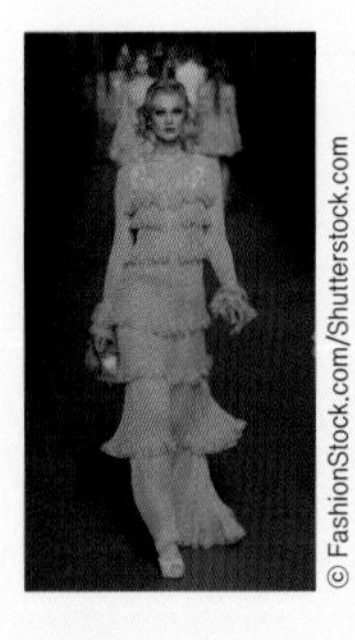

© FashionStock.com/Shutterstock.com

© FashionStock.com/Shutterstock.com

© FashionStock.com/Shutterstock.com

요지 야마모토 Yohji Yamamoto

형태의 해체주의적 성향을 보이며 실루엣의 새로운 세계를
창조해내는 반(反)패션 디자이너

- 1943~. 일본 도쿄 출신
- "검은색은 가장 겸손하면서 동시에 가장 오만하다."며 검은색의 아름다움을 새로운 시각으로 입증
- 일본을 대표하는 아방가르드 패션 디자이너 3인 중 1인 : 미야케, 카와부코, 야마모토
- 법대 졸업 후 1966~1967년에 문화복장학원 다님
- 1969. 학생 신분으로 'So-en Fashion Awards'와 'Endo Fashion Awards' 수상
- 1970. 'Yohji Yamamoto, Inc.' 설립. 여성복 라인(Y's) 런칭
- 패션은 일상과 접목되어야 한다고 주장
- 1983. 파리 패션쇼에 등장시킨 검은색의 찢어진 수의로 패션계에 충격을 줌. 패션 저널리스트들은 매혹적인 아름다움보다는 '가난한 룩 look of poverty'으로 20세기 패션의 혁명이라 칭송
- 협업: Y-3(요지 야마모토의 Y-3아디다스의 3개의 선 '3', 2002), Dr. Martens(2007), Mikimoto(쥬얼리, 2007), 에르메스(가방, 2008) 등
- 작품의 주요 테마는 아이덴티티의 해체와 이중성 : 동양적인 것도 서양적인 것도 아닌, 남성 혹은 여성도 아닌, 드러내지 않으면서도 유혹적인 의상
- 전통적인 서구 남성 비즈니스 슈트 룩의 변화에 큰 역할 : 안감과 어깨 패드 제거하고, 곡선 솔기를 없애고 바지를 넓혀 무겁고 구조적이던 의상이 가볍고 여유 있으며 편안해짐
- 유머와 위트 있는 디테일 사용
- 1990년대. 흰색 티셔츠 위에 검은색 슈트를 코디하는 것을 대중화시킴

© K2 images/Shutterstock.com

© FashionStock.com/Shutterstock.com

© K2 images/Shutterstock.com

- **목표 : 마음속에 형성된 심상에서 다양한 형태를 찾아보고, 그 형태들의 심리적·조형적 특성을 복합적으로 적용한 창의적 실루엣 발상의 표현 능력을 기른다.**
- **준비물 : 패션 잡지, 가위, 풀, 색연필, 리사이클 의류, 가위, 실 등**

ACT 8-1 마음속에 떠오르는 형태를 그림으로 표현해봅시다.

- 눈을 감고 잠시 명상(3분)하며 마음속에 떠오르는 다양한 형태를 그대로 그려본다.
- 다양한 형태를 통해 떠오른 기억, 기억과 관련된 느낌(감정, 감각), 깨달음 등을 설명하고 통찰을 적어본다.
- 조원들과의 피드백을 통해 형태에 대한 서로의 느낌과 생각을 나눈다.

ACT 8-2 형태에 변화를 주기 위한 다양한 전개 방법(절개, 축소, 확대)을 활용하여 창의적인 실루엣 발상을 해봅시다.

- 패션 사진 1개를 선정하여 형태 변화를 주기 위해 분할, 절개, 축소, 확대의 전개 방법을 사용하여 창의적 실루엣 발상 과정을 표현해본다. 창의적 실루엣 발상 과정(절개, 축소, 확대)은 모두 사진으로 찍어서 맵을 통해 구체적으로 표현한다.
- 실루엣의 전개 방법과 과정을 구체적으로 설명하고, 통찰을 통해 느낌과 의미를 적어본다.
- 조원들과의 피드백을 통해 실루엣 변화에 따른 발상에 대한 서로의 느낌과 생각을 나눈다.

ACT 8-3 창의적인 형태 발상을 표현해봅시다(혼합형 또는 부정형).

- 준비한 다양한 재료를 복합적으로 사용하여 1점의 창의적인 형태 발상을 완성한다.
- 창의적인 형태 발상을 설명하고, 전달하고자 하는 의미를 통찰을 통해 살펴본다.
- 피드백을 통해 형태에 의한 창의적인 형태 발상에 대한 서로의 느낌과 생각을 나눈다.

ACT 8-1 마음속에 떠오르는 형태를 그림으로 표현해봅시다.

설명Description

통찰Insight

피드백Feedback

ACT 8-2 **형태에 변화를 주기 위한 다양한 전개 방법(절개, 축소, 확대)을 활용하여 창의적인 실루엣 발상을 해봅시다.**

창의적 실루엣 프로세스Creative Silhouette Process : 패션 사진 / 작업 과정 / 창의적 실루엣

설명Description

통찰Insight

피드백Feedback

ACT 8-3 창의적인 형태 발상을 표현해봅시다(혼합형 또는 부정형).

설명Description

통찰Insight

피드백Feedback

색채에 의한 디자인 발상

우리 주변에 존재하는 모든 물체는 색을 가지고 있으며 사람들은 무의식적인 시각적 경험을 통하여 자연스럽게 색을 대하게 된다. 또한 현대에는 과학기술의 발전에 의해 눈으로 식별할 수 없을 만큼 수많은 색들이 만들어지고 생활에 사용되고 있다.

색은 지역, 사회, 문화 및 관습에 따라 상징적인 의미 전달의 수단으로 사용되어왔으며 현대사회에서도 의사 전달의 수단으로 중요하게 쓰인다. 예를 들면, 한국 축구 응원단의 붉은 유니폼은 관객들을 흥분시키며 강력한 힘의 결정체의 단결된 힘을 느끼게 한다. 이는 붉은색이 가지는 힘, 정열, 열광 등의 상징적인 의미와 함께 관객들의 감정을 고조시키는 심리적인 색의 특성이 잘 표현된 예이다.

오늘날 소비자의 다양한 기호에 대처하기 위해서는 감성적 차별성이 고려되어야 하는데, 그중에서도 색채감성은 인간의 선호에 직접적으로 영향을 준다. 색은 인간의 생활공간에서 시각적인 환경을 만드는 데 중요한 역할을 하며, 소비자의 감성에 맞는 참신한 디자인을 하는 데 있어서도 아주 중요한 역할을 맡고 있다.

색은 어떻게 사용하느냐에 따라 소비자의 반응과 그 역할이 달라지므로 색을 적절하고 효과적으로 사용하기 위해서는 색에 대한 이해와 다양한 훈련을 통해 좀 더 풍부한 색감각을 키우고 전문화된 색채 기획을 해야 한다.

색은 기분을 좌우하는 능력을 가지고 있기 때문에 우리의 감정과 성격 및 신체 상태에도 영향을 미칠 뿐만 아니라 상황에 따라 긍정적인 작용과 부정적인 작용도 하므로, 색채의 힘을 적절하게 활용하면 자기 기분을 전환시키고 주변 환경을 보다 긍정적인 방향으로 바꿔나갈 수 있을 것이다. 색채의 선호는 심신의 상태나 성격을 파악할 수 있는 중요한 열쇠가 될 수 있기 때문에 이를 적절히 사용하면 스트레스와 괴로움을 이겨내는 힘을 얻을 수 있으며, 자신은 물론이고 타인과의 관계를 원만히 하는 힘을 키울 수 있다.

최근 컬러 테라피Color therapy에 대한 관심이 높아지면서 과학자, 의사, 심리학자 등에 의해 테라피의 효능이 입증되고 있다. 색채는 생활 곳곳에서 단색 또는 조화롭게 배색되어 의미 있는 사용이 이루어지고 있다. 색채에 대한 중요성은 우리 사회에서 점점 더 강조되고 있다. 개인이 선호하는 색채의 특성과 의미를 잘 파악하여 사용하면 좀 더 풍요롭고 긍정적인 에너지로 채워진 삶을 살게 될 것이다.

패션에서의 색감각 훈련이란 주변의 모든 환경에서 색이 주는 메시지를 파악하여 실질적인 색의 느낌을 배우는 것이다. 이렇게 얻은 색에 대한 감각은 같은 시대, 같은 장소에서 살아가는 사람들과 공감대를 형성하며, 이러한 감각에 기초하여 발상된 디자인은 그 시대 소비자들의 감성을 충분히 자극할 뿐만 아니라 우리의 심신을 풍요롭고 평안하게 하여 개개인의 매력을 효과적으로 표현하는 중요한 요소가 된다.

색의 3속성에 의한 디자인 발상

색채는 눈을 통해 들어오는 광선 중 인간의 시신경을 통해 색채를 지각할 수 있는 가시광선visible light의 스펙트럼으로 보여지는 색에 의해 판단된다. 우리의 눈으로 볼 수 있고 색채를 시각적으로 느끼게 하는 가시광선의 파장 길이는 약 390~760nm이다. 1966년 영국의 물리학자 뉴튼Newton은 프리즘을 이용한 분광실험을 통해 가시광선이 빨강·주황·노랑·초록·파랑·남색·보라의 7가지 스펙트럼의 파장으로 구성되어 있음을 확인하였다.

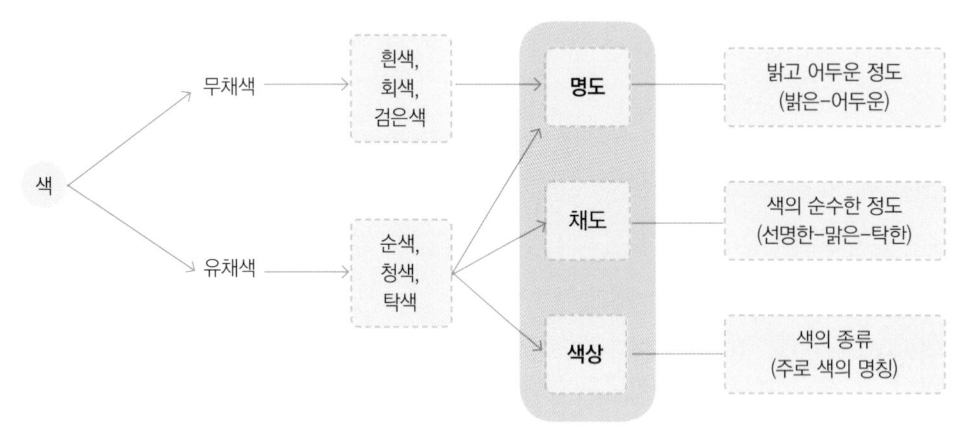

그림 9-1 색의 3속성

모든 색채는 색상Hue, 명도Value, 채도Chroma의 3가지 속성을 갖는데, 이 3가지 속성으로 인해 노란색을 표현할 때도 어두운 노란색, 밝은 노란색, 연한 노란색, 선명한 노란색과 같이 다양하게 표현할 수 있게 된다.

색상Hue(H)은 빨강, 파랑, 노랑과 같이 색을 구별하기 위한 각 색의 명칭을 말하며 개별 유채색의 색기미를 가리킨다. 명도Value(V)는 색의 밝고 어두움을 나타내는 색의 속성으로 유채색과 무채색 모두 공통적으로 갖는 성질이다. 흰색을 더하여 만든 밝은색은 명도가 높고, 검정을 더하면 명도가 낮아진다. 따라서 흰색의 명도가 가장 높고 검은색의 명도가 가장 낮다. 채도Chroma(C)는 색의 맑고 탁한 정도를 의미하는 것이다. 여러 가지 색 가운데 가장 깨끗한 색으로 채도가 가장 높은 색을 청색(맑은 색)clear color이라고 하며, 탁하거나 선명하지 못한 색을 탁색(흐린 색)dull color이라고 한다. 그리고 동일 색상의 맑은 색 중에서도 가장 채도가 높은 색을 순색pure color이라고 한다. 청색(맑은 색)은 순색에 다시 흰색이 더해진 명청색과 순색에 검은색을 더한 암청색으로, 탁색은 청색(맑은 색)에 밝은 회색을 더한 명탁색과 청색에 검은 회색을 더한 암탁색으로 다시 세분된다. 이와 같이 색기운이 점점 약해져 순색이 모두 없어지고 흰색과 검은색 그리고 회색과 같이 느낌이 없는 것을 무채색이라 하며, 무채색을 제외한 모든 색을 유채색chromatic color이라고 한다.

색상에서 성질이 비슷하게 느껴지는 유채색을 순서대로 배열해보면 빨강, 주황, 노랑, 초록, 파랑, 보라 등과 같이 시각적인 감각의 변화를 느낄 수 있는데, 이러한 감각의 변화는 순환적으로 나타나며 이것을 둥글게 나열한 것을 색상환이라고 한다.

색상환

색상환에는 일반적으로 먼셀의 색상환, 오스트발트의 색상환, PCCS의 색상환, 한국공업규격 색상환이 대표적으로 사용된다.

먼셀의 색상환은 현재 국제적으로 가장 널리 사용되는 표색계이다. 색의 3속성을 3차원적인 공간에 배열할 수 있는 성질을 갖고 있으며, 적red–황yellow–녹green–청blue–자purple의 다섯 가지 색상이 기본색이다. 먼셀 기호는 색채를 HV/C의 꼴로 나타내며, 적색은 5R 4/14로 표시한다.

오스트발트의 색상환은 황yellow–남ultra-marine blue–적red–청록sea green을 기본색으로 하며, 색의 3속성과는 달리 모든 색은 모든 파장의 빛을 흡수하는 이상적인 검은색량, 빛을 반사하는 이상적인 흰색량, 이상적인 순색량의 혼합비로 나타내고 있다. 오스트발트 기호는 순색(C)과 이상적인 흰색(W) 및 이상적인 검은색(B)의 C+W+B=100의 혼합비율의 관계가 성립되며, 예를 들면 각색마다 W3.5, B94.4, C2.1과 같이 표시한다.

일본색연배색체계인 PCCS는 색채 조화를 주 목적으로 한 컬러체계로, 톤의 체계가 도입되어 배색 조화를 얻기가 용이하며 계통색명과 쉽게 대응시킬 수 있는 장점이 있다. PCCS 기호는 번호·약호·명칭이 붙어 있는데 예를 들면 16·gB, Greenish Blue와 같이 표시하게 된다.

한국공업규격은 빨강, 주황, 노랑, 연두, 초록, 청록, 파랑, 남색, 보라, 자주의 10가지 색을 기본으로 하며, 명도 및 채도에 관한 수식어와 함께 먼셀의 표기를 같이 사용하여 표기한다. 예를 들면, 일반색 이름인 어두운 남색 또는 10PB 2.5/5로 표시한다.

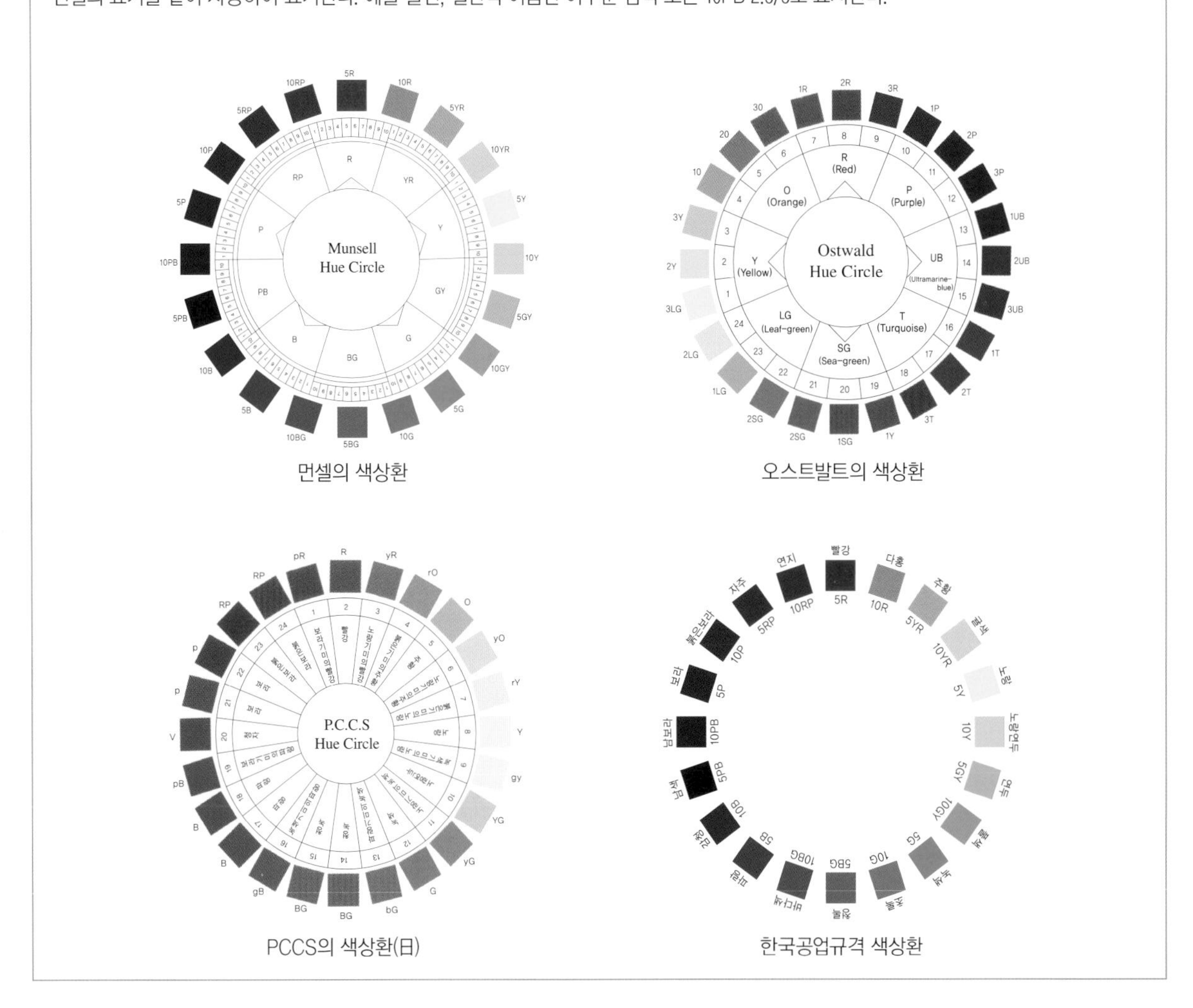

먼셀의 색상환

오스트발트의 색상환

PCCS의 색상환(日)

한국공업규격 색상환

컬러 소스와 패션 색채 이미지

컬러는 자체의 고유한 특성을 가지는데, 이러한 특성에 따라 다양한 패션 색채 이미지를 나타내기도 한다. 빨강은 사랑, 정열, 위험, 격노, 정지의 소스를 떠올리게 하고 초록은 휴식, 신선함, 평온, 안정을 떠올리게 한다. 파랑은 보수적, 청결, 평화, 성실을, 보라는 신비, 환상, 우울, 장중함을, 흰색은 순결, 신비, 평화를, 검은색은 존엄, 죽음, 비탄, 악마와 같은 복합적인 이미지를 불러일으킨다. 이와 같은 컬러들이 이끄는 근원(소스)과 패션 색채 이미지에 관한 의미를 파악하면, 효과적이고 창의적인 패션 디자인 발상에 도움이 될 것이다.

컬러 소스별 패션 색채 이미지

색상	컬러 소스color source	패션 색채 이미지fashion color image
빨강	태양, 불꽃, 피, 와인, 장미, 소방차, 고추, 전쟁, 공포, 금지	의욕적, 정열적, 활동적, 생명력 있는, 매혹적인, 환희의, 현란한, 긴장감, 섹시한, 흥분한, 분노한, 공격적, 자극적, 충동적, 외향적
주황	태양, 불꽃, 감, 노을, 단풍, 오렌지, 당근, 연어, 비타민	발랄한, 활발한, 즐거운, 사교적인, 친근한, 식욕 증진의, 맛있는, 멋있는, 화사한, 선명한, 상큼한, 운치 있는, 사치스러운, 변덕스러운
노랑	빛, 금, 레몬, 은행잎, 병아리, 개나리, 유치원생, 태양, 해바라기	귀여운, 쾌활한, 호기심 있는, 밝은, 지혜로운, 은은한, 상큼한, 연약한, 환한, 새콤한, 빛나는, 가벼운, 미숙한, 경고의, 경솔한, 불안한, 신경질적인
초록	산, 풀, 채소, 나무, 자연, 풋사과, 녹차, 녹십자, 군인, 잔디밭, 비상구	침착한, 평온한, 조화로운, 협조적인, 배려심 있는, 싱그러운, 싱싱한, 청결한, 이해심 있는, 수용적인, 깨끗한, 편안한, 안정된, 쓴맛의, 미숙한, 미경험의
파랑	비, 지구, 신호, 물, 얼음, 바다, 하늘, 청바지, 유리, 블루 먼데이blue Monday	차가운, 깨끗한, 시원한, 깊은, 맑은, 지적인, 이성적인, 평화로운, 자기반성의, 청량감 있는, 냉정한, 고독한, 슬픈, 소극적인, 내성적인, 실망한, 젊은
보라	보석, 오로라, 자수정, 라벤더, 포도, 가지, 제비꽃, 승려	의지력 있는, 우아한, 예술적인, 고귀한, 고급스러운, 여성스러운, 신비로운, 상상력이 있는, 불안한, 고독한, 자만한, 정서불안의
갈색	나무, 밤, 빵, 초콜릿, 커피, 가을, 땅, 고가구, 낙엽	안정적인, 클래식한, 소박한, 보수적인, 침착한, 편안한, 구수한, 점잖은, 씁쓸한, 고독한, 무게 있는, 그윽한, 올드한, 촌스러운
흰색	눈, 구름, 웨딩드레스, 백곰, 병원, 의사, 설탕, 구급차, 우유	깨끗한, 빛나는, 아름다운, 순결한, 순수한(순진한), 청결한, 결백한, 위생적인, 밝은, 경박한, 긴장감 있는, 경계심 있는
회색	흐린 하늘, 잿더미, 도로, 도시, 시멘트, 건물, 은(실버), 암벽, 안개, 재, 쥐	도시적인, 보수적인, 지적인, 기계적인, 남성적인, 냉정한, 딱딱한, 세련된, 멋진, 불안한, 음기 있는, 애매한, 우울한
검은색	어두운, 아스팔트, 악마, 밤, 도둑, 까마귀, 핸드폰, 선글라스, 머리카락	도회적인(모던한), 세련된(멋진), 절대적인, 격조 높은, 고급 상품의, 어두운(암흑의), 불길한, 적막한, 불안한, 음기의, 무서운, 멋진, 음침한, 죽음

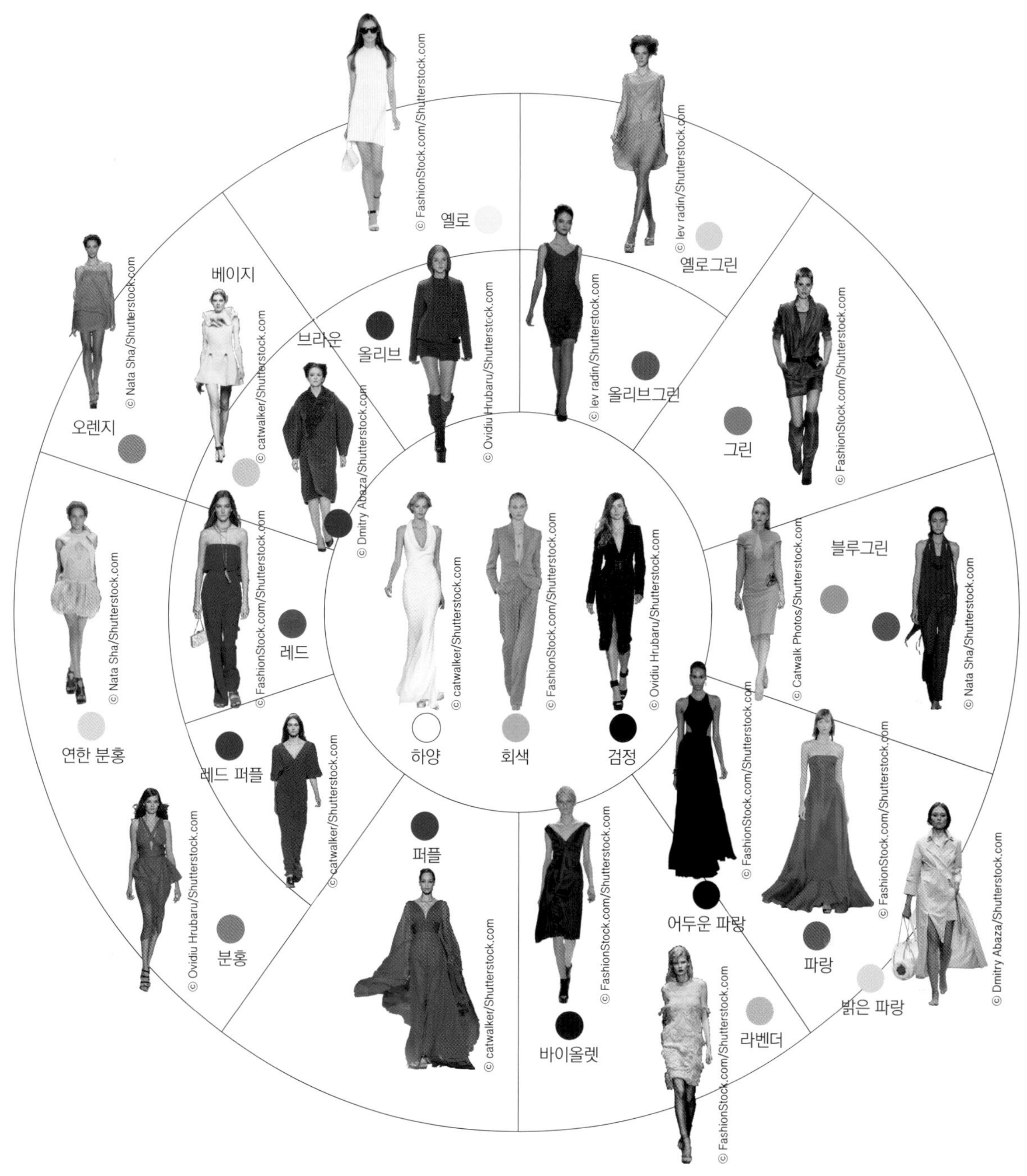

그림 9-2 패션에 나타난 색상

톤에 의한 디자인 발상

색에서 명도와 채도는 확연히 구별되는 속성이지만, 사람이 색을 지각할 때는 복합적인 상호관계에서 둘을 함께 지각하게 된다. 따라서 3가지 속성 중 특정한 명도와 채도의 강약, 농도의 정도에 따른 위치에서 분류된 톤Tone(그림 9-3)이 결정되며, 각 색의 톤을 색상면이라 하고, 여러 색의 색상면을 모은 것을 색입체라고 한다.

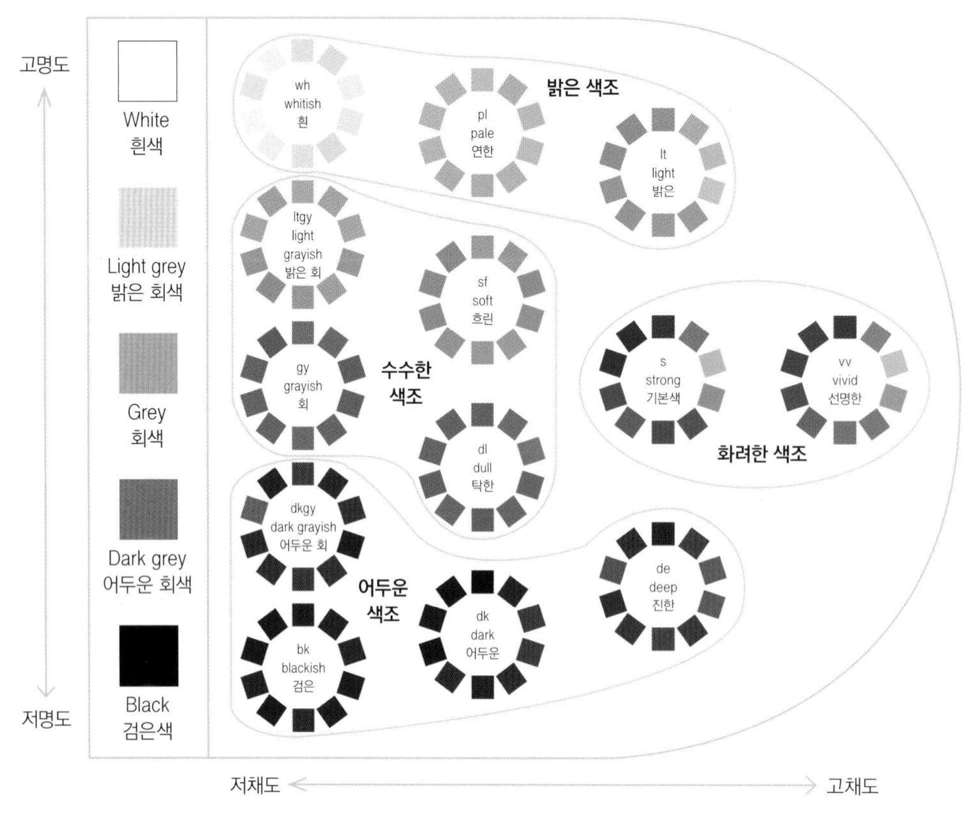

그림 9-3 톤 차트(한국공업규격)

톤을 크게 4가지로 분류하면 명청색조(밝은 색조)tint color, 순색조(화려한 색조)pure color, 중간색조(수수한 색조)moderate color, 암청색조(어두운 색조)shade color로 나눌 수 있다. 밝고 맑은 명청색조는 그룹표의 상단에 있는 화이티시 톤whitish tone, 페일 톤pale tone, 라이트 톤light tone으로 나누어지며, 순색조는 비비드 톤vivid tone, 스트롱 톤strong tone으로 분류된다. 중간색조는 소프트 톤soft tone, 덜 톤dull tone, 라이트 그레이시 톤light grayish tone, 그레이시 톤grayish tone으로 나누어지며, 어둡고 점잖은 암청색조는 다크 그레이시 톤dark grayish tone, 디프 톤deep tone, 다크 톤dark tone, 블래키시 톤blackish tone으로 나누어진다.

색의 채도와 명도에 따른 고유한 느낌을 살펴보면, 고명도·고채도로 갈수록 밝고 경쾌한 느낌이 들고, 저명도·저채도일수록 어둡고 우울한 느낌이 표현된다(그림 9-4). 톤 분류에 따라 색을 나타내면 색채를 쉽게 기억할 수 있으며 색상의 범위를 빨리 파악할 수 있다. 색채는 색상과 톤이라는 2가지 속성으로 다루어지기 때문에 톤을 잘 이해하면 색의 조화를 쉽게 이해할 수 있다.

화려한 색조 : 비비드 톤, 스트롱 톤

화려한 색조pure tone는 비비드vivid(선명한) 톤과 스트롱strong(기본색) 톤을 말하며, 이들은 채도가 매우 높은 순색들로 구성되어 있다. 색을 통해 대담한 표현, 팽팽한 긴장감, 자유분방함을 강조하는 스타일에 적합하며, 자극적인 메시지를 전달하는 데 효과적이다. 선명한, 명쾌한, 대담한, 남성적인, 과감한, 활동적인, 강한, 자극적인 이미지를 표현하는 디자인 발상에 많이 사용된다.

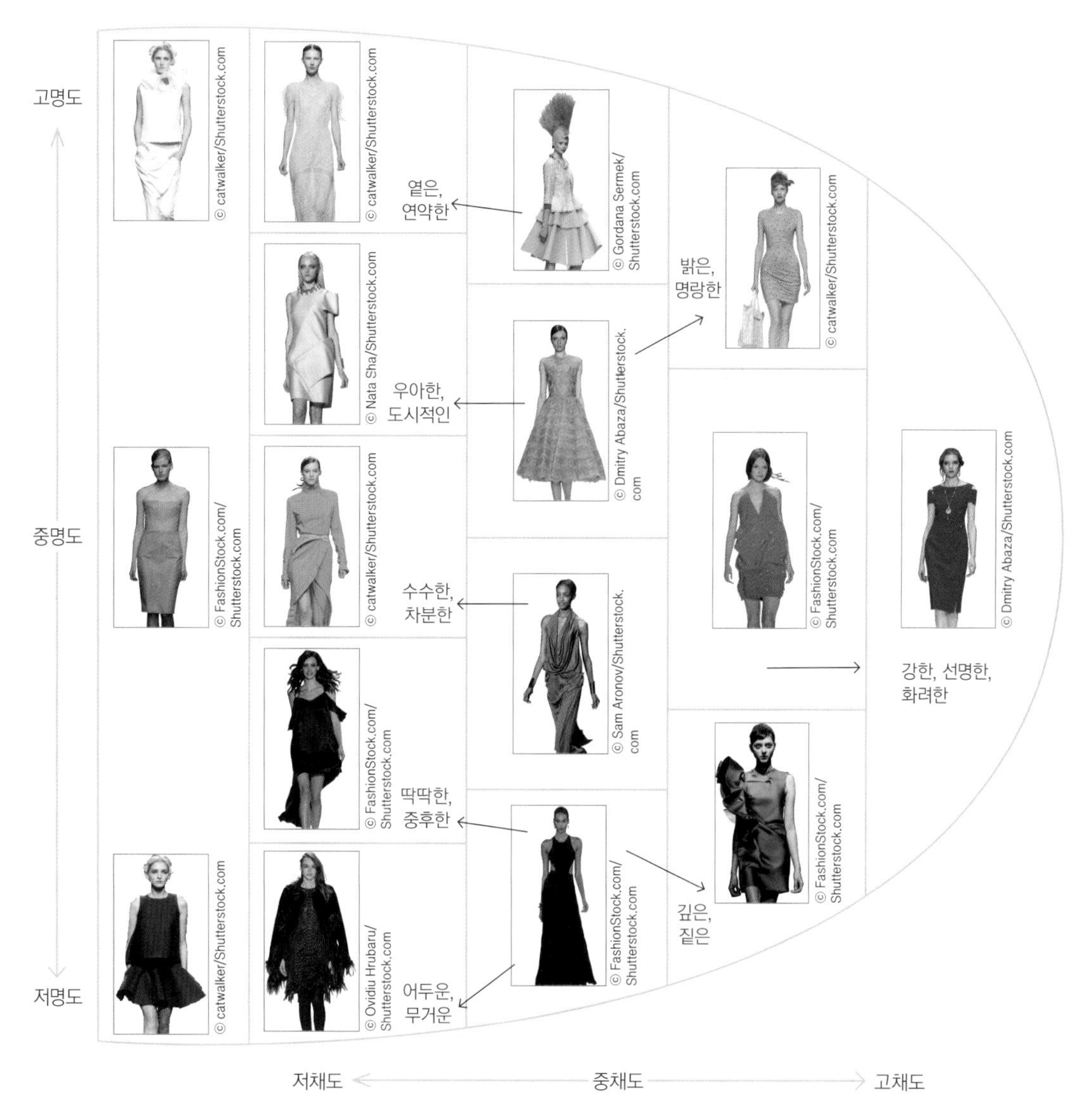

그림 9-4 톤에 따른 색 이미지

그림 9-5 비비드

그림 9-6 스트롱

밝은 색조 : 화이티시 톤, 페일 톤, 라이트 톤

밝은 색조[tint tone]는 화이티시[whitish tone](흰) 톤, 페일[pale](연한) 톤, 라이트[light](밝은) 톤과 같이 흰색이 많이 가미되어 채도는 낮고 명도가 높은 톤으로 구성되어 있다. 화이티시 톤과 페일 톤은 밝고 약한 톤으로 깨끗한, 부드러운, 가벼운, 섬세한 이미지를 표현하는 디자인 발상에 주로 사용된다. 색 자체가 아주 연하기 때문에 반대색을 배색해도 강한 느낌이 없어 고급스러운 배색 효과를 나타낼 수 있으며, 특히 한색 계통의 색은 유리 같은 느낌을 준다. 따라서 밝은 색조는 부드러운, 귀여운, 여성적인, 투명한, 밝은, 가벼운, 조용한, 연약한, 산뜻한, 여유로운 이미지를 표현하는 디자인 발상에 효과적으로 사용된다. 때로는 의외의 시크하고 모던한 디자인 발상에 사용되어 미래지향적이고 세련된 이미지 표현하기도 한다.

그림 9-7 화이티시

그림 9-8 페일

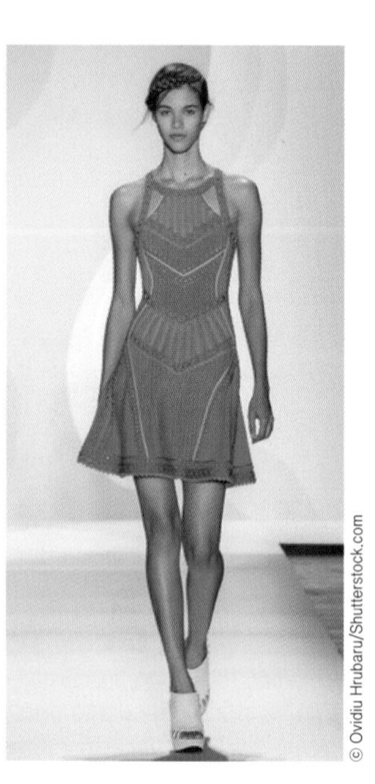

그림 9-9 라이트

수수한 색조 : 라이트 그레이시 톤, 그레이시 톤, 소프트 톤, 덜 톤

수수한 색조[moderate tone]는 라이트 그레이시[light grayish](밝은 회) 톤, 그레이시[grayish](회) 톤, 소프트[soft](흐린) 톤, 덜[dull](탁한) 톤으로 구성된, 명도와 채도가 적절히 낮은 중간 색조이다. 명도와 채도가 적절히 낮기 때문에 색의 느낌이 강하게 드러나지 않아 침착한 느낌과 점잖고 차분하고 고풍스러운 내추럴한 이미지를 표현하며, 회색이 적절히 가미되어 도시적이면서도 화려하지 않아 누구에게나 잘 어울리는 무난하고 대중적인 세련미가 있다. 특히, 라이트 그레이시 톤은 비비드 톤에 밝은 그레이가 가미된 색조로 색이 마치 햇빛에 바랜 것처럼 흐릿하고 환상적이며 산뜻한, 얌전한, 차분한 정적인 이미지를 표현하는 로맨틱한 포멀웨어의 디자인 발상에 사용하면 효과적이다. 따라서 수수한 톤은 수수한, 소박한, 차분한, 자연스러운, 중성적인, 은근한, 이지적인, 세련된 이미지를 발상하는 데 사용하기에 알맞다.

그림 9-10 라이트 그레이시

그림 9-11 그레이시

그림 9-12 소프트

그림 9-13 덜

어두운 색조 : 디프 톤, 다크 톤, 다크 그레이시 톤, 블래키시 톤

어두운 톤shade tone은 다크 그레이시dark grayish(어두운 회) 톤, 다크dark(어두운) 톤, 디프deep(진한) 톤, 블래키시blackish(검은) 톤으로 구성된 채도와 명도가 낮은 무거운 색조이다. 고급스러운, 중후한, 고풍스러운, 올드한, 격조 있는, 남성적인, 무게감 있는 이미지를 발상하는 데 사용하면 효과적이지만 간혹 캐주얼이나 유행에 민감한 디자인 발상에 사용되어 의외의 독특함과 세련된 이미지를 표현하기도 한다. 이 톤은 화려함이 없고 소박한 느낌이 강하여 어두운,

그림 9-14 다크 그레이시

그림 9-15 다크

그림 9-16 디프

그림 9-17 블래키시

수수한, 남성적인, 견고한, 격조 높은, 안정된, 무거운 이미지를 표현하는 디자인 발상에 주로 사용된다. 다크 톤은 색상 간 구별이 강하지 않으므로 여러 색의 배색도 효과적으로 할 수 있다. 블루 계열의 다크 톤은 남성적인 권위를 나타내는데, 이러한 이유로 다크 블루를 비즈니스웨어에 가장 적합한 색으로 꼽는다.

색채감성에 의한 디자인 발상

색의 3속성은 색채감성과 밀접한 관계가 있으므로, 원하는 이미지를 표현할 때 색의 속성과 관련된 색의 느낌을 고려하면 좀 더 효과적이다. 예를 들면 좋다-싫다와 같은 선호성은 색상과 명도와 관련이 있고, 흥분-침착은 특히 채도와 관련이 있으며, 명랑-우울은 색상과 명도가 감정을 자극하는 데 큰 역할을 하는 것으로 나타났다. 경연성은 톤과 관련이 있고, 화려한-수수한과 같은 현시성은 채도와 톤이 밀접한 관련이 있는 것으로 나타났는데, 이와 같은 3속성을 고려하면 사람의 감성을 반영하고 매력적인 디자인을 표현하는 데 효과적일 것이다. 또 색은 시각뿐만 아니라 인간이 가진 다른 영역의 감각인 오감을 모두 자극하고 불러일으키거나 느낌을 동반하는 현상을 일으키는데, 이를 공감각(共感覺)synesthesia이라고 부른다.

온도감

온도감(따뜻한-차가운)은 색의 따뜻하고 차가운 느낌을 말하는 것으로, 색의 3속성 중 특히 색상의 영향을 많이 받

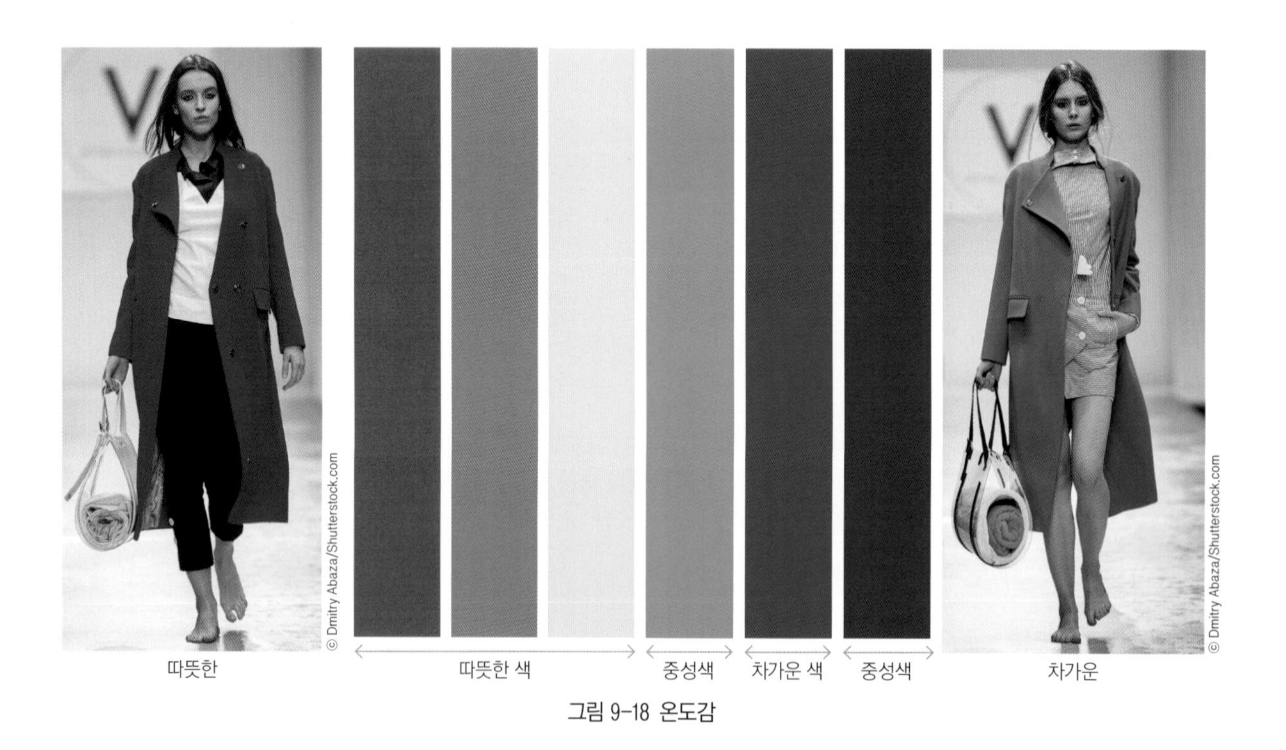

그림 9-18 온도감

는다. 온도감, 즉 색의 한난은 청색계와 적색계의 색상으로 나누어진다. 보통 빨강에서 주황·노랑에 이르는 난색은 따뜻하고 온화하며 정열적이고 자극적이며 흥분시키는 색이고, 파랑이나 남색 같은 블루 계열의 한색은 시원하고 차가우며 안정감이 있고 침착하고 차분해지며 이지적인 색이다. 특히 보라와 초록은 난색과 한색의 중간에 위치하여 온도감에서 중성적인 성향을 띠는데, 이들은 함께 사용되는 상대색에 따라 따뜻하거나 차갑게 느껴진다. 색상의 온도감은 채도가 낮아지고 색기운이 약해지면 자연스럽게 약해지고, 무채색에 가까워지면 거의 사라진다.

경연감

경연감(부드러운-딱딱한)은 색채의 부드럽거나 딱딱한 느낌으로, 색의 명도와 채도 및 톤의 영향을 크게 받는다. 부드러운 느낌은 난색계의 저채도, 고명도, 흰색이 많이 섞인 색에서 나타나며 딱딱한 느낌은 한색계의 저명도, 고채도, 검은색 또는 회색이 많이 섞인 색에서 나타난다. 색채에 의한 경연감은 의복의 전체 이미지뿐만 아니라 연령 및 성별 표현과도 관계가 깊다. 따라서 어리고 젊고 여성적인 이미지를 표현하고자 할 때는 부드러운 느낌의 색채를 사용하는 것이 효과적이며, 고집스럽고 연로하고 강하고 딱딱하고 남성적인 이미지를 표현하고자 할 때는 딱딱한 느낌의 색채를 사용하는 것이 효과적이다.

그림 9-19 경연감

중량감

중량감(가벼운-무거운)은 색채마다 느껴지는 가볍고 무거운 시각적 무게감으로, 명도에 가장 큰 영향을 받는다. 명

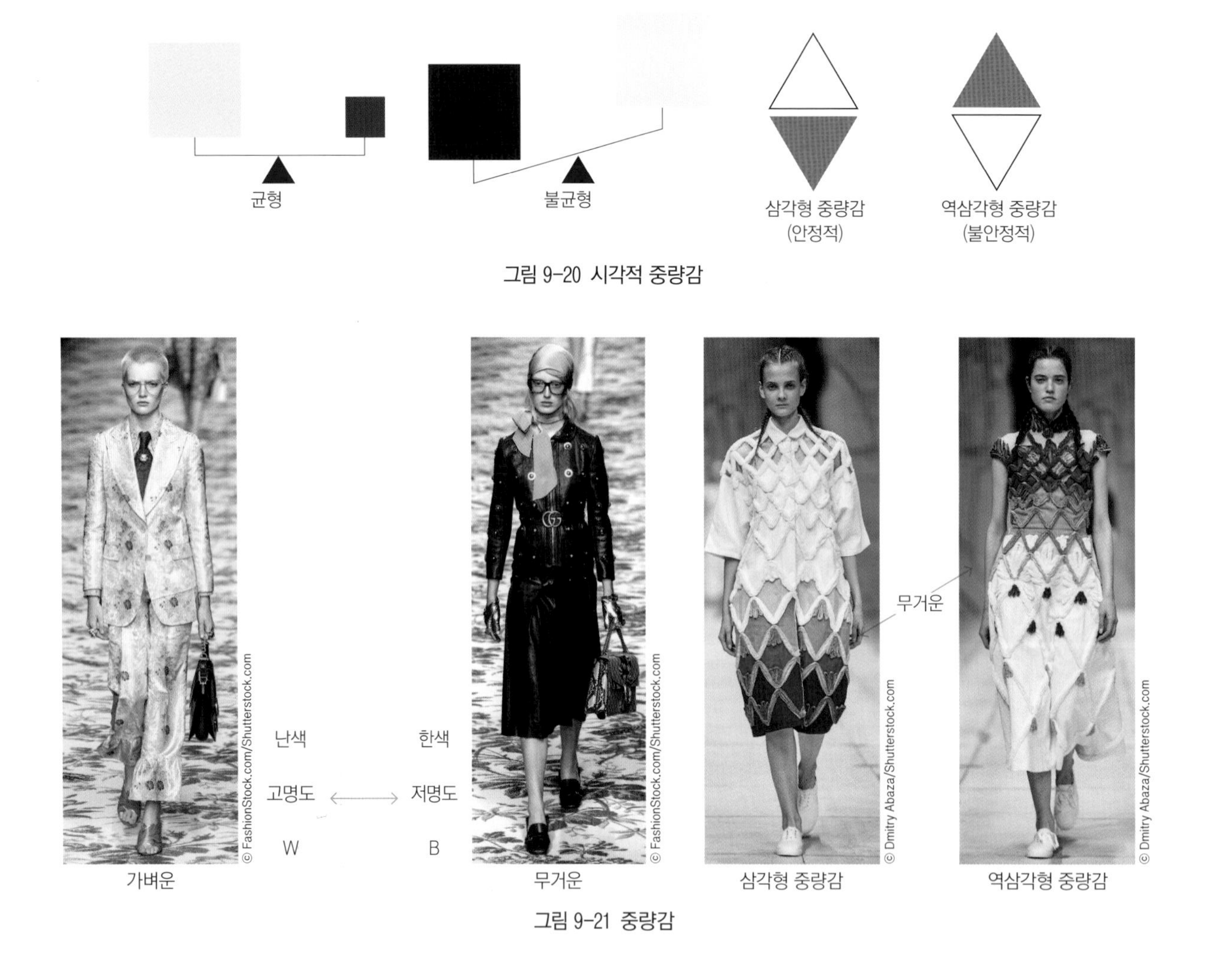

그림 9-20 시각적 중량감

그림 9-21 중량감

도가 높고 밝은 색채는 가벼워 보이고, 명도가 낮고 어두운 색채는 무거워 보인다. 그러므로 밝고 경쾌한 이미지를 표현할 때는 밝은 색채를, 근엄하고 권위적인 이미지를 표현할 때는 어두운 색채를 사용하면 이미지를 효과적으로 전달할 수 있다. 가벼운 색은 무거운 색보다 한결 부드러운 느낌을 준다. 따라서 가벼운 색 아이템을 위에 무거운 색 아이템을 아래에 착용하면 자연스럽고 편안한 안정감을 주고, 무거운 색 아이템을 위에 가벼운 색 아이템을 아래에 착용하면 동적이고 강한 느낌을 줄 수 있으며 불안정함 같은 의외의 흥미로움을 표현할 수 있다.

면적감

면적감(팽창-수축)은 색상에 따라 같은 면적이라도 크기가 달라 보이는 대소감을 말하며, 실제 크기보다 커 보이는 팽창색과 크기보다 작아 보이는 수축색으로 구분하기도 한다. 일반적으로 난색 계열은 면적감이 커서 체형을 커 보이게 하고, 반대로 한색 계열은 면적감이 적어 체형을 축소되어 보이게 하는 착시 효과를 나타낸다. 특히 색상의 면적감은 2가지 이상의 색상을 함께 사용하는 경우 매우 중요한 역할을 하므로 의복 착용 시 이를 잘 활용할 필요가 있다. 면적감은 보통 순색을 기준으로 얘기하며, 명도와 채도가 달라지면 면적감도 변하여 더 날씬하게 또는 더 볼륨감 있어 보이게 하는 착시 효과를 이끌 수 있다.

그림 9-22 면적감

운동감

운동감(진출–후퇴)은 색상에 따라 진출과 후퇴를 보이는 것 같은 거리감을 느끼게 하는 것으로, 진출색과 후퇴색이 있다. 진출색은 일반적으로 난색 계통의 색상으로 특히 채도가 높을 때 강하게 나타나며 앞으로 튀어나와 보이는 색이고, 후퇴색은 뒤로 물러나 들어가 보이는 색으로 주로 한색 계통의 색상들이다. 색상의 운동감은 면적에 대한 착시현상을 일으키므로 진출색은 체형을 확대되어 보이게 하고, 후퇴색은 체형을 축소되어 보이게 한다. 색상의 면적감과 운동감은 상호 관련성이 크다고 할 수 있으므로, 운동감 또한 함께 사용되는 색상에 따라 그 효과가 상승하거나 감소한다.

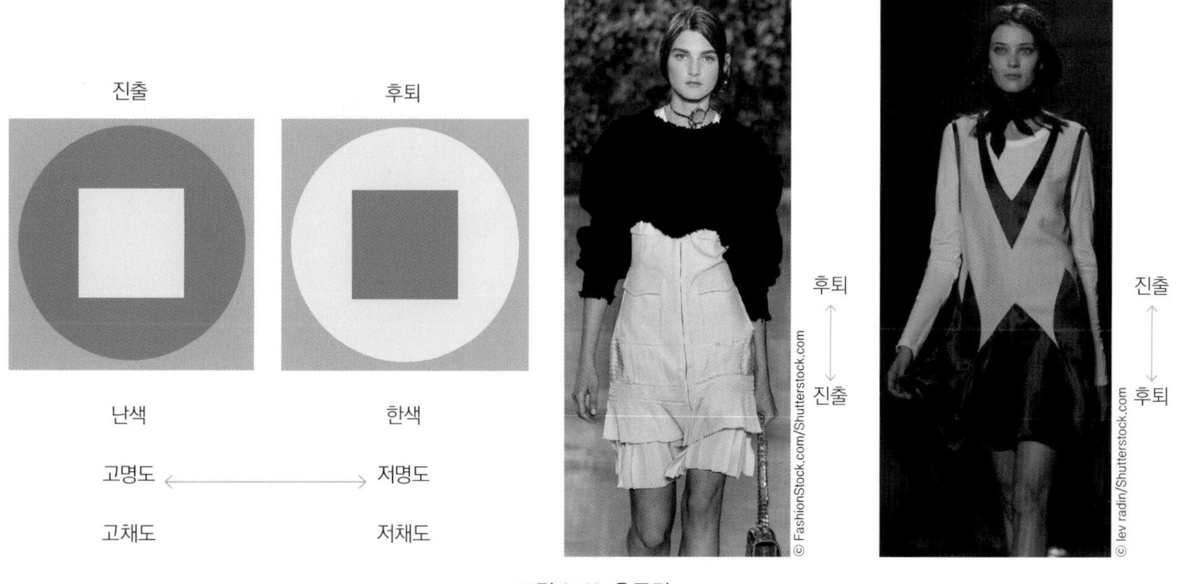

그림 9-23 운동감

색채 이미지 스케일

색에 대한 느낌은 정서적인 면과 기능적인 면을 가지고 있다. 색채 이미지의 경우 명도에 의한 소프트-하드soft-hard와 색상에 의한 웜-쿨warm-cool인자에 의한 2차원으로 이미지 스케일이 형성된다. 채도가 높은 톤은 색상이 변하면서 이미지도 크게 변화하는데, 채도가 낮은 톤은 색상이 변해도 이미지는 크게 변화하지 않는다. 무채색은 소프트-하드축을 움직이며, 흰색에 가까울수록 차가움이 증가한다. 이미지는 말이 아니라 머릿속에 그려지는 영상이기 때문에 색의 이미지를 표현할 경우, 일반적으로 느껴지는 대상의 이미지를 정확하게 전달할 수 있도록 형용사로 표현하는 것이 바람직하다.

명도와 색상에 의한 소프트-하드와 웜-쿨축이 교차하며 형성되는 4개의 블록은 각각 다른 이미지를 나타내는데, 각 이미지를 나타내는 색채 배색과 언어적 표현들을 간략히 나타내면 그림 9-24와 같다. 웜-쿨축은 동적인-정적인Dynamic-Static과 유사한 의미를 가진다.

즉 깨끗한, 맑은, 쿨한, 캐주얼한, 담백한, 젊은, 세련된 등의 어휘들이 미래감cool+soft을, 귀여운, 유쾌한, 캐주얼한, 내추럴한, 산뜻한 등의 어휘들이 친밀감soft+warm을, 다이나믹한, 화려한, 역동적인, 매혹적인, 고전적인 등의 어휘들이 역동감warm+hard을, 남성적인, 중후한, 이지적인, 모던한 등의 어휘들이 신뢰감hard+cool을 표현하는 데 효과적이다.

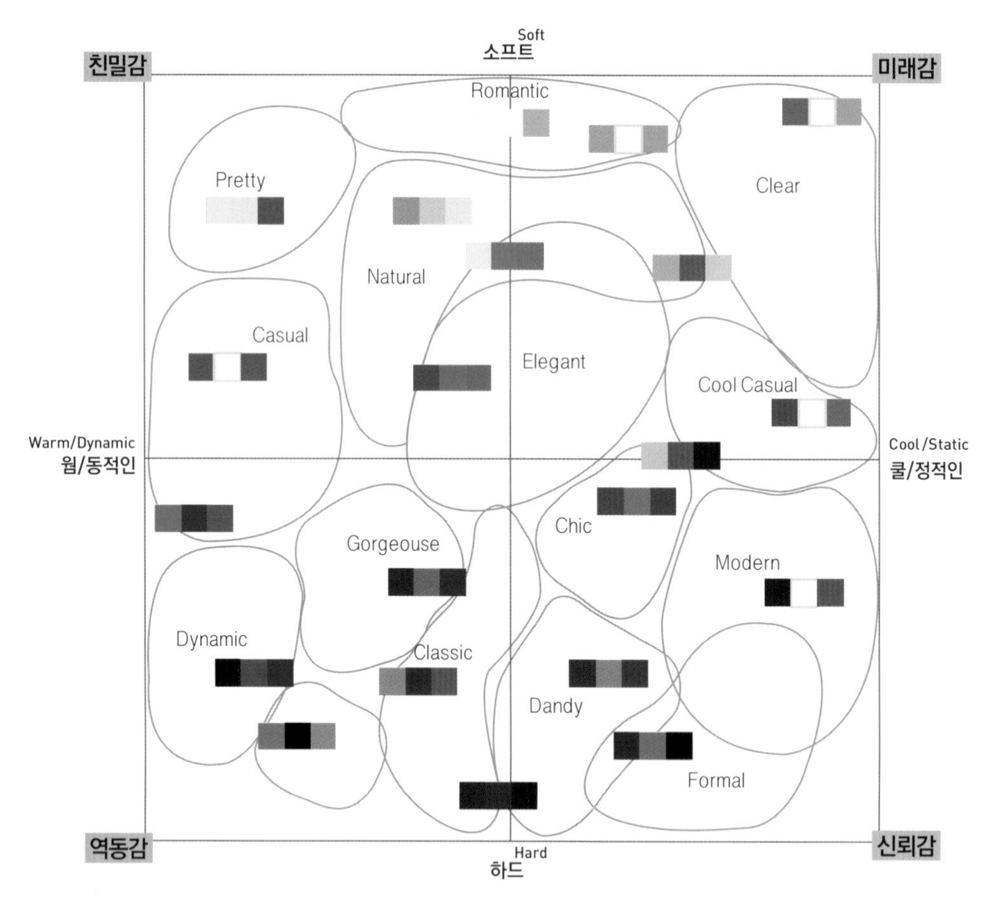

그림 9-24 색채 이미지 스케일

그림 9-25 패션 이미지 스케일

배색에 의한 디자인 발상

패션 디자인에서 색채의 역할은 아주 크다. 배색은 2가지 이상의 색을 서로 조합하여 한 가지 색만으로는 얻을 수 없는 효과를 주는 것이다. 특히, 패션 이미지와 테마를 좀 더 효과적이고 다양하게 표현하기 위해서 색채 배색이 중요한 요소로 사용된다. 색채 배색은 단순히 만드는 것이 아니라 목적에 맞는 감성과 기호를 고려해야 하며, 색채의 3속성과 톤 등의 컬러 시스템을 충분히 이해하고 활용하여 계획해야 한다.

패션 디자인 배색의 기본은, 어떠한 효과를 목적으로 하느냐에 따라 그에 적절한 배색 기법을 적용하는 것이다.

색상 배색

대조되는 성질을 가진 색의 조합을 콘트라스트 배색contrast color coordination이라 하며, 3속성을 기준으로 한 배색과 톤을 기준으로 한 배색이 있다. 색상 차에 의한 콘트라스트 배색은 보색 혹은 반대색으로 대립 관계를 살려 부조화스럽고 저항적이며 어색하지만 개성 있는 젊음과 활력이 느껴지는 두드러진 배색 효과를 나타낸다.

색상 콘트라스트에서 어떤 색과 마주 보고 대립되는 색을 보색이라 하며, 보색의 조합은 가장 강한 대비 효과를 나타낸다. 보색 조합은 대담하고 강렬한 배색 효과를 표현하는 데 효과적이나, 명도와 채도를 조절하여 온화한 느낌의 배색을 할 수도 있다. 어떤 색의 보색과 인접한 색상을 그 색의 반대색이라고 하며 보색 조합보다는 약하지만 반대색 조합 또한 강한 색상 콘트라스트 효과를 나타낸다. 어떤 색과의 거리가 색상환에서 3등분을 이루는 3가지 색의 조합을 3등분triad색상의 조합이라 하는데, 적당하게 분리된 색상의 조합은 명쾌하고 개성 있는 배색 효과를 나타내는 데 효과적이다. 또 색상환에서 4등분한 위치에 있는 4가지 색의 조합을 4등분tetrad 색상의 조합이라고 하는데, 이는 2쌍의 보색을 조합시키는 독특한 배색 조합이다. 6각형, 8각형 등의 도형으로 이루어진 공식으로 배색하는 방법도 있으나, 일반적으로 한 옷차림에 3~5가지 이상의 색이 들어가면 복잡하고 조잡해 보일 수 있으므로 사용에 주의해야 한다.

명도 차에 의한 콘트라스트 배색은 명쾌하고 발랄하며 역동적인 효과를 준다. 채도 차에 의한 콘트라스트 배색은 화려하면서도 침착한 느낌으로 인위적인 배색 효과를 만든다. 톤에 의한 콘트라스트 배색은 톤 차를 살린 배색으로 명도와 채도가 모두 대립된 배색이기 때문에 긴장감이 있으며 복잡한 이미지를 나타낸다.

따라서 강렬한 이미지를 표현하는 디자인 발상에는 색상에 의한 콘트라스트 배색이 효과적이고, 긴장감이 돌며 모던한 이미지를 표현하는 디자인 발상에는 무채색의 명도 차에 의한 콘트라스트 배색이 주로 사용된다. 또 스포츠웨어와 같은 현시성이 요구되는 의복에는 무채색과 유채색의 톤 차에 의한 콘트라스트 배색이 효과적이다.

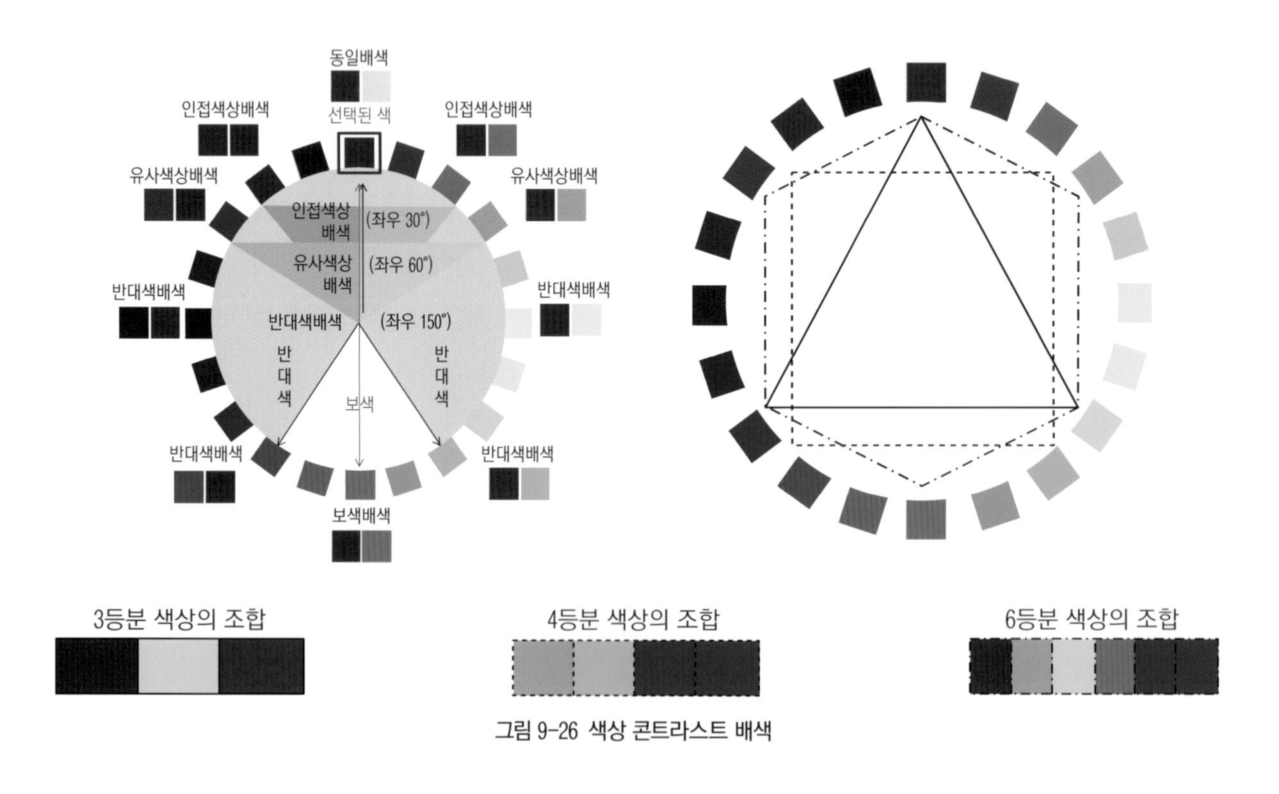

그림 9-26 색상 콘트라스트 배색

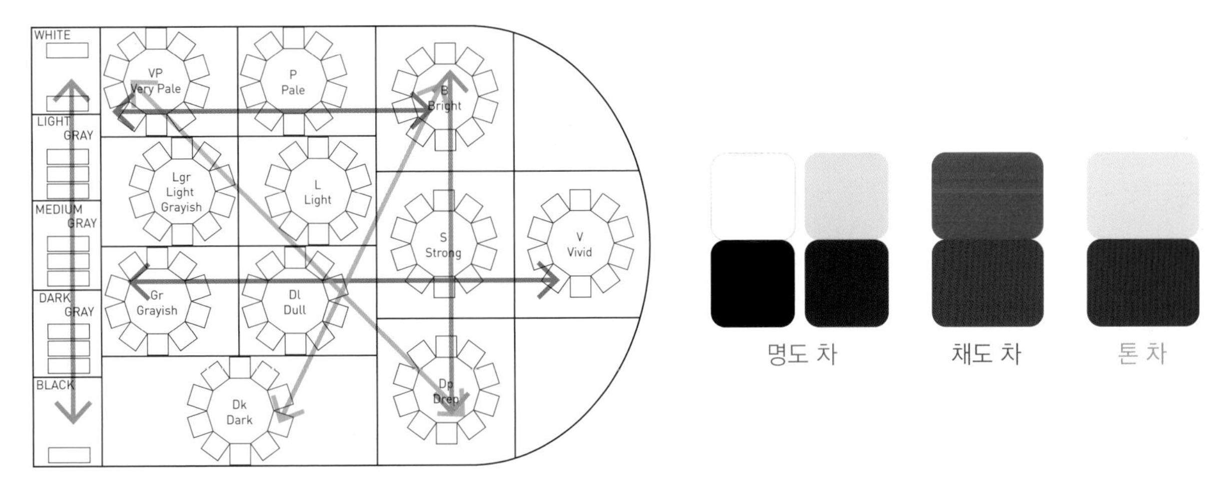

그림 9-27 명도, 채도, 톤 콘트라스트 배색

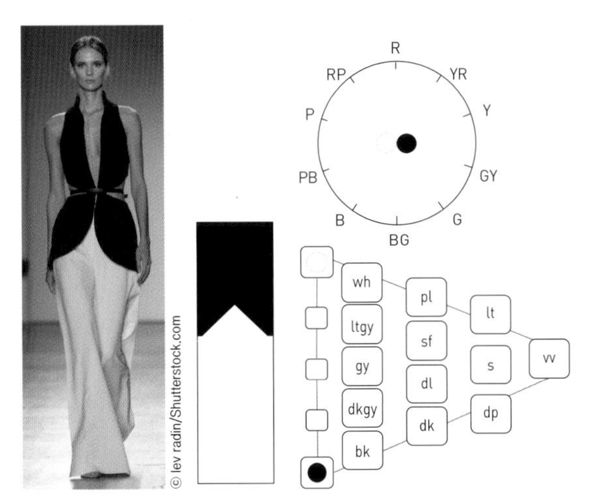

그림 9-28 명도대비(무채색)

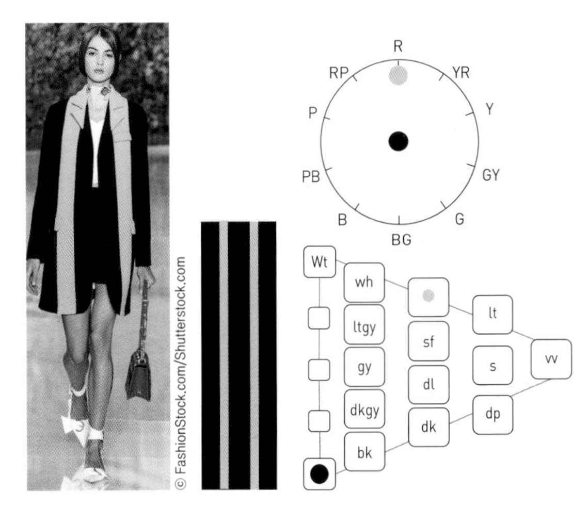

그림 9-29 명도대비(무채색-유채색)

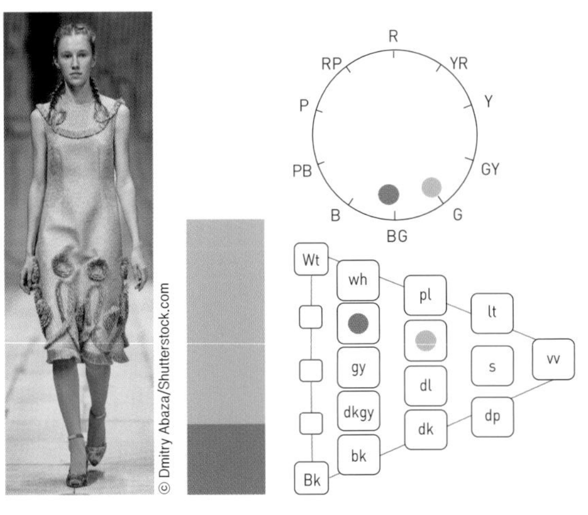

그림 9-30 유사색

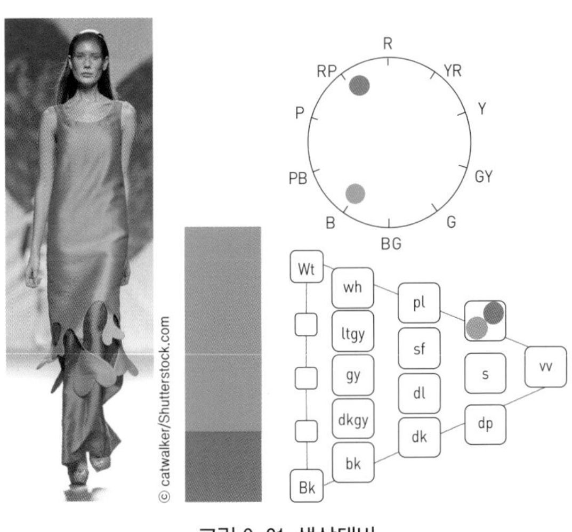

그림 9-31 색상대비

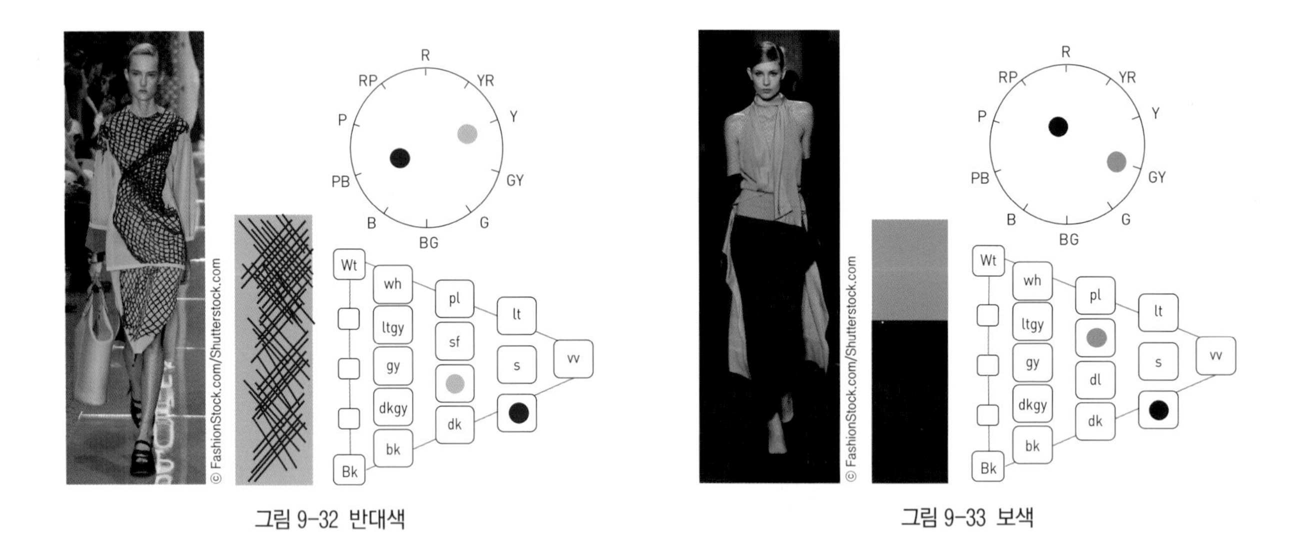

그림 9-32 반대색

그림 9-33 보색

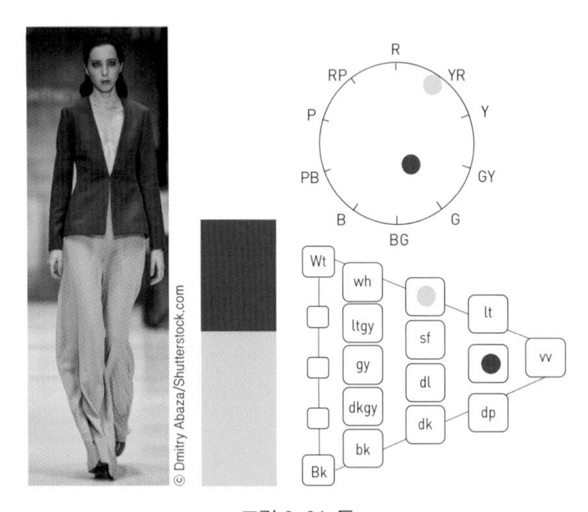

그림 9-34 톤

그림 9-35 색상 & 톤 배색

톤온톤 배색

동일 혹은 유사한 색상의 조합에서 톤의 변화를 살린 배색인 톤온톤 배색tone on tone color coordination은 동계색 혹은 단색상의 조합으로 무난하면서도 정리된 배색 효과를 나타낸다.

톤온톤 배색은 선택한 색상의 톤에 차이를 얼마나 크게 두고 연출하느냐에 따라 잔잔하고 자연스러운 변화를 표현하기도 하고, 깔끔한 변화를 표현하기도 한다. 이 배색은 부드러우며 정리되고 은은한 이미지를 표현하는 디자인 발상에 사용하면 효과적이다.

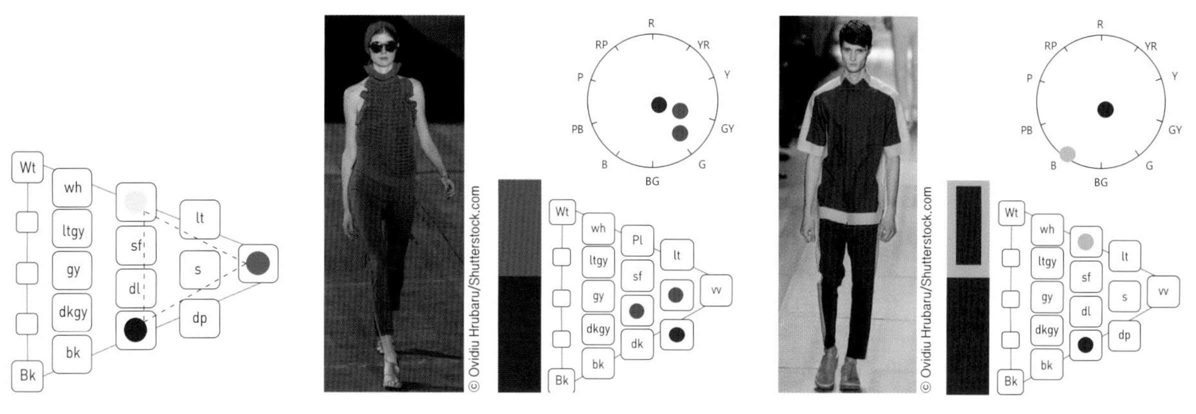

그림 9-36 톤온톤 배색의 예

그림 9-37 톤온톤 배색

톤인톤 배색

동일한 톤에서 색상의 변화를 살린 배색을 톤인톤 배색tone in tone color coordination이라고 한다. 이 배색은 톤의 선택에 따라 강하고 약한, 가볍고 무거운 등의 다양한 이미지를 연출할 수 있지만, 톤이 동일하여 조화로움을 느낄 수 있는 배색이므로 톤의 색상 특성이 그대로 전달된다고 할 수 있다. 예를 들어, 페일 톤으로 유사한 색상의 변화를 살릴 경우에는 카메오cameo 효과(단색조 효과)가 나타나며 연약하고 부드럽게 정리된 배색 효과가 나타나지만, 비비드 톤의 대조되는 색상들로 조화된 경우에는 화려하고 강렬하면서 두드러진 효과가 나타난다.

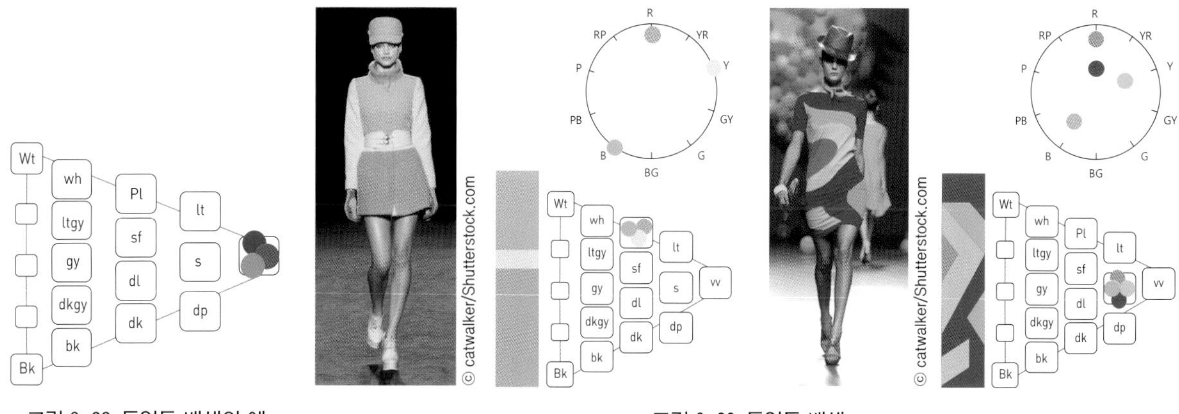

그림 9-38 톤인톤 배색의 예

그림 9-39 톤인톤 배색

악센트 배색

악센트 배색accent color coordination은 배색의 일부에 악센트가 되는 색(악센트 컬러, 강조색)을 조합하여 그것을 중심으로 배색을 통일시키는 것이다. 악센트 컬러는 주로 주된 색과 대조되는 색을 사용하는데, 이 배색은 작은 면적에 대조되는 색을 사용하여 그 부분을 강조함으로써 전체의 이미지를 긴장시키며 두드러진 효과를 나타낸다.

이 배색은 강한 명시성이 요구되는 스포츠웨어, 혹은 단조로운 색의 의복에서 긴장감, 강한 인상 등을 표현하기 위한 디자인 발상에 사용하면 효과적이다. 일반적으로 착용자의 신체적 장점을 부각시키는 위치에 사용되지만, 신체적 단점에 눈길이 가는 것을 막기 위해 다른 위치에 강렬하게 사용하여 시선을 사로 잡는 배색으로 유용하게 활용할 수 있다.

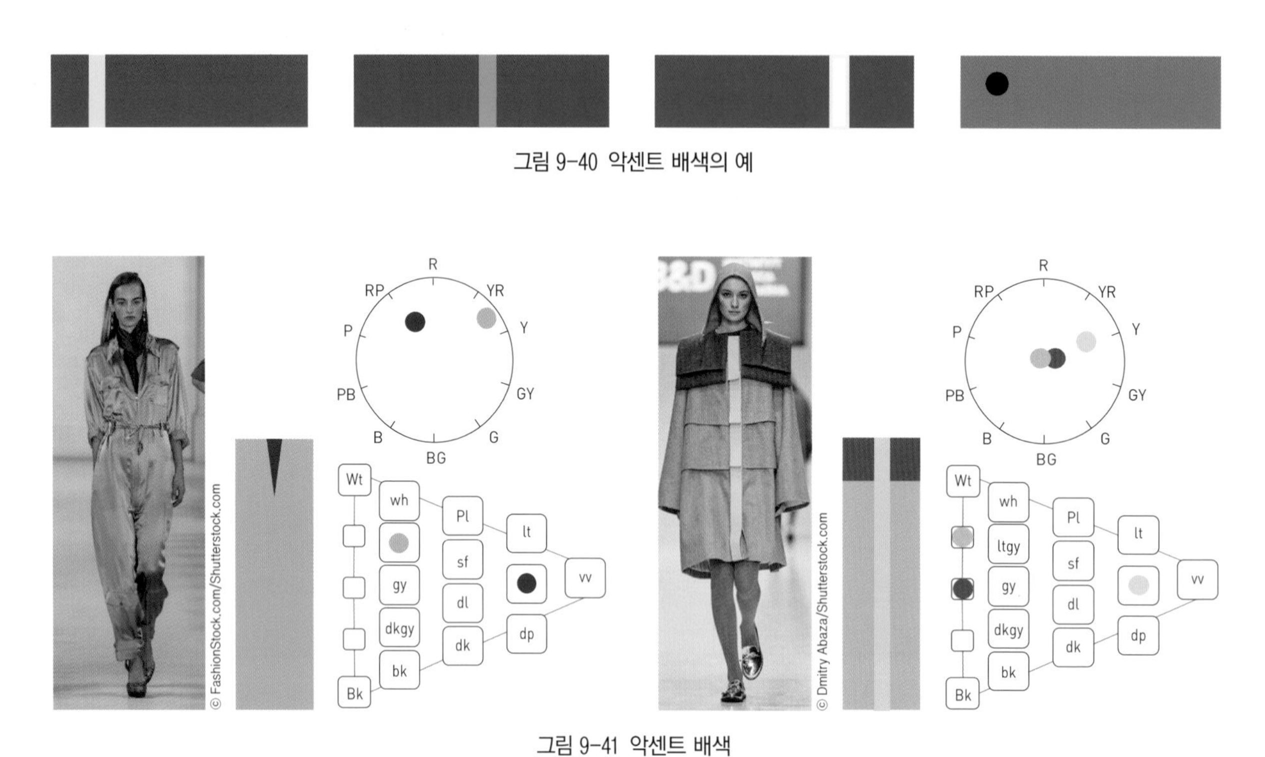

그림 9-40 악센트 배색의 예

그림 9-41 악센트 배색

세퍼레이션 배색

배색의 중간에 각 색의 효과를 두드러지게 하거나 완충시키기 위하여 세퍼레이션 컬러를 넣어 이미지를 바꾸는 것을 세퍼레이션 배색seperation color coordination이라고 한다. 예를 들어, 보색끼리의 경우 세퍼레이션 컬러가 강한 배색을 안정시키는 역할을 하며, 반대로 두 색이 매우 유사한 경우에는 세퍼레이션 컬러를 이용하면 두 색이 분리되어 각 색의 효과가 높아진다.

이 경우 두 색 사이에 넣는 색은 무채색이나 뉴트럴 컬러와 진하지 않은 색, 어두운색 등이 적합하지만 명도에 의하여 색 자체의 효과가 커지는 경우가 있으므로 배색되는 상대 색들과의 조화를 신중하게 고려해야 한다.

뚜렷한 이미지를 표현하는 디자인에는 흰색, 긴장된 이미지를 표현하는 디자인에는 검은색, 혹은 명쾌한 이미

그림 9-42 세퍼레이션 배색의 예

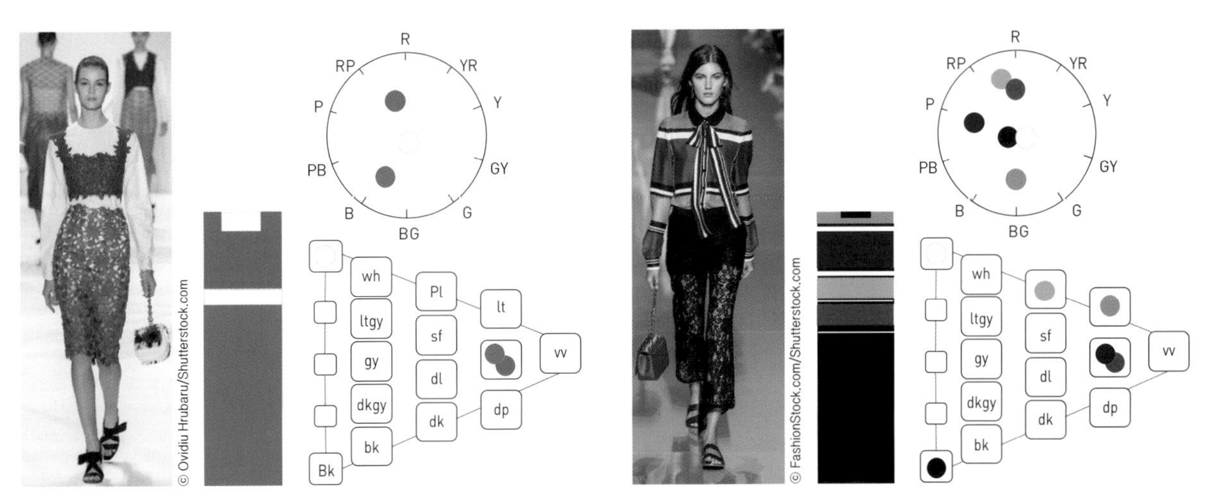

그림 9-43 세퍼레이션 배색

지를 표현하는 디자인에는 적용된 색을 분리시킬 수 있는 강한 색을 세퍼레이션 컬러로 사용하면 더욱 효과적이다.

그러데이션 배색

여러 색을 단계적으로 서서히 변화시킨 것을 그러데이션 배색gradation color coordination이라 하며, 이 배색은 시선을 일정한 방향으로 유인한다. 그러데이션의 종류에는 색상, 명도, 채도의 변화를 살린 그러데이션이 있으며, 이들은 리듬감이 있고 시선의 움직임을 자연스럽게 유도하는 효과를 표현하고자 하는 디자인 발상에 주로 사용된다.

그러데이션 배색을 표현하는 방법으로는 스며들거나 번지는 염색법을 사용하는 방법, 조각조각을 이어 색의 자연스러운 변화를 보여주는 방법, 무늬의 크기 및 밀도의 변화를 사용하여 자연스러운 그러데이션을 표현하는 방법 등이 다양하게 활용된다.

그림 9-44 그러데이션 배색의 예

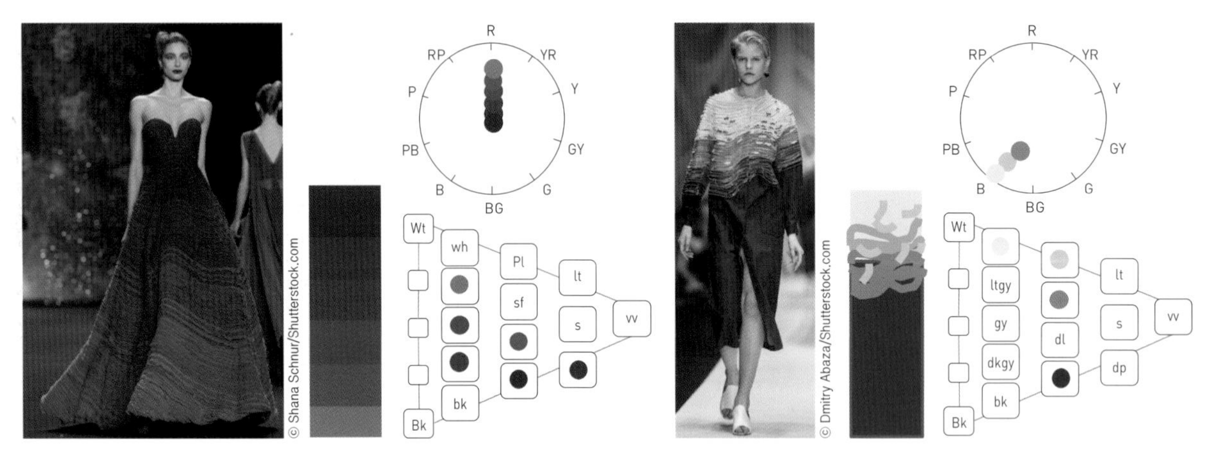

그림 9-45 그러데이션 배색

콤플렉스 배색

자연이 만들어내는 친숙한 배색에 비하여 의외적인 배색으로, 인공적으로 만들어져 의외성을 띠는 복잡한 배색을 콤플렉스 배색complex color coordination이라고 한다.

여기서 자연스러운 배색이라 함은 일반적으로 눈에 익은 배색으로, 같은 계열의 배색이나 혹은 같은 톤의 배색과 같이 통일감이 있다. 그러나 콤플렉스 배색은 색상의 계열도 다르면서 톤도 반대로 적용되어 다소 어색하게 보인다. 예를 들면 차가운 계열의 페일 톤과 따뜻한 계열의 다크 톤의 배색과 같이 일반적인 배색에서 볼 수 없는 인위적인 느낌이 드는 배색으로, 익숙하지 않은 색상의 조합으로 인하여 자연스러움이나 편안함보다는 파격적이고 독특한 실험정신을 나타내며 어색하지만 매력 있는 개성미를 표현하는 배색이라고 할 수 있다.

일반적으로 의복에서 대다수의 색의 조합은 어울리는 것을 전제로 하며, 이러한 인위적이고 익숙하지 않은 배색이 어느 정도 시간이 흐름에 따라 어색하지 않고 새로운 감성으로 받아들여지면 콤플렉스 배색이라고 한다.

그림 9-46 콤플렉스 배색의 예

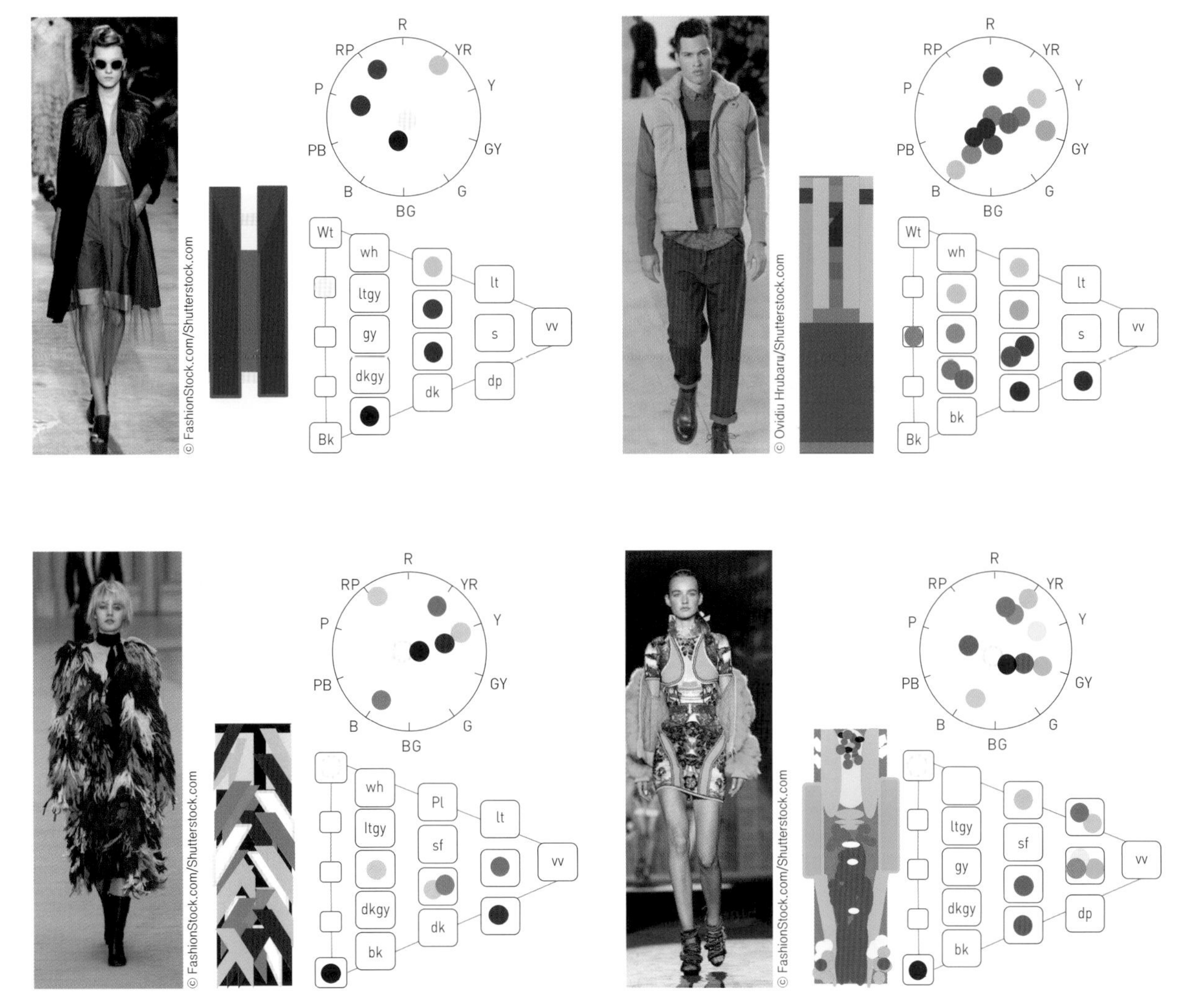

그림 9-47 콤플렉스 배색

한국 산업 표준 색이름

색	먼셀기호(H V/C)	계통 색이름	관용 색이름	색	먼셀기호(H V/C)	계통 색이름	관용 색이름
	2.5R 9/2	흰분홍	벚꽃색		7.5Y 8.5/12	노랑	레몬색
	2.5R 8/6	연한 분홍(연분홍)	카네이션핑크		7.5Y 4/6	녹갈색	참다래색
	2.5R 3/10	진한 빨강(진빨강)	루비색(크림슨)		10Y 6/10	진한 노란 연두	황녹색
	5R 8/4	흐린 분홍	베이비핑크		10Y 4/6	녹갈색	올리브색
	5R 5/14	밝은 빨강	홍색		2.5GY 3/4	어두운 녹갈색	국방색
	5R 5/12	밝은 빨강	연지색		5GY 7/10	연두	청포도색
	5R 4/14	선명한 빨강	딸기색		5GY 5/8	진한 연두	풀색
	5R 4/12	빨강	카민		5GY 4/4	탁한 녹갈색	쑥색
	5R 3/10	진한 빨강(진빨강)	장미색(자두색)		5GY 3/4	어두운 녹갈색	올리브그린
	5R 3/6	탁한 빨강	팥색		7.5GY 7/10	연두	연두색
	5R 2/8	진한 빨강(진빨강)	와인레드		7.5GY 5/8	진한 연두	잔디색
	7.5R 8/6	연한 분홍(연분홍)	복숭아색		7.5GY 4/6	탁한 초록	대나무색
	7.5R 7/8	분홍	산호색		10GY 8/6	연한 녹연두	멜론색
	7.5R 5/16	밝은 빨강	선홍		2.5G 9/2	흰 초록	백옥색
	7.5R 5/14	밝은 빨강	다홍		2.5G 4/10	초록	초록
	7.5R 4/14	빨강	빨강		5G 5/8	밝은 초록	에메랄드그린
	7.5R 4/12	빨강	토마토색		7.5G 8/6	흐린 초록	옥색
	7.5R 3/12	진한 빨강(진빨강)	사과색(진홍)		7.5G 3/8	초록	수박색
	7.5R 3/10	진한 빨강(진빨강)	석류색		10G 3/8	초록	상록수색
	7.5R 3/8	진한 빨강(진빨강)	홍차색		7.5BG 3/8	청록	피콕그린
	10R 7/8	노란 분홍	새먼핑크		10BG 3/8	청록	청록
	10R 5/16	선명한 빨간 주황	주색		5B 7/6	연한 파랑(연파랑)	물색
	10R 5/14	빨간 주황	주홍		7.5B 7/8	연한 파랑(연파랑)	하늘색
	10R 3/10	빨간 갈색(적갈색)	적갈(대추색)		7.5B 6/10	밝은 파랑	시안
	10R 3/6	탁한 적갈색	벽돌색		7.5B 4/10	파랑	세룰리안블루
	2.5YR 6/14	주황	주황		10B 8/6	연한 파랑(연파랑)	파스텔블루
	2.5YR 6/12	주황	당근색		10B 8/4	흐린 파랑	파우더블루
	2.5YR 5/14	진한 주황(진주황)	감색[과일]		10B 8/2	밝은 회청색	스카이그레이
	2.5YR 5/12	진한 주황(진주황)	적황		10B 4/8	파랑	바다색
	2.5YR 4/8	갈색	구리색		2.5PB 9/2	흰 파랑	박하색
	2.5YR 3/4	탁한 갈색	코코아색		2.5PB 4/10	파랑	파랑
	2.5YR 2/4	어두운 갈색	고동색		2.5PB 2/6	진한 파랑(진파랑)	프러시안블루
	5YR 8/8	연한 노란 분홍	살구색		2.5PB 2/4	어두운 파랑	인디고블루
	5YR 4/8	갈색	갈색		5PB 6/2	회청색	비둘기색
	5YR 3/6	진한 갈색	밤색		5PB 3/10	파랑	코발트블루
	5YR 2/2	흑갈색	초콜릿색		5PB 3/6	탁한 파랑	사파이어색
	7.5YR 8/4	흐린 노란 주황	계란색		5PB 2/8	남색	남청
	7.5YR 7/14	노란 주황	귤색		5PB 2/4	어두운 남색	감(紺)색
	7.5YR 6/10	진한 노란 주황	호박색[광물]		7.5PB 7/6	연한 보라(연보라)	라벤더색
	7.5YR 6/6	탁한 노란 주황	가죽색		7.5PB 2/8	남색	군청
	7.5YR 5/8	밝은 갈색	캐러멜색		7.5PB 2/6	남색	남색
	7.5YR 3/4	탁한 갈색	커피색		10PB 2/6	남색	남보라
	7.5YR 2/2	흑갈색	흑갈		5P 8/4	연한 보라(연보라)	라일락색
	10YR 9/1	분홍빛 하양	진주색		5P 3/10	보라	보라
	10YR 7/14	노란 주황	호박색[채소]		5P 3/6	탁한 보라	포도색
	10YR 6/10	밝은 황갈색	황토색		5P 2/8	진한 보라(진보라)	진보라
	10YR 5/10	노란 갈색(황갈색)	황갈		5RP 5/14	밝은 자주	마젠타
	10YR 5/6	탁한 황갈색	호두색		7.5RP 5/14	밝은 자주	꽃분홍
	10YR 4/4	탁한 갈색	점토색		7.5RP 5/12	밝은 자주	진달래색
	10YR 2/2	흑갈색	세피아		7.5RP 3/10	자주	자주
	2.5Y 8.5/4	흐린 노랑	베이지		10RP 8/6	연한 분홍(연분홍)	연분홍
	2.5Y 8/14	진한 노랑(진노랑)	해바라기색		10RP 7/8	분홍	분홍(로즈핑크)
	2.5Y 8/12	진한 노랑(진노랑)	노른자색		10RP 2/8	진한 적자색	포도주색
	2.5Y 7/6	연한 황갈색	금발색		N9.5	하양	하양(흰색)
	2.5Y 7/2	회황색	모래색		N9.25	하양	흰눈색
	2.5Y 5/4	탁한 황갈색	카키색		N8.5	밝은 회색	은회색
	2.5Y 4/4	탁한 갈색	청동색		N6	회색	시멘트색
	2.5Y 3/4	어두운 갈색	모카색		N5	회색	회색
	5Y 9/4	흐린 노랑	크림색		N4.25	어두운 회색	쥐색
	5Y 9/2	흰 노랑	연미색(상아색)		N2	검정	목탄색
	5Y 9/1	노란 하양	우유색		N1.25	검정	먹색
	5Y 8.5/14	노랑	노랑(개나리색)		N0.5	검정	검정(검은색)
	5Y 8.5/10	노랑	병아리색				금색
	5Y 8/12	노랑	바나나색				은색
	5Y 7/10	밝은 황갈색	겨자색				

DESIGNER STORY :

이브 생 로랑 Yves Saint Laurent	폴 스미스 Paul Smith
패션과 예술(아트)을 융합시키며 다양성을 추구한 모드의 제왕이자 여성의 팬츠 슈트(스모킹)로 패션의 남녀평등을 지향한 디자이너	미니멀한 디자인에 살아있는 컬러를 통해 위트와 유머 있는 클래식 스타일을 추구하는 가장 영국적인 디자이너
■ 1936~. 알레지 오랑 출신 ■ 1953. 패션 공부를 위해 파리 입성, 국제 양모사무국 주최 콩클에서 1위로 입선. 크리스티앙 디오르의 제자가 됨 ■ 엘레강스에 기초를 두고 심플하면서도 지적으로 우아한 여성다움 표현에 일관 ■ '모드의 제왕'이라는 칭호 얻음 ■ 전통적인 엘레강스라는 관념 대신에 샤름(매력)이라는 개념을 도입한 최초의 디자이너 ■ 독창적인 모드의 창조자는 아니었지만 검은색처럼 칙칙한 색을 다루는 솜씨가 뛰어나고 웨어링(옷 입는 방법)에 탁월한 재능을 발휘 ■ 자신의 예술 세계에 그림의 영역을 끌어들임 : 몬드리안 Mondrian, 피카소 Picasso, 브라크 Brapue, 마티스 Matisse, 워홀 Warhol, 워셀만 Wesselmann, 고야 Goya 벨라스케즈 Velazquez, 메이 Mais 등 ■ 1957. 21세에 디오르 하우스 아트 디렉터가 됨 ■ 1965. 몬드리안 룩 : 모드와 아트를 융합시킨 최초의 작품으로 주목받음 ■ 1966. 여성을 위한 턱시도 슈트인 '르 스모킹', 여성의 가슴이 비치는 '시스루 블라우스', 팝아트와 접목한 드레스를 처음 발표하며 패션계 석권 ■ 1988. 큐비즘파의 화가들에 대한 예찬을 테마로 하고 효과적인 색채 이미지와 명화들을 패션에 접목하여 걸어다니는 명화 컬렉션을 선보임 ■ 멀티컬러의 배색을 통한 색의 향연을 펼침 ■ 2002. 파리 퐁피두센터에서 개최한 디자인 하우스 40주년 기념 패션쇼를 마지막으로 은퇴	■ 1946~. 영국 출신 ■ 탁월한 사업 수단을 가진, 영국에서 가장 상업적으로 성공한 디자이너 ■ 클래식한 영국식 테일러링의 전통을 지키며 디자인의 절제와 재질, 컬러, 재단을 통한 키치를 적절히 포함시켜 전통을 살짝 비튼 '위트 있는 클래식' 선보임 ■ 단순하지만 독특한 코드의 조합으로 단순히 의복을 넘어선 인류 문화의 복합성 제시 ■ 공식성과 독특함, 풍부함과 절제, 전통과 현대 사이의 여러 스타일을 혼합해 다양한 분위기의 실용적인 옷 제안 ■ 폴 스미스의 대표적인 시그니처인 멀티 스트라이프 multi-strip는 독특한 컬러 조합을 보여주며, 공식적이고 클래식한 측면과 즐겁고 표현적인 균형을 나타냄 ■ 폴 스미스의 패션은 현실의 중압감을 초월하고 클래식한 우아함과 자신만의 유니크한 앵글로 시크 Anglo chic의 대명사로 자리매김함 ■ 1976. 폴 스미스 라벨 정식 런칭 ■ 1980년대 이래 영국적 클래식에 독특한 유머와 위트를 겸비한 디자인 감각으로 영국 패션을 부각시킨 디자이너 ■ 1990년에는 아동복, 1994년에는 여성복 런칭, 1987년에는 화장품 출시 ■ 소매 길이가 다른 재킷, 키보드 모양의 커프스 버튼, 생수 브랜드 '에비앙', 자동차 '미니', 카메라 등의 디자인 협업을 통해 대중에게 많이 알려짐 ■ "나의 작업은 항상 영국적인 것을 극대화하는 것에 관한 것이었다."는 말처럼 지극히 영국다움을 추구하는 디자이너

ⓒ Alexander Shtang/Shutterstock.com

ⓒ Eric Koch, Anefo/Wikipedia CC BY-SA 3.0

ⓒ Everett Collection/Shutterstock.com

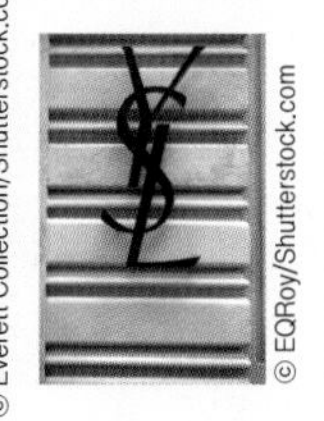

ⓒ EQRoy/Shutterstock.com

ⓒ Featureflash Photo Agency/Shutterstock.com

- **목표 : 마음에 형성된 심상에서 다양한 색을 찾아보고, 그 색의 심리적·조형적 특성을 복합적으로 적용한 창의적 디자인 발상을 통해 색을 활용하는 유연한 발상 능력을 기른다.**
- **준비물 : 패션 잡지, 컬러칩, 가위, 풀, 색연필, 리사이클 의류, 바느질 도구 등**

ACT 9-1 마음속에 떠오르는 색을 그림으로 표현해봅시다.

- 눈을 감고 잠시 명상(3분)하며 마음속에 떠오르는 색을 그대로 그림으로 표현한다. 그림에 나타난 색과 컬러 조합을 컬러칩으로 붙이고 관용색명을 적어본다.
- 색상, 톤, 컬러 배색을 구체적으로 설명하고, 통찰을 통해 느낌(감정, 감각)과 의미를 마음의 언어로 표현한다.
- 조원들과의 피드백을 통해 서로의 느낌을 나눈다.

ACT 9-2 마음속에 연상되는 색의 근원이 되는 사진(Color Image Source)을 컬러 이미지와 스타일을 맵으로 표현하고 테마를 붙여봅시다.

- 마음속에 떠오른 색의 근원이 되는 사진을 중심으로 컬러 이미지 맵을 만들고 이미지에 맞는 패션스타일 사진 1개를 패션 잡지에서 찾아 컬러 이미지 맵 위에 붙여 완성한 후 테마를 정한다. 메인 컬러와 관용컬러명, 제안하고자 하는 컬러 배색을 컬러칩으로 표현한다.
- 컬러 이미지와 스타일 맵에 나타난 색에 대하여 구체적으로 설명하고, 통찰을 통해 자신의 느낌(감정, 감각)과 의미를 적어본다.
- 조원들과의 피드백을 통해 색 표현에 대한 서로의 느낌을 나눈다.

ACT 9-3 콤플렉스 배색에 의한 창의적인 디자인 발상을 해봅시다.

- 준비한 다양한 의류를 복합적으로 사용하여 콤플렉스 배색에 의한 창의적인 디자인을 하나 완성한다.
- 창의적인 디자인 발상을 구체적으로 설명하고, 느낌과 의미를 통찰을 통해 적어본다.
- 피드백을 통해 창의적인 디자인 발상에 대한 서로의 느낌을 나눈다.

ACT 9-1 마음속에 떠오르는 색을 그림으로 표현해봅시다.

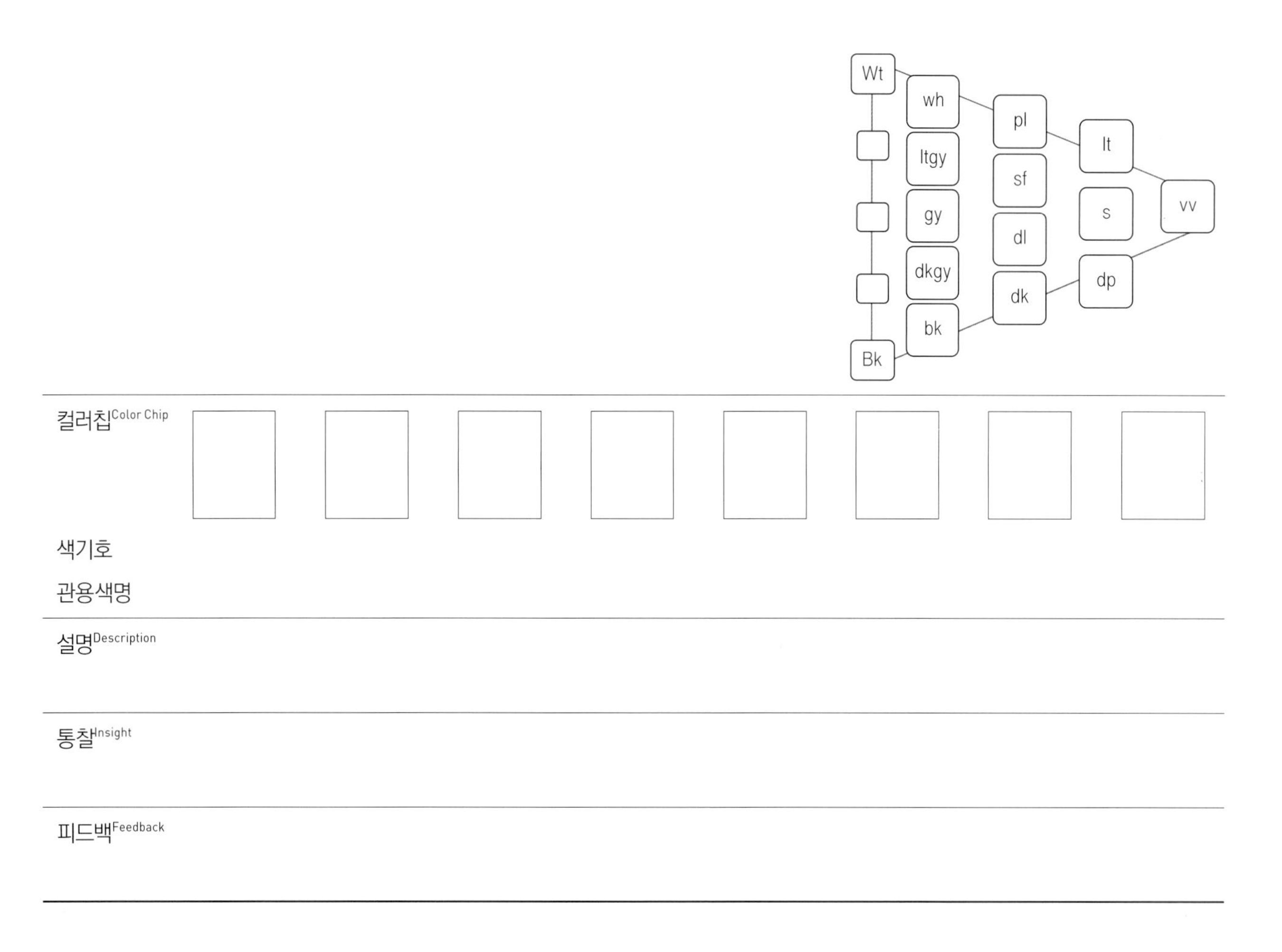

컬러칩Color Chip

색기호

관용색명

설명Description

통찰Insight

피드백Feedback

ACT 9-2 마음속에 연상되는 색의 근원이 되는 사진(Color Image Source)을 컬러 이미지와 스타일을 맵으로 표현하고 테마를 붙여 봅시다.

테마Theme

컬러칩Color Chip

컬러 배색

관용색명

설명Description

통찰Insight

피드백Feedback

ACT 9-3 콤플렉스 배색에 의한 창의적인 디자인 발상을 해봅시다.

설명Description

통찰Insight

피드백Feedback

소재에 의한 디자인 발상

현대 패션은 소비자의 다양한 욕구를 충족시키기 위해 개성화와 차별화를 요구한다. 또한 인간의 감성적이고 시각적인 면이 부각됨에 따라 소재material가 유행과 소비를 선도하게 되었다. 소재는 디자인의 영감을 불러일으키는 요소가 되고, 소재 표면에 변화를 주면 다양한 재질texture이 생겨나게 되어 제품이 차별화·고급화되고 있다.

따라서 오늘날 패션 디자인에서 소재가 차지하는 비중은 점차 높아지고 있다. 심지어 상품 기획에 있어서도 상품의 차별화 수단을 소재에서 구하는 일이 종종 있는 것을 보면 소재의 역할이 더욱 중요해지고 있음을 알 수 있다.

소재는 디자이너의 창조성을 자극하여 새로운 패션의 흐름을 유도하기도 하고, 패션의 새로운 스타일이 소재 개발에 영향을 주기도 하므로 양자가 디자인의 발상과 연계된다고 할 수 있다. 소재의 독창성은 바로 상품의 독창성으로 연결되고 브랜드의 이미지 창조에 중요한 역할을 담당한다.

소재에 의한 디자인 발상은 크게 2가지로 생각할 수 있다. 하나는 소재가 먼저 주어지고 그 소재에 맞는 디자인을 하는 것이다. 기성복 브랜드의 경우 그 시즌의 콘셉트가 정해지면 이미지 맵을 만들고 그 브랜드에 적절한 소재를 아이템과 수량을 계산한 후 소재 발주에 들어간다. 그다음으로 디자이너들에게 소재가 주어져 정해진 콘셉트에 맞는 디자인을 한다. 이때 디자이너들은 소재의 특성을 충분히 파악하기 위해 몇 시간 동안 소재를 만져보고 걸쳐보며 허공에 던져보는 등 여러 가지 시도를 한 다음 디자인에 들어간다.

그 후 디자인을 생각하고 나서 거기에 알맞은 소재를 찾아 선택하게 된다. 디자인에 맞는 적절한 소재를 구하는 데는 많은 시간이 든다. 또 소재에 친숙해지기 위해서는 오랫동안 여러 가지 소재를 다루어보면서 경험을 쌓아야 한다.

의복의 분위기는 재질에 따라 전체 분위기가 좌우된다. 재질 효과는 연령, 성별, 상황, 계절, 감성 등 다양한 측면에서 나타난다. 캐주얼한 느낌은 데님, 면직물 등과 같은 내구성과 실용성이 높은 직물에서 나온다. 우아한 느낌은 벨벳, 실크 등과 같은 섬세하고 고급스러워 보이는 직물에서 나온다. 따라서 재질 효과에 따라 스포티한, 젊은, 세련된, 포멀한, 캐주얼한, 우아한 등의 다양한 느낌이 나타나게 된다.

최근에는 소재의 중량이 가벼워지는 경향이 강해지며 슈퍼라이트의 초경량 소재들이 주목받고 있다. 가벼운 무게와 자연스러운 광택, 섬세한 패턴을 선호하는 소비자들의 복합적인 성향을 과학의 발전으로 실현할 수 있게 된 소재들이 적극적으로 사용되고 있다. 섬유 소재와 가공법에서도 친환경적 관심이 꾸준히 이어지고 있으며, 착용자를 이롭게 하는 소재 활용에 주목하는 점 또한 최근 소재 경향의 중요한 흐름이라 할 수 있다. 따라서 오늘날을 소재 외관에서 오는 미래지향적인 감성과 건강한 소재를 원하는 소비자들의 욕구를 만족시키고 다양한 소재의 결합에서 오는 미묘한 매력과 시각적인 복합감성이 주는 다양성에 기능적인 면을 보강한 멀티 패브릭의 시기라고 볼 수 있다.

이 장에서는 먼저 재질에 의한 특성을 살펴보고, 각 재질을 이용한 디자인 발상에 대해 살펴보고자 한다.

재질의 특성에 의한 디자인 발상

재질texture은 소재의 표면에서 느껴지는 재질감, 재질 효과를 말한다. 즉, 표면의 광택과 부드럽고 거친 정도를 포함하는 표면의 느낌, 투시의 정도, 두께, 유연성 등으로 종합할 수 있으며, 일반적으로 시각과 촉각을 동시에 사용하면 좀 더 정확하게 감지할 수 있다.

재질은 선이나 색채와 마찬가지로 디자인을 결정하는 중요한 요소 중의 하나이므로 소재의 재질에 대한 이해와 경험은 좋은 패션 디자인을 위해 반드시 필요하다. 또한 재질은 형태, 색채와 서로 영향을 미치기 때문에 같은 형태의 디자인이라도 재질에 따라 완성된 디자인의 효과가 달라지고, 같은 색채라도 재질에 따라 느낌이나 색의 강도가 달라진다.

시각에 의해 얻어지는 재질감에는 표면에서 반사되는 빛의 정도에 따라 결정되는 광택과, 실의 굵기와 직물의 조직에 따라 결정되는 투시 정도가 있다. 또 촉각에 의해 얻을 수 있는 재질감에는 옷감의 유연성, 표면의 부드럽고 거친 정도, 두께 등이 있다.

소재의 표면 효과에 따른 재질감은 크게 하드hard, 소프트soft, 트랜스페어런트transparent, 브릴리언트brilliant 등으로 분류할 수 있다.

하드 재질에 의한 발상

전반적으로 힘이 있고 착용했을 때 접하는 부분의 주름이 꺾인 듯이 보이며 형태가 잘 잡히는 것이 바로 하드hard 재질이다. 이 재질을 사용하면 형태에 힘이 있으며 안정된 이미지를 주기 때문에 남성적이고 차가운 느낌이 든다. 이러한 특성은 재킷, 코트 등의 디자인 발상에 주로 사용되는데, 이와는 반대로 블라우스나 브래지어, 코르셋 같은 아이템에 하드 재질을 사용하는 반대법에 의한 발상을 하는 등 고정관념에 얽매이지 않는 자유로운 발상을 전개할 수도 있다.

하드 재질의 종류에는 러스틱rustic, 크리스프crisp, 스티프stiff, 크리시creasy, 스무스smooth, 플레인plain 등의 재질이 있다.

표 10-1 의복 재질의 분류

재질감		특성	소재명
하드	러스틱	표면이 거칠거칠하고 요철감이 있는 느낌	트위드, 홈스펀, 헤링본, 셔닐
	크리스프	풀기가 있어 빳빳하고 손으로 살짝 구겼을 때 바삭바삭한 느낌	태피터, 무아레
	스티프	형태가 잘 잡히고 손으로 쥐었을 때 힘이 느껴짐	트로피컬, 개버딘, 모슬린, 브로드클로스, 면, 캔버스, 치노, 펠트
	크리시	자연스러운 주름이 있는 편안한 느낌	크링클, 가공직물seersucker, plisse, 워싱stone, bio
	스무스	매끄럽고 부드러운 느낌	쿨 울
	플레인	평직의 무난하고 시원한 느낌	마, 면
소프트	벌키	기모가 있어서 부피감이 커진 풍성한 느낌	섀기shaggy, 아스트라칸, [illegible]
	스펀지	패딩 효과가 나는 듯한 부피감이 느껴짐	본딩, 라미네이트 직물, 플리스, 테리 클로스
	로프티	벨벳같이 부직의 파일이나 또는 보풀이 있는 느낌	벨벳, 벨베틴, 벨루어
	코지	포근하고 아늑한 느낌	알파카, 모헤어, 캐시미어, 기모직물, 멘튼 울
	크리미	부드럽고 가볍고 유연한 느낌	울 크레이프, 조젯
	림프	축 늘어지고 부드러운, 흐느적거리는 느낌	저지류, 택텔
트랜스페어런트	슬릭	얇아서 비치고 힘이 있는 느낌	오간자, 오건디, 보일
	시어	얇아서 비치며 하늘하늘한 느낌	시폰, 거즈
	레이시	짜임이 성글어서 틈 사이로 살갗이 비치는 느낌	레이스chemical lace, eyelet, net
브릴리언트	메탈릭	금속이나 에나멜에서 느껴지는 차가운 광택	메탈
	고저스	금·은사를 넣어서 짠 호화로운 광택	브로케이드, 다마스크
	글로시	번들거리는 야한 광택	코팅류(우레탄, 비닐 코팅)
	실키	은은하고 비단같이 부드러운 광택	실크satin, cir, sarah

러스틱 재질

표면이 거칠거칠하고 요철감이 있는 재질이다. 모직물인 홈스펀home-spun, 트위드tweed 등이 이에 속하고, 표면이 거칠기 때문에 부피감이 있어 볼륨감 있는 디자인에 적합하며 체형의 결점을 보완하기도 한다.

이 재질처럼 표면 형상에 변화가 있는 직물은 가능하면 단순한 디자인으로 재질의 특성을 살린 발상을 하는 것이 좋으며, 거친 질감을 살려 남성적인 이미지를 표현하는 디자인에 효과적이다.

크리스프 재질

풀기가 있어 빳빳하고 손으로 살짝 구겼을 때 바삭바삭한 느낌이 나는 재질로 태피터taffeta와 무아레moire 등의 직물이 이에 속한다. 이들은 약간 뻗치는 특성을 지녀 볼륨이 있으며 형태성을 유지한다. 이러한 재질은 일반적인 상식에서 벗어나 평상복의 디자인 발상이나, 재질이 서로 다른 소재를 결합하는 결합법의 발상을 할 수 있다. 크리스프 재질이 가진 무아레 무늬는 신비로운 여성적 이미지를 잘 표현하는 재질적 발상의 효과가 있다.

그림 10-1 러스틱 재질

그림 10-2 크리스프 재질

그림 10-3 스티프 재질

스티프 재질

형태가 잘 잡히고 손으로 쥐었을 때 힘이 느껴지는 재질로 트로피컬tropical, 모슬린muslin, 캔버스canvas 등의 직물이 있다. 이 재질은 원하는 형태를 잡을 수 있고 인체의 결점을 보완할 수 있다는 장점이 있지만, 여성의 부드러운 곡선을 살리지 못한다는 단점도 있다. 하지만 이러한 특성을 살려 과장된 실루엣이나 의도하는 임의의 실루엣을 만들 수 있어서 새로운 실루엣에 도전하는 참신한 발상이 가능하다. 많이 두껍지는 않지만 형태를 잡기에 충분한 힘이 있어 넓은 코트나 스커트 등의 볼륨감과 조형적인 형태를 만들어 여성스러우면서도 당당함을 표현하기에 효과적이다.

크리시 재질

자연스러운 주름이 있는 편안한 느낌의 재질로 크링클crinkle, 시어서커seersucker 등의 직물이 있다. 이 직물들은 주름으로 인한 부피감이 느껴진다. 자연스러운 주름이 있는 크리시 재질은 에콜로지, 내추럴, 에코 패션, 슬로 패션과 같은 자연주의 이미지를 표현하는 데 효과적인 재질로, 긴장감에서 벗어난 여유로움을 표현하는 데 적합하다.

스무스 재질

매끄럽고 부드러운 느낌이 나며 힘이 있는 재질로 쿨 울cool wool 등의 직물이 있다. 이 재질은 도회적인 여성의 분위기가 연출되며 슈트, 원피스 등의 디자인 발상에 재질의 특성을 살려 많이 사용된다. 이 재질 자체가 주는 소재의 세련되고 고급스러운 부드러움은, 도회적인 세련미와 우아한 품위를 표현하는 발상에 효과적이다.

플레인 재질

평직의 무난하고 시원한 느낌의 재질이다. 마, 면 등의 직물로 적당한 두께와 가공 처리로 인해 시원한 느낌이 가미되어 다양한 아이템의 디자인을 발상하기에 용이하다. 인체 건강에 중요한 위생성의 측면에서 볼 때, 천연섬유 특유의 좋은 특성을 가진 소재로 내구성이 강하고 세탁이 편리하다는 장점이 있는 반면, 구김이 잘 가는 단점이 있다.

그림 10-4 크리시 재질

그림 10-5 스무스 재질

그림 10-6 플레인 재질

우리 생활 전반에 널리 사용되는 친근한 재질이기도 하다. 소박하고 수수한 이미지의 편안하고 활동적인 캐주얼 및 생활용품에 사용되고, 구김이 잘 가는 단점을 링클 프리 가공 처리로 극복함으로써 엘레간트한 이미지나 깔끔하고 세련된 이미지의 표현도 가능한 다재다능한 재질이다.

소프트 재질에 의한 발상

따뜻한 온도감과 풍성한 부피감, 유연함과 부드러움이 느껴지는 재질로 여성적인 이미지를 표현하는 데 주로 사용된다. 하드 재질과 마찬가지로 일반적으로 잘 사용되지 않았던 아이템에 적용시켜 하드hard한 것을 소프트soft하게 풀어봄으로써 발상의 전환을 할 수도 있다. 소프트 재질에는 벌키bulky, 스펀지spongy, 로프티lofty, 코지cozy, 크리미creamy, 림프limp 재질 등이 있다.

벌키 재질

기모(起毛)가 있어서 부피감이 커진 풍성한 느낌의 재질로 아스트라칸astrakhan, 섀기shaggy 등의 직물이 이에 속한다. 두텁고 푹신푹신한 느낌을 주어 코트류의 디자인에 많이 쓰인다. 기모로 인한 두께감 때문에 다른 재질과 혼합하기보다는 단독으로 재질의 특성을 살린 디자인 발상에 주로 사용된다. 풍성하고 포근한 디자인 발상에 효과적이어서 계절적인 사용이 이루어지기도 한다.

스펀지 재질

패딩 효과가 나는 듯한 부피감이 있는 재질로 직접 패딩을 한 소재와 본딩 처리한 직물 등이 이에 속한다. 공기가 들어간 듯한 부피감이 실제보다 인체를 과장되어 보이게 하여 캐주얼하게 느껴진다. 패딩은 솜을 넣고 누벼서 본래

그림 10-7 벌키 재질

그림 10-8 스펀지 재질

그림 10-9 로프티 재질

소재가 가지고 있던 재질을 변화시키는 변경법에 의한 발상의 결과물이라고 할 수 있다. 부드럽고 가벼우면서 형태를 만들 수 있고 가장자리의 올 풀림이 없어서 다양한 커팅이 용이한 특성이 있다. 스포츠웨어나 캐주얼웨어의 겨울 방한복으로 주로 쓰이지만 원피스, 이브닝드레스 등을 디자인하기도 하며 계절과 아이템에 큰 제한 없이 폭넓게 발상할 수 있는 재질이다. 재질의 특성과 독특한 질감 때문에 퓨처리즘futurism 패션에 사용되며, 신비로운 우주와 기계 문명의 차가운 이미지를 매력 있게 표현하는 데 효과적이다.

로프티 재질

수직의 파일이나 보풀이 일어난 느낌의 재질로 벨벳velvet, 벨루어velour 등의 직물이 있다. 파일과 보풀로 인하여 폭신한 촉감으로 따스함을 느끼게 하고 고급스러운 광택이 난다. 품위 있는 고전적인 느낌을 주고 파일의 방향에 따라 색이 달라 보이는 효과가 있다. 이전에는 파일이 눕는 등 취급과 세탁이 쉽지 않았으나 소재 기술의 향상으로 인해 신축성이 가미되어 몸에 피트되는 디자인이 가능해졌다. 이에 따라 색다른 분위기를 연출할 수 있어 발상의 폭을 넓힐 수 있다.

코지 재질

포근하고 아늑한 느낌의 재질로 알파카alpaca, 모헤어mohair, 캐시미어cashmere 등의 직물이 있으며, 주로 겨울철 코트에 주로 사용된다. 이 재질이 가진 따뜻하고 두께감 있는 특성은 부드럽고 포근하고 사랑스러운 이미지를 최대한 살린 디자인 발상을 효과적으로 표현할 수 있다.

크리미 재질

부드럽고 가벼우며 유연한 느낌의 재질로 울 크레이프wool crepe와 조젯georgette 등의 직물이 있다. 이 재질은 두께가 얇아서 안감과 심지의 처리에 따라 느낌이 많이 달라지므로 이를 고려하여 디자인 발상을 해야 한다. 얇고 신체를 따

그림 10-10 코지 재질

그림 10-11 크리미 재질

그림 10-12 림프 재질

라 유연하게 흐르는 부드러운 재질적 특성은 연약하고 여성적인 이미지 표현에 효과적이지만, 남성복에 의외성 있게 사용하여 로맨틱한 이미지를 효과적으로 표현하기도 한다.

림프 재질

축 늘어지고 부드러우며 흐느적거리는 느낌의 재질로 저지jersey, 택텔tactel 등의 직물이 있다. 이 재질은 부드러우면서도 신축성이 있어 일반적으로 디자인을 하는 데 무리가 없으나 신체의 단점이 그대로 드러나기도 한다. 하지만 뚱뚱한 사람에게 적당히 여유를 준 디자인을 하면 날씬해 보이는 시각적 효과가 나타나기도 한다. 재질적 특성을 살리면서 모던한 디자인을 고급스럽고 우아하며 여성적인 이미지로 세련되게 표현할 수 있어 다양한 발상의 변화가 가능하다.

트랜스페어런트 재질에 의한 발상

트랜스페어런트transparent 재질은 비치는 느낌을 내는 재질로, 실이 얇아서 비치거나 짜임이 성글어 그 틈 사이로 살갗이 드러나 보인다. 이러한 소재로 만든 옷은 안감을 대거나 겹쳐 입으면 레이어드 룩의 효과를 충분히 발휘할 수 있다. 또 투명과 불투명의 대비를 주는 극한법의 디자인 발상 등 다각도의 효과를 표현하는 데도 많이 이용된다. 최근에는 비침을 통해 인체의 과감한 노출을 의도하는 디자인으로 인체의 아름다움을 표현하는 경향이 증가하고 있다. 트랜스페어런트 재질에는 슬릭slick, 시어sheer, 레이시lacy 등이 있다.

슬릭 재질

얇아서 속이 비치며 힘이 있는 재질로 오간자organza, 보일voile 등의 직물이 있다. 오간자는 힘이 있으면서도 형태 유지

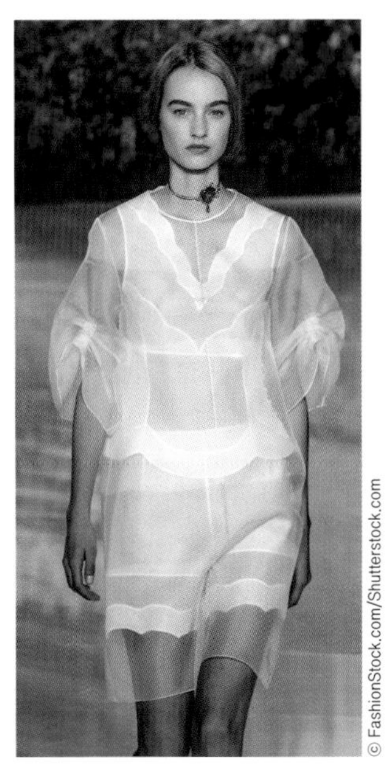

그림 10-13 슬릭 재질

그림 10-14 시어 재질

그림 10-15 레이시 재질

능력이 있어 가벼우면서도 부피감 있는 디자인 발상을 가능하게 한다. 표면이 매끈하고 은은한 광택을 뿜어 고급스러운 분위기가 나므로 이브닝드레스나 칵테일드레스의 소재로 많이 이용된다. 이 재질의 특성을 살리면 인체의 곡선이 그대로 드러나면서 또 다른 실루엣이 표현되는 이중적인 조형을 할 수 있다.

시어 재질

얇아서 속이 비치며 하늘하늘한 느낌의 재질로 시폰chiffon, 거즈gauze 등이 있다. 이 재질은 몸의 곡선을 그대로 드러내므로 여성스러움을 최대한 살리는 디자인 발상을 할 수 있다. 형태 유지 능력이 없는 가벼운 재질로 보디라인을 자연스럽게 살리며, 여성적이고 유동적인 곡선미를 우아하게 표현하는 데 효과적이다.

레이시 재질

짜임이 성글어서 틈 사이로 살갗이 비치는 느낌의 다양한 레이스 소재가 이에 해당된다. 이 재질은 단가가 높고 끝처리 등의 공정이 까다로운 고급 소재로, 여성스럽고 드레시한 디자인 발상에 주로 사용되지만, 캐주얼하고 아방가르드한 스타일의 디자인 발상과 전혀 용도가 다른 울이나 진 등의 소재와 결합하는 결합법의 디자인 발상에도 신선하게 이용된다. 과거에는 장식이나 이너웨어에 주로 활용되었으나, 최근에는 스커트나 재킷을 비롯하여 코트와 같은 아우터에 전체적으로 사용되어 화려하고 세련된 이미지를 새롭게 표현하는 등 발상의 폭을 넓힌 재질이기도 하다. 남성복에 사용되어 로맨틱한 이미지를 표현하기도 한다. 문양의 종류나 색상 등에 따라 이미지 변화의 폭이 매우 크다.

브릴리언트 재질에 의한 발상

브릴리언트brilliant 재질은 광택이 나고 표면에서 빛을 반사하므로, 신체가 확대되어 보이게 하고 움직임에 따른 광택의 음영이 실루엣을 강조시킨다. 또 소재에 따라 우아하거나 야한 느낌의 다양한 광택을 내므로 이 재질의 특성을 살려 디자인 발상을 하면 광택의 효과가 두드러진다. 무광의 재질과 함께 사용하면 이색적인 디자인 발상도 가능하다. 브릴리언트 재질은 또다시 메탈릭matalic, 고저스gorgeous, 글로시glossy, 실키silky 재질 등으로 나누어진다.

메탈릭 재질

금속이나 에나멜에서 느껴지는 차가운 광택이 나는 재질로, 주로 스페이스 룩이나 전위 패션에서 찾아볼 수 있다. 메탈은 본래 의복의 소재로 사용되지 않았으나 디자이너 파코 라반Paco Rabanne이 이를 패션 디자인에 접목함으로써 패션계에 신선한 충격을 주었고, 지속적으로 그의 컬렉션에 변화를 주면서 등장하고 있다. 아방가르드 이미지나 미래주의적인 이미지 발상에 사용되기도 하며, 시간이 지남에 따라 신소재가 개발되면서 신축성 있는 다양한 메탈릭 재질이 등장하여 디자인 발상의 폭을 넓혀주고 있다.

고저스 재질

금·은사를 넣어 짠 호화로운 광택이 나는 재질이다. 고저스는 '호화스러운', '화려한'이란 의미로 브로케이드brocade, 라메rame 등의 직물에서 느낄 수 있다. 은은하고 고급스러운 광택이 화려한·우아한 여성적 이미지를 품격 있게 표현하기도 하며, 역사성을 나타내는 디자인 발상에 사용되어 고풍스럽고 권위 있는 이미지를 표현하는 데 효과적이다.

글로시 재질

글로시glossy 재질은 번들거리고 야한 광택이 나는 재질로 코팅된 소재가 대부분이다. 이 재질은 광택이 매우 강하여 시각적인 우선권을 가지므로 복잡한 디테일보다는 심플한 디자인의 발상에 주로 사용된다. 비닐 코팅에서 표현되는 야한 광택은 강렬한 이미지를 표현하기에 효과적이다.

그림 10-16 메탈릭 재질

그림 10-17 고저스 재질

그림 10-18 글로시 재질

그림 10-19 실키 재질

실키 재질

은은하고 비단같이 부드러운 광택이 나는 재질로 고급스럽고 우아한 느낌을 주는 광택의 효과를 살려 디자인 발상을 한다. 부드러운 재질이 보디라인을 자연스럽게 나타내며, 고급스러운 천연 광택과 함께 품격 있는 세련미를 풍부하게 표현하는 발상에 효과적이다.

기타

최근 창의적인 발상을 위하여 패션 디자인에 특수 소재가 많이 사용되고 있다. 20세기 전반에 걸쳐 예술과 의상의 밀접한 연결과 공동 작업이 나타나고, 특히 초현실주의와 팝아트pop art 사조의 영향을 받은 의상이 많이 발표되었다. 초현실주의적 이미지를 담아 투명한 플라스틱으로 만든 엘사 스키아파렐리Elsa Schiaparelli의 '유리 망토'에서, 고무를 몸에 발라 지퍼를 달고 굳힌 후 떼어내면 옷이 되는 신소재에 이르기까지 가죽과 모피, 종이, 나무, 석고, 플라스틱, 금속 등 다양한 소재들이 의상에 사용되고 있다. 이와 같이 특수한 소재를 이용한 디자인 발상은 감동을 유발하며 사람들에게 신선한 충격을 줄 수 있다. 여기서는 기타 재질에 의한 디자인 발상을 가죽, 모피, 플라스틱 등을 중심으로 살펴본다.

가죽에 의한 발상

통기성이 있어 기후에 적응할 수 있으며 보온성이 있고 가공성도 좋아 염색이 잘된다. 그러나 습기에 약하여 얼룩이 지거나 곰팡이가 생기기 쉽고, 늘어나거나 줄어드는 경향이 있다. 따라서 가죽으로 디자인을 할 때는 이러한 가죽의 특성을 고려해야 한다.

가죽은 동물의 크기에 따라 제한된 면적 위에서 패턴을 뜨기 때문에 여러 조각의 디자인선이 생긴다. 어떤 동

그림 10-20 가죽

그림 10-21 모피

물의 가죽이냐에 따라 패턴의 면적이 달라지므로 이를 고려하여 디자인해야 한다. 가죽은 전체적으로 의복에 사용되기도 하나 칼라, 소매, 포켓 등에 부분적으로 울과 저지 등과 함께 많이 배치한다. 이전에는 가죽의 두께 때문에 할 수 있는 디자인이 어느 정도 한정되었으나, 최근에는 신축성의 보완, 가공기술의 발달과 함께 인조 가죽이 개발되어 가죽으로도 직물과 같은 분위기를 낼 수 있게 되면서 다양한 디자인 발상이 가능해졌다.

가죽은 털이 있는 부분과 스킨 부분의 활용과 과감한 커팅에 의하여 흥미로운 패턴이나 문양의 생성이 가능하므로 독창적인 디자인 발상을 과감하고 거칠게 표현할 수 있게 해준다.

모피에 의한 발상

모피는 여우, 밍크, 친칠라, 토끼, 양 등의 털을 사용하고, 보온성과 통기성이 좋으며 호화로운 분위기와 기품을 나타내는 소재이다. 독특한 광택과 부드러운 촉감, 천연색의 아름다움으로 인해 고가임에도 불구하고 여성들이 애호하는 소재다. 하지만 동물의 수가 감소되고 숙련공의 임금이 상승되어 점점 고가가 되어가고 있으며, 동물 보호론자들의 반대로 인해 인조 모피가 많이 사용되고 있다. 인조 모피는 촉감이나 자연미가 다소 떨어지지만 선명하고 화려한 색상과 가격 면에서 유리하여 많이 이용된다.

모피를 이용한 디자인은 모피 종류에 따른 털 길이, 색상, 질감에 의한 영향을 강하게 받기 때문에 가능한 한 심플한 디자인을 하여 모피의 사용량과 전체적인 이미지를 신중히 고려하는 것이 좋다.

일반적으로 모피는 가는 조각들을 이어서 옷 전체 또는 부분적으로 사용하여 고급스럽고 우아한 이미지를 화려하게 나타내거나 본능적인 거친 야성미를 지닌 풍부한 원시적 이미지를 직접적으로 표현한다. 최근에는 기존의 상식적인 사용에서 벗어나 볼륨감 있는 입체적인 형태 구성의 변화나 문양 표현과 같은 획기적인 부분 사용을 하기도 하며, 독창적인 디자인 발상이 돋보이는 세련되고 고급스러운 아이디어를 통해 모피 디자인의 한계를 넘어선 재미 있는 디자인을 많이 만나볼 수 있다.

플라스틱이나 비닐에 의한 발상

여러 가지 형태와 색상을 다양하게 만들어낼 수 있다는 장점이 있어 생활용품부터 가구나 장식품에 이르기까지 폭넓게 사용된다. 플라스틱이나 비닐은 직물로는 표현할 수 없는 디자인 발상의 새로운 영감을 실현해주는 소재로 애용되고 있다.

이들 소재는 차갑고 딱딱한 질감으로 활동에 불편하다는 단점이 있다. 하지만 플라스틱은 열과 압력으로 본을 떠서 인체의 굴곡감을 살릴 수 있어 금속보다는 비교적 큰 면적을 다루는 데 있어 유연하며, 비닐은 플라스틱보다 더 유연하고 가벼워 좀 더 손쉽게 작업을 할 수 있다. 차가운, 미래지향적인, 가벼운 등의 특성과 함께 내부가 비치는 투명함은 기계적인 사이버 룩 이미지를 발상하는 데 효과적일 수 있다. 또 비치는 일반적인 직물 재질과는 차별화된 투명함은 시각적인 재질감과 고정되어 형태가 지속적으로 유지되기 때문에 독창적인 실루엣 창조를 가능하게 한다. 이와 같은 플라스틱의 특성은 직물이 가지는 발상의 한계를 넘어 창의적인 아이디어 실현을 확대하는 데 크게 기여했다고 할 수 있다.

그림 10-22 비닐

소재의 뉴웨이브

자연과 건강에 대한 관심은 자연 소재나 천연염색에 대한 관심의 증가를 가져왔으며, 1990년대 에콜로지 패션, 2000년대 웰빙[well-being] 그리고 윤리적 소비 인식으로 중요성이 부각되고 있는 지속가능한 패션[Sustainable fashion] 등으로 나타났다. 이러한 패션경향은 친환경 소재에 대한 요구의 증가를 가져와 다양한 신소재 개발에 영향을 주고 있다. 소비자의 개성화, 감각화, 상황에 따른 기능성 추구와 같은 세분화된 욕구는 더욱 다양하고 독특한 소재의 급속한 발전을 요구하기 때문에 최근 소재 개발이 패션 제품의 필수적인 요소가 되고 있다. 특히 21세기 미래 신기술인 6T(정보기술[IT], 생명공학기술[BT], 나노기술[NT], 환경기술[ET], 우주항공기술[ST], 문화기술[CT])가 섬유산업에 접목되며 새로운 신소재 및 첨단 소재 개발을 가능하게 하여 상상으로 그칠 수 있는 것을 현실화시킴으로써 인간의 활동영역을 확대시키고 더욱 풍요로운 생활을 가능케 하고 있다.

웰빙[well-being], 에코 패션[Eco fashion], 자연과 더불어 살아가는 삶에 대한 의식 확대는 천연섬유 개발에 높은 관심 증가와 함께 많은 연구 및 투자를 이끌었으며 천연섬유 고유의 건강한 장점은 유지하면서 단점을 보완하는 방법으로 개선된 고기능성 신소재에 대한 개발과 활용 또한 높아지고 있다. 천연 재료로부터 개발된 신소재는 넓은 의미의 자연을 구체적인 개체가 아닌 정신으로 계승하는 디자인 발상, 즉 친환경적인 천연의 소재를 활용한 에코 패션[Eco fashion]의 디자인 발상 개념으로 확대되고 있다.

소재의 새로운 흐름은 기존의 천연 소재의 재배에 친환경적인 관리를 적용한 유기농 실크와 면 및 울과 함께 닥종이의 강도, 촉감, 내추럴 링클을 멋스럽게 활용한 한지, 콩섬유[soybean fiber], 옥수수의 스타치[starch] 성분을 추출한 다음 발효 기법으로 만든 PLA 섬유[PLA fiber], 대나무 섬유[bamboo fiber], 우유 단백질 섬유[casein fiber]라고 하는 카제인 섬유 등과 같은 천연재료에서 성분을 추출하여 만든 독특한 친환경 신소재로 개발 대상의 범위가 확대되고 있다. 이와 같은 새로운 소재는 동물성 소재를 사용하지 않는 비건 패션[Vegan Fashion]과 더불어 확산되며 인체 건강과 자연 환경

재귀반사 소재

원단이나 필름 위에 특수 반사층을 부착한 후 그 위에 미세한 유리구슬을 균일하게 도포하여 입사광을 광원의 방향으로 똑바로 되돌림으로써 야간 가시성을 획기적으로 증대시키도록 고안된 제품이다. 단, 빛이 있어야 반사가 이루어지므로 야광 소재와 달리 광원이 필요하다.

보존을 함께 추구할 수 있는 효과적인 소재로 각광받고 있다.

그뿐만 아니라 현대인들의 밤 시간대 활동이 늘어나면서 안전과 함께 색다른 패션성을 추구하는 방법으로 재귀반사 소재와 발광 소재인 광섬유나 컬러 LED를 이용한 소재가 패션에 활용되어, 시각적인 즐거움이 주는 독특한 패션성과 함께, 어두운 곳에서도 위치를 알 수 있게 하는 안전성도 고려한 기능적 멀티 패션으로 우리 생활에 사용되고 있다.

이처럼 또 다른 의미의 새로운 소재에 대한 개발은 우리의 상상력과 과학의 발전이 조화를 이루며 앞으로도 계속될 예정이다. 예를 들면 광섬유나 레이저 입체사진술이라고 불리는 홀로그래피Holography는 빛의 간섭현상을 유도시키는 환경을 조성하면 실물을 기록하고 다시 영상으로 재생시키는 새로운 방식의 첨단 영상매체로 의학 분야를 비롯한 다양한 영역으로 그 사용 범위가 확대되고 있다. 특히 의류 분야에서는 필름이나 직물 표면에 3차원 영상 이미지를 기록하여 다양한 시각적 효과를 나타내며 편리함을 가능하게 해준 획기적인 소재로, 시각적 영역의 확대를 보여주는 첨단 소재로써 활용 범위가 매우 다양하다.

스포츠 분야에서 기록 경신이라는 인간의 한계 극복을 위한 끊임없는 도전은 과학의 발전과 신소재 개발에 대한 인간의 욕망을 자극하기에 충분하다. 신소재에 대한 연구는 지속적으로 이루어져 기발한 소재 개발이 활발하다. 예로는 전신 육상복인 '스위프트 슈트swift suit'와 비행기 동체에서 공기 저항력을 줄이는 특성을 접목시킨 '제트콘셉트zetconcept' 및 상어의 피부를 모방하여 물과의 저항력을 줄이고 운동속도를 증가시키는 '패스트스킨fastskin' 등과 같은 전신 수영복이나 사이클복, 잠수복 등을 들 수 있다.

스마트 소재도 첨단 소재에서 빠질 수 없다. 초기의 컴퓨터와 직접적인 결합으로 만들어지던 스마트웨어의 단점들이 최근 전자옷감electronic textile이 개발되면서 의복 제작의 용이함과 인체에 더욱 자연스러운 촉감을 겸하는 것으로 발전하고 있다. 스마트 소재를 이용한 첨단 의복은 건강에 대한 관리 및 정보기기와의 연결 등을 통해 인간 생활을 편리하게 하는 데 큰 역할을 하고 있다.

지속가능한 패션은 안 팔린 제품들을 버리지 않고 분해하고 조합해 새로운 제품 브랜드로 만들어 쓰레기 양을 줄이고 소비자들이 최대한 옷을 오래 입을 수 있도록 하는 캠페인 등의 적극적인 업사이클링을 하고 있다. 그리고 아쿠아필Aquafil을 비롯한 몇몇 회사들은 대표적인 환경 쓰레기인 플라스틱을 섬유로 재활용한다면 바다 생물을 살리고 환경오염을 줄이며 나아가 인간에게도 많은 이로움을 줄 수 있는 점에 주목하였다. 이에 바다에서 회수한 어망, 직물 폐기물, 카펫, 패트병 등과 같은 플라스틱을 재활용한 에코닐Econyl과 에코에버Ecoever 같은 재생 나일론을 생산하였다. 에코닐은 구찌, 버버리, 프라다 같은 명품 브랜드에서 가방, 트렌치코트, 파카, 케이프, 액세서리, 신발, 데님으로 처음 제품화되며 재활용을 통한 새로운 소재의 흐름을 보여주고 자연과 인간이 함께 건강한 패션의 다양성을 넓혀주고 있다.

재질의 조합에 의한 디자인 발상

현대인의 생활양식이 다양하고 적극적이며 활동적으로 변화됨에 따라 과거에는 한 벌로 동일한 소재와 색상으로 입었던 것이 점차 개성과 소비자의 욕구가 다양해지면서 한 벌의 개념에서 벗어나 각각의 의복을 새롭게 조화시켜 입음으로써 좀 더 자유롭고 개성적이며 세련된 자신만의 독특함을 연출할 수 있게 되었다.

한 벌의 의복은 안감과 각종 부속 재료로 완성된다. 이 중에도 외관상의 재료는 한 가지로 하는 경우도 있지만 다른 소재를 복합적으로 매치하여 다른 분위기를 표현하기도 한다. 이것은 변화의 미를 의도하는 것으로 새로운 느낌이 들지만 잘못하면 촌스러워질 우려가 있다. 따라서 재질의 혼합 사용은 많은 경험을 필요로 한다.

재질의 조합에 의한 디자인 연출에는 동일한 재질, 유사한 재질, 이질적인 재질 등이 있다.

동일한 재질의 조합에 의한 발상

동일한 재질로 통일시키는 구성은 가장 일반적인 방법으로, 평이하며 단순한 분위기가 나기 쉬운 지루함을 가진 반면 안정성이 있어 주로 포멀한 옷과 테일러드 슈트에 많이 이용된다. 전체적인 분위기가 무난하기 때문에 액세서리로 변화를 주거나 소재에 의한 플러스 발상이라 할 수 있는 패치워크와 같은 장식기법을 사용하거나 색채에 변화를 주어 밋밋하지 않은 효과를 주기도 한다.

또 동일한 재질이라도 한 벌의 정장 개념에서 벗어나 코트, 재킷, 블라우스, 베스트, 스커트, 팬츠, 원피스와 같은 각 아이템을 동일한 소재의 유사한 스타일로 조합하여 연출하면 하나의 이미지를 자연스럽고 깔끔하게 전달할 수 있을 것이다. 반면 같은 소재이지만 다른 스타일의 아이템들이 조합되면 아이템 스타일의 크로스오버가 이루어

그림 10-23 하드(두꺼운)

그림 10-24 하드(얇은)

그림 10-25 트랜스페어런트

그림 10-26 기타(가죽)

지며 동일한 소재로 인한 심심함을 재미있고 세련된 연출로 개성 있게 표현하는 효과를 줄 수 있다.

유사한 재질의 조합에 의한 발상

비슷한 성격의 개체 결합은 고상하고 품격이 있으며 그 나름의 신선함이 있다. 유사한 재질에 의한 구성 효과는 파격적이거나 충격을 주지는 못하지만 친근감과 세련미를 느끼게 한다.

유사한 재질의 구성 효과는 광택의 차이에 따른 변화를 이용하여 살펴볼 수 있다. 이는 새틴과 같은 천으로 안과 겉의 광택의 차이를 이용할 수도 있고, 광택이 있는 가죽이나 에나멜과 스웨이드를 조합시킬 수도 있으며, 동일한 색상이라는 통일감을 주면서 광택의 유사성을 살린 자연스러운 변화로 과장되지 않은 세련된 연출을 할 수 있다.

색상에 따른 변화를 이용할 수도 있는데, 유사한 재질의 결합이더라도 동일한 색상을 사용한 것과 다른 색상을 사용하는 것의 효과는 다르게 느껴질 것이다.

그림 10-27 하드

그림 10-28 하드

그림 10-29 트랜스페어런트

그림 10-30 기타

이질적인 재질의 조합에 의한 발상

서로 다른 느낌의 재질을 결합하여 디자인 발상을 할 수도 있다. 하드와 소프트 재질을 함께 사용하거나 용도가 다른 소재의 결합, 즉 울과 레이스, 진과 실크 등을 결합할 수도 있다. 또 고상해 보이는 것과 저속한 것, 비싸 보이는 것과 값싸 보이는 것, 프리미티브와 하이테크의 결합 등 상반된 이미지의 결합으로도 디자인 발상을 할 수 있다.

반대되는 이미지의 개체를 결합하면 존재할 수 없다는 거리감 때문에 다소 불쾌할 수 있지만 일단은 '재미있다'라는 흥미를 느끼는 것이 인간의 심리다. 근래에는 정상을 벗어난 불균형의 아름다움을 추구하는 경향이 짙어져 일

그림 10-31 금속 + 러스틱

그림 10-32 퍼 + 실키

그림 10-33 스펀지 + 글로시

그림 10-34 퍼 + 가죽 + 실키 + 레이스

반적인 개념에서 벗어난 배색을 과감히 사용한다든지, 언밸런스한 형태를 의도하는 개성미의 표현 경향이 강하다.

이질적인 소재의 조합을 이용하여 기존의 익숙함을 벗어난 시도와 독특한 개성을 추구하고자 하는 성향은 새롭고 개성 있는 감성을 창의적으로 표현하게끔 디자인의 폭을 넓혀주었으며, 특히 과학의 발전으로 인한 신소재 개발이 표현의 다양성을 확장시키는 중요한 역할을 하고 있다.

상반된 재질을 사용할 경우에는 두께, 신도, 강도, 세탁 방법 등에서 재질 간의 균형이 이루어지도록 신경 써야 한다.

재질 및 소재의 감성에 의한 디자인 발상

재질감성축

우리는 소재의 물리적 특성, 시각적 이미지, 청각적 효과, 접촉 감각, 모방적 특성, 3차원적 표면 효과에서 감성적 특성을 살펴볼 수 있다.

물리적 특성Physical Property은 두께, 굽힘성, 드레이프성, 스트레치성, 탄력성, 편안함과 같은 것으로 물리적인 측정으로 수치화할 수 있는 특성으로 딱딱한, 부드러운, 얇은, 두꺼운, 거친, 잘 늘어나는, 포근한 등과 같이 소재의 종류와 깊은 관련을 가지고 있다. 시각적 이미지Visual Image는 색, 패턴, 광택으로부터 오는 시각적 이미지로 고급스러운, 소박한, 자연적인 등과 같은 직물에서 풍기는 이미지를 말한다. 청각적 효과Sound Effect는 견명과 같은 사각사각하는 직물의 소리를 말하는 것으로, 직물이 마찰하면서 발생하는 소리는 직물이 건조하다고 느껴지게 한다. 모방적 특성

그림 10-35 재질감성축

-Like은 견과 같은 실키silky, 모와 유사한wool-like, 캐시미어 터치Cashmere touch, 종이 같은Paper-like과 같이 천연섬유와 유사한 특성을 가지도록 가공된 섬유로, 천연섬유와 유사한 촉감과 시각적인 이미지를 가지고 있다. 접촉감각Handle은 부드러운, 건조한(드라이한), 축축한, 차가운, 복숭아 표면 같은(피치스킨)과 같은 등의 피부 온냉감을 포함하는 감각을 말한다. 3차원적 표면 효과3D Surface Texture는 요철감, 주름, 입체감, 모후감Furry, 매끈함, 불균일함 등과 같은 3차원적으로 느낄 수 있는 효과를 말하며 매끈한, 거친, 입체적인, 볼륨감과 같은 효과를 낸다.

소재감성

온도감 : 따뜻한-시원한

소재를 통한 온도감은 자연환경 및 기온의 정도를 맞추는 것이 중요하다. 소재의 온도감은 색상, 소재의 질감, 무늬 등을 통해 나타날 수 있으며 동일 소재, 동일 조직의 의복은 색채가 온도감에 가장 큰 영향을 미친다.

'따뜻한'은 난색, 깊은 색, 어두운색인 경우, 만약 동일색의 경우에는 두께감이 있는 것이 따뜻해 보인다. 표면에 정교한, 복잡한, 곡선이 많은 무늬가 있는 소재도 따뜻해 보인다. '시원한'은 한색, 흰색, 밝은색, 엷은색인 경우와 동일색일 때는 얇고 투명한 직물일 때 나타나고, 표면에 무늬가 없이 비어 있는 직물에서도 나타날 수 있다.

그림 10-36 소재의 온도감

성숙성 : 어려 보이는-젊어 보이는-나이 들어 보이는

의복의 디자인과 더불어 소재 자체로도 연령감이 표현될 수 있다. 특히 성숙성은 배색과 무늬의 모티프에 영향을 많이 받는다.

의복에 밝고 채도가 높은 배색에 캐릭터 무늬나 동화적인 무늬가 사용되는 경우에는 착용자가 어려 보인다. 소재에 긴장감이 있고 채도가 높은 색상이나 콘트라스트가 명확한 배색을 사용하거나 직선적인 무늬 또는 큰 무늬의 경우에는 착용자가 젊어 보인다. 반면 채도가 낮은 수수한 색, 콘트라스트가 약한 배색과 작은 무늬의 소재는 수수하고 은근한 느낌을 주어 착용자의 나이가 들어 보이게 하는 경향이 있다.

그림 10-37 소재의 성숙성

현시성 : 화려한-수수한

소재는 시선을 주목시키는 화려한 측면과 두드러지지 않는 수수한 측면을 띤다. 소재에 나타나는 현시성은 착용자의 연령과 착용 목적에 따른 장소와 밀접한 관계가 있다.

고급스러운 천연 광택 또는 화려한 금속성 광택이 있거나, 색의 사용에 있어 채도가 높고 대비가 강한 배색인 경우, 특이하거나 큰 무늬가 있는 소재의 경우에 화려한 현시성이 나타난다. 화려한 현시성의 경우 자기주장이 강하고 연령이 어리거나 성숙한 극단적인 차이가 나타나기도 한다. 소재에 광택이 없고, 색채의 채도가 낮고 약한 대비의 배색이 사용될 때 수수해 보인다.

그림 10-38 소재의 현시성

품질 : 고급인-고급이 아닌

동일한 의복도 어떤 소재로 제작되었느냐에 따라 품질의 차원이 달라진다. 고급스러워 보이는 소재는 원사의 품질이 좋고 부드러우며 천연의 자연스러운 광택으로 온화한 느낌을 준다. 깊이 있어 보이고 대비가 너무 지나치지 않은 색상 사용으로 좋은 인상과 인격을 전달하는 효과가 있다. 고급이 아닌 감성은 원사의 품질이 낮아 완성된 제품의 품질이 나빠 보이고, 표면이 거칠고 지나치게 큰 무늬와 배색이 조잡하거나 복잡한 경우에 나타나며 저급하거나 저렴해 보이는 감성을 전달할 수 있다.

그림 10-39 소재의 품질

스타일 : 포멀한-캐주얼한

소재로 격식 있는 긴장감과 비격식의 자유로운 스타일도 나타낼 수 있다. 격식 있는 스타일은 장소에 어울리는 의복 스타일이 정해져 있으므로 상황에 따라 사용되는 색과 재질이 다르지만, 일반적으로 격식을 갖춘 스타일에 착용되는 아이템에는 고급스러운 소재를 많이 사용한다. 관혼상제(冠婚喪祭)와 같이 예의를 갖추고 의복을 통해 마음을 전달하는 경우를 살펴보면, 소재 사용으로 기쁨을 전할 때는 광택이 있고 레이스나 자수와 같은 화려한 장식이 있는 소재가 효과적이고, 슬픔이나 위로를 전할 때는 검은색 또는 어두운 색이나 불투명한 재질에 무늬가 없는 소재를 사용하여 마음을 전달하는 것이 효과적이다.

캐주얼한 스타일은 적용 범위가 넓어 어깨에 긴장감이 없고 기분이 가벼운 것, 니트 소재, 오염이 두드러지지 않은 색, 신경을 자극하지 않는 평범한 무늬와 관리 취급이 간단한 소재들이 적당하다.

그림 10-40 소재의 스타일

민속성 : 민속적인-자국적인

소재의 민속성은 무늬와 배색에 의하여 나타날 수 있다. 각 국가의 전통적인 문양이나 색 사용이 그 나라의 특징을 보여주며 민속적인 감성을 줄 수 있다. 민속성은 일반적으로 패션에서 에스닉 이미지로 표현된다. 에스닉 이미지를 자세히 살펴보면 일본, 중국 및 동남아시아를 포함하는 동양의 오리엔탈 이미지, 기독교 문화권 외 지역의 전통 복식에서 얻은 에스닉 이미지, 기독교 문화권 내의 전통 복식에서 영감을 받은 포클로어 이미지, 열대 지역에서 영감을 받은 트로피컬 이미지로 세분화된다. 한국적인 민속성은 창살무늬, 떡살무늬와 오방색이나 천연염색 등을 예로 들 수 있다.

그림 10-41 소재의 민속성

DESIGNER STORY :

파코 라반Paco Rabanne	아이리스 반 헤르펜Iris van Herpen
패션 디자이너로서의 위대한 재능과 미래에 대한 예지능력과 투시능력을 지니고 패션을 단순히 입는 것을 넘어 미래를 표현하는 스타일로 승화시킨 패션계의 신비주의자	독특한 재료로 창의적인 실루엣과 이미지를 현실화하여 미래지향적이고 창조적인 뉴 프론티어의 모습을 멋지고 아름답게 표현하며 다른 디자이너들에게 영감을 주는 창의적인 디자이너
▪ 1934~. 스페인 출신 ▪ 1951. 파리장식미술학교 입학. 건축학 전공 ▪ "모방은 디자인의 상상력에 제동을 걸어 결국에는 창의력을 상실한 날개 잃은 디자이너로 전락시킨다." ▪ 데뷔 초 실용성보다 조형미에 큰 비중 ▪ 1965년 데뷔. 플라스틱과 메탈 등 의외의 소재로 센세이셔널한 반응을 불러일으킴 : '전위파', '미래파' 호칭이 붙은 계기 ▪ 혁신적인 패션의 다양성 선구자 : 오트쿠튀르의 모델로 흑인 기용, 음악을 배경으로 쇼 전개 ▪ 실험적이고 미래지향적인 소재, 즉 광택 있는 하이테크 소재의 사용으로 빛을 표현한 작품은 키네틱 아트와도 관련 있음 ▪ 1964. 최초 컬렉션. 알루미늄과 플라스틱으로 만든 12점의 드레스 발표 ▪ 1966년 봄. 오트쿠튀르 설립. 종이, 가죽, 부직포에 다른 수종의 작품과 플라스틱 원반을 체인으로 이은 드레스 발표 ▪ 1966년 가을. 삼각형이나 장방형의 플라스틱 또는 가죽조각을 링으로 이은 드레스 발표. '천 = 의복' 공식에 정식으로 이의 제기 ▪ 1967. 불에 타지 않는 나일론 섬유와 종이로 에지를 살려 조형미를 극대화시킨 종이 드레스 제작 ▪ 1973. 몸에 틀을 씌우고 몰딩이라는 새로운 방법으로 웨딩드레스를 만듦 ▪ 1977. 제1회 황금 바늘상 수상 ▪ 1991. 재활용 정신에 입각한 샤워 커튼을 이용한 레인 코트 제안, 1992. 물병을 재활용한 드레스 제작, 1993. 광섬유 드레스 제작	▪ 1984~. 네덜란드 출신 ▪ 유명한 세계적인 디자이너들(빅터 앤 롤프, 랑방 옴므의 카루소 오센드리버 등)을 배출한 네덜란드 'Preparatory Course Art & Design at Artez' 출신 ▪ 2006년 졸업 작품 컬렉션인 〈MACHINE JEWELLERY〉을 통해 무형 요소의 시각화와 독특한 소재의 사용에 대한 그녀만의 독특한 관심 보임 ▪ 독특하고 예술적인 그녀의 디자인 특징 : 창의적인 재료 사용과 난해한 콘셉트 및 혁신적인 셰이핑 ▪ 2007년 7월. 암스테르담 컬렉션에서 자신의 이름을 내세운 레이블의 첫 번째 컬렉션을 선보임. 이후 꾸준히 새로운 디자인과 독특한 특성의 재료 및 소재를 만드는 데 관심을 가지고 많은 학문에 대한 조사와 여러 아티스트들과 협업을 함 ▪ 2011년 7월부터 'Chambre Syndicale de la Haute Couture'의 정식 멤버로서 파리에서 색다른 쿠튀르 의상을 선보임 ▪ 'The Alexander McQueen of Tech Geek(괴짜 알렉산더 맥퀸)'이라는 언론의 호평을 받음. 졸업 후 알렉산더 맥퀸 하우스에서 인턴 생활을 한 경험을 바탕으로 독특한 작품 세계를 표현 ▪ 작품이 평면적이지 않고 입체적인 3D 패션의 특성이 강함 ▪ 오트쿠튀르에서 활동하는 수공예 실력이 뛰어나고 풍부한 상상력을 현실화하는 능력을 가진 예술가이자 늘 새로운 시도로 신선한 충격을 주는 디자이너

© Shutterstock.com

© Shutterstock.com

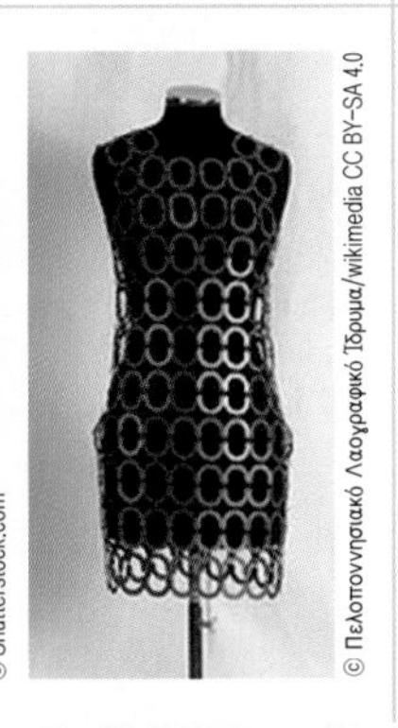
© Πελοποννησιακό Λαογραφικό Ίδρυμα/wikimedia CC BY-SA 4.0

- **목표 : 마음속에 형성된 심상에서 다양한 재질감을 떠올려 그려보고, 찾아내고, 조합하여 그 재질감의 심리적·조형적 특성을 복합적으로 적용한 창의적 재질감 발상의 표현 능력을 기른다.**
- **준비물 : 패션 잡지, 가위, 컬러칩, 풀, 스와치, 리사이클 의류(Jean), 바느질 도구 등**

ACT 10-1 마음속에 떠오르는 재질감을 그림으로 표현해봅시다.

- 눈을 감고 잠시 명상(3분)을 통해 마음속에 떠오르는 재질감을 그대로 그림으로 표현한다.
- 재질감을 구체적으로 설명하고, 통찰을 통해 느낌(감정, 감각)과 의미를 마음의 언어로 표현한다.
- 조원들과의 피드백을 통해 서로의 느낌을 나눈다.

ACT 10-2 마음속에 연상되는 재질감의 근원이 되는 사진(Texture Source)으로 소재 이미지와 스타일을 맵으로 표현하고 테마를 붙여봅시다.

- 마음속에 떠오른 재질감의 근원이 되는 사진을 중심으로 소재 이미지 맵을 만들고 이미지에 맞는 패션 스타일 사진 하나를 패션 잡지에서 찾아 소재 이미지 맵 위에 붙여 완성한 후 테마를 정한다. 소재 이미지에 해당하는 소재 스와치(swatch)를 붙이고 이름을 적어본다.
- 소재 이미지와 스타일 맵에 나타난 재질감을 구체적으로 설명하고, 통찰을 통해 자신의 느낌(감정, 감각)과 의미를 적어본다.
- 조원들과의 피드백을 통해 재질감 표현에 대한 서로의 느낌을 나눈다.

ACT 10-3 재활용 의류를 사용하여 창의적인 아트 텍스타일(Art Textile)의 디자인 발상을 해봅시다.

- 재활용 의류를 한 벌 준비한다. 준비한 의류에 여러 가지 기법을 사용해서 창의적인 아트 텍스타일의 디자인 발상을 해본다. 재료(재활용 의류), 작업 과정, 완성품 등 모든 발상의 과정을 사진으로 찍어 구체적으로 맵을 작성하고, 제작된 디자인 발상을 제출한다.
- 창의적인 아트 텍스타일의 발상을 구체적으로 설명하고, 느낌과 전달하고자 하는 의미를 통찰을 통해 적어본다.
- 피드백을 통해 창의적인 재질감 발상에 대한 서로의 느낌을 나눈다.

ACT 10-1 마음속에 떠오르는 재질감을 그림으로 표현해봅시다.

설명Description

통찰Insight

피드백Feedback

ACT 10-2 마음속에 연상되는 재질감의 근원이 되는 사진(Texture Source)으로 소재 이미지와 스타일을 맵으로 표현하고 테마를 붙여봅시다.

테마Theme

설명Description

통찰Insight

피드백Feedback

ACT 10-3 재활용 의류를 사용하여 창의적인 아트 텍스타일(Art Texile)의 디자인 발상을 해봅시다.

테마Theme	재료

설명Description

통찰Insight

피드백Feedback

무늬에 의한 디자인 발상

무늬는 일반적으로 조작이 가능한 선line, 공간space, 형shape으로 이루어져 그 자체로 시각적 효과를 나타낼 수 있어 중요한 디자인 요소로 취급된다.

의복에서 무늬는 크기, 형태, 배열, 색채대비, 면적과의 관계비 등의 적절한 배합으로 시각적 효과를 강화시키거나 약화시킨다. 또한 체형의 결점을 보완하여 의복과 인체가 아름답게 조화될 수 있게 함으로써 심리적 만족감을 증대시킨다.

의복에서 무늬는 개념상으로 모티프motif와 패턴pattern으로 나누어진다. 모티프는 무늬를 이루는 기본 단위의 형태를 가리키며(그림 11-1), 패턴은 모티프가 모여서 이루는 무늬의 전반적인 형태를 말한다(그림 11-2).

무늬는 종류, 배열 그리고 무늬끼리의 구성을 통해 다양한 이미지와 효과를 창조할 수 있으며, 이러한 무늬의 효과는 디자인 발상에 다양한 영감을 주어 창조적 디자인 개발에 도움을 준다.

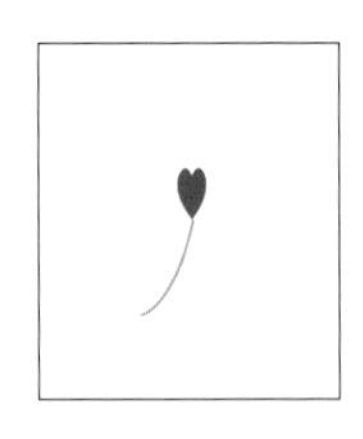

그림 11-1 모티프

그림 11-2 패턴

형과 공간

우리는 무늬를 생각할 때, 공간에서 형성되는 무늬와 배경을 함께 생각하게 되며 이는 지각과 매우 중요한 관련성을 가지고 있다.

공간은 영역 또는 범위라고 하며 선, 형, 색채, 재질, 무늬 등 다른 요소가 놓이는 빈 영역인 2차원의 평면과 속이 비거나 또는 양적인 특성을 갖는 3차원으로 나누어볼 수 있다. 형은 공간 둘레에 선을 둘러 갇힌 공간으로, 형과 공간은 시각적 지각에 큰 영향을 미쳐 착시 효과를 만들어낸다. 공간의 지각에 영향을 미치는 단서로는 분할된 부분들의 크기, 겹침, 형 간의 접근, 분할된 부분들의 밀도, 볼록과 오목, 둘레선의 성격을 들 수 있다. 따라서 공간 분할 시 형–공간, 전경–배경으로 보는가, 3차원의 깊이와 거리를 가진 것으로 보는가, 평면의 것으로 보는가 하는 것은 이 단서들을 어떻게 사용하느냐에 달려 있다.

데이비스Marian L. Davis는 둘러막힌 공간(형)을 속이 찬 것 또는 3차원의 것으로 보이게 하는 단서를 전진화 단서advancing cue라고 했는데, 이 단서는 속이 찬 것으로 보이게 하고 전경과 배경 사이를 확대시키고 깊이를 만들며 외견상의 거리를 증가시킨다. 반면 전경과 배경 사이의 외견상의 거리를 감소시키고 깊이감을 최소화하는 시각적 단서는 평면화 단서flattening cue라고 하며, 이 단서들은 어떤 부분을 후퇴시키고 속이 비어 보이게 하거나 평면 또는 축소되어 보이게 한다.

표 11-1 형과 공간의 지각에 영향을 미치는 단서

단서	크기	겹침	접근	밀도	볼록·오목	둘레선
입체적	다른 크기 (작은 형, 큰 공간)	겹침	서로 닿지 않음	채워진	볼록	두꺼운, 날카로운, 견고한
평면적	비슷한 크기	겹치지 않음	서로 닿음	빈, 밋밋한	오목	얇은, 보풀 있는, 희미한
형과 공간의 지각				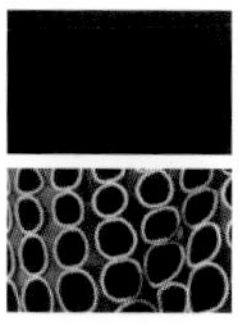	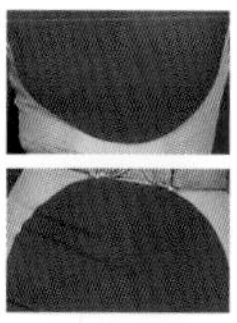	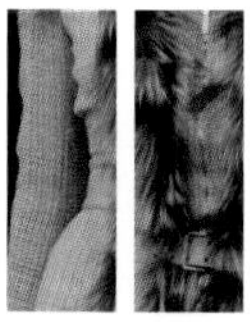
패션 사진	 © Ovidiu Hrubaru/Shutterstock.com	 © FashionStock.com/Shutterstock.com		 © FashionStock.com/Shutterstock.com	 © FashionStock.com/Shutterstock.com	 © FashionStock.com/Shutterstock.com

무늬의 종류에 의한 디자인 발상

무늬에 의한 디자인 발상에서 가장 선행되어야 할 것은 모티프의 선정이며, 선정된 모티프는 자유로운 발상을 통해 의복에 표현된다. 무늬의 종류는 표현 방법에 따라 사실적 무늬realistic pattern, 양식적 무늬stylized pattern, 추상적 무늬abstract pattern, 기하학적 무늬geometric pattern 등으로 구분된다. 무늬는 시대, 민족, 지역성을 나타내고 성별, 연령, 착용장소에 제한을 받으며, 크기나 종류에 따라 착용자의 신체적인 장점을 부각시키고 단점을 감추는 역할을 할 수 있다.

무늬는 소재의 특성과도 깊은 관련이 있다. 예를 들면, 악어나 호랑이 등의 가죽이나 무늬가 요철감 있고 신축성 있는 질감의 소재에 표현되어 나타난다면 소재의 표면 질감과 탄력성으로 인하여 무늬는 생동감 있게 표현·전달되어 시각적 이미지를 극대화시킬 것이다. 또 꽃무늬를 얇고 하늘거리는 시어 소재(시폰) 위에 표현한다면 여리고 부드러운 이미지의 서정적인 감성이 얇은 소재가 바람에 나부끼는 듯한 움직임을 통해 효과적으로 표현될 것이다. 따라서 유사한 성격을 가진 무늬와 소재의 조합은 무늬가 주는 감성적 표현을 극대화시킬 수 있으므로 소재와의 적절한 조화를 고려해야 한다.

반면 무늬와 소재의 특성이 상반되는 반대법과 같은 조합의 경우 부자연스럽고 이질적인 감성이 표현되겠지만 고정관념에 얽매이지 않고 독특하고 개성 있는 자유로운 발상을 전개하는 데 도움이 될 것이다. 여기서는 무늬의 종류에 따른 디자인 발상에 대해 살펴보도록 한다.

사실적 무늬에 의한 발상

사실적 무늬realistic pattern는 자연물과 인공물을 있는 그대로를 표현한 것이다. 자연물로는 식물, 동물, 새 등이 있으며 인공물로는 건축물, 장난감, 자동차 등이 있다. 사실적인 무늬는 자연스럽고 로맨틱한 이미지를 표현하는 데 효과적이다. 사실적인 묘사로 인하여 무늬 자체가 입체감을 가지므로 입체감 없는 소재에 나타내면 완성된 무늬의 입체감이 효과적으로 표현될 수 있다.

사실적 무늬는 의복에 표현되었을 때 일상생활에서 미처 느끼지 못한 새로움과 의외성을 발견할 수 있으나, 무늬의 특성상 있는 그대로를 표현하기 때문에 익숙해 보이며 직접적인 표현으로 인해 지루하고 예술성이 부족해 보일 수 있다. 따라서 이러한 무늬는 모티프 자체의 아름다움은 물론, 크기나 배열 등을 다양하게 변화시킴으로써 무늬의 효과를 살릴 수 있는 발상의 전환이 요구된다.

예를 들어 꽃, 식물, 동물, 비, 바람, 구름, 산, 바다 등의 자연물과 풍경 같은 자연에 대한 사실적인 표현은 자연의 아름다움이나 생명력을 표현하고 여유롭고 부드러운 분위기를 통하여 자연의 편안함을 전달한다. 1980년대 말부터는 환경문제에 대한 관심이 높아지면서 에콜로지 패션ecology fashion의 유행과 함께 내추럴 이미지를 표현하는 대표적인 무늬가 되었다. 특히 동양화에 나타나는 사실적인 풍경무늬는 동양적인 정중동의 미학과 여백의 아름다움이 사실적인 우아함을 시각적 극대화를 이루며 입체적으로 표현하게 된다. 꽃무늬의 경우에도 단순화된 표현 방법에서는 볼 수 없는 사실적인 꽃무늬가 로맨틱하고 드라마틱한 감성을 낭만적이고 섬세하게 표현하는 데 효과적으로 사용된다.

그림 11-3 사실적 무늬

양식적 무늬에 의한 발상

양식적 무늬stylized pattern는 사물을 실제 그대로 표현하는 것이 아니라 형태를 변형시키거나 세부 묘사를 단순화 또는 과장하여 평면적인 형태로 묘사한 것이다. 단순화된 양식적 무늬는 섬세한 사실적 무늬와 달리 정리되고 세련된 느낌을 주며, 의복의 구조적 아름다움을 살리는 디자인 발상에 적합하다.

이 무늬는 각 나라의 민속적(에스닉) 이미지를 표현하고자 할 때 효과적으로 사용되어 이국적이고 대담한 이미지를 강렬한 색상과 함께 독특한 개성을 표현하기에 좋다. 양식적 무늬가 민족마다 독특한 예술적 감각으로 재창조

그림 11-4 양식적 무늬

되어 표현되기 때문이다.

대표적인 양식적 무늬인 페이즐리무늬는 미니멀한 디자인에 사용되어 현대적 감각의 모던 이미지에 독특한 이국적 매력을 더함으로써 풍성한 감성을 차별화하여 독특한 세련미를 표현한다.

추상적 무늬에 의한 발상

추상적 무늬abstract pattern는 사물의 형태와는 상관없이 구체적인 사물의 무늬를 구성 요소로 하지 않고 점, 직선, 곡선, 면, 색채 등을 자유롭게 결합하여 만든 것으로 인간의 무한한 상상력에 의해 디자인된다.

모티프의 크기, 형태, 색채, 배열 등에 구애받지 않는 자유로운 표현이기 때문에 오히려 의복의 선이나 형태 및 착용자의 체형과 조화를 이루기도 하고 형태에 구애받지 않는 부정형으로 균형감을 깨뜨려 의외의 효과를 살릴 수도 있다. 또 디자이너의 감각적 능력에 따라 흥미롭고 예술적으로 풍부한 이미지를 전달할 수 있다.

추상주의와 초현실주의 회화작품을 의복에 그대로 옮겨 추상무늬로 활용하기도 하는데, 이 경우 그림의 자유롭고 독특한 예술적 감성이 옷에 접목되어 아방가르드한 무늬의 차별화된 독특한 아름다움에 예술적 아름다움이 더해져 고급스러운 표현 방법이 된다. 추상무늬가 가지는 복잡하고 이질적인 감성이 무늬로 표현될 때는 디자인이 단순화되는 경향이 많다. 추상무늬가 미니멀한 디자인에 대담하고 강렬한 무늬와 배색으로 조화를 이루며 예술적인 세련미를 독특하게 차별화된 개성으로 극대화시키는 효과적인 수단이 되기 때문이다.

오늘날에는 감성적인 것이 중요시되는 패션의 흐름에 따라 자유로운 발상으로 표현되는 추상적 무늬가 많이 사용되고 있다.

© catwalker/Shutterstock.com

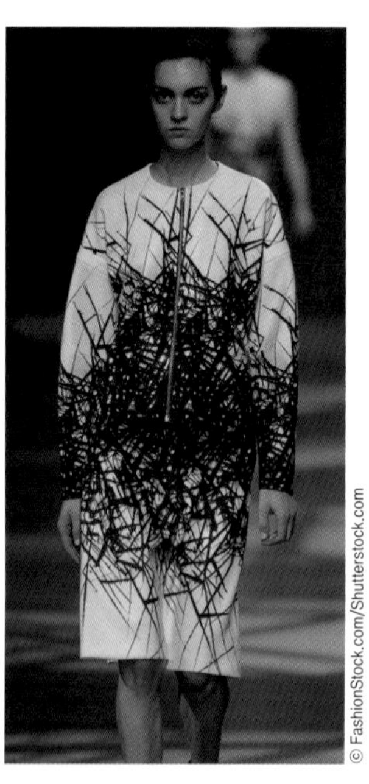
© FashionStock.com/Shutterstock.com

© FashionStock.com/Shutterstock.com

그림 11-5 추상적 무늬

무늬의 종류

스트라이프무늬의 종류

블록 스트라이프

얼터네이트 스트라이프

캐스케이드 스트라이프

트리프라이 스트라이프

스포츠 셔링 스트라이프

프로방스 스트라이프

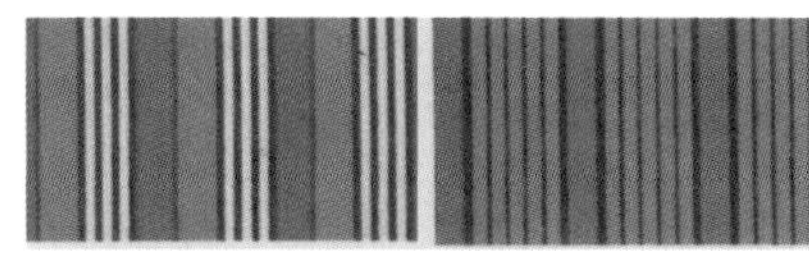
매더 스트라이프

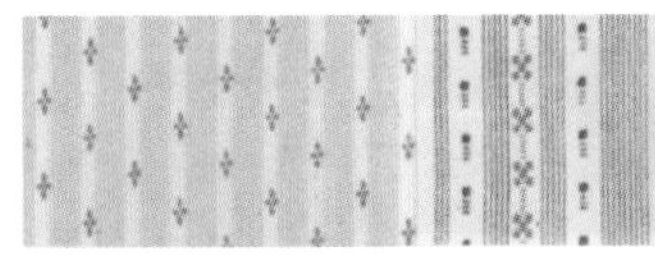
드레스 셔링 스트라이프

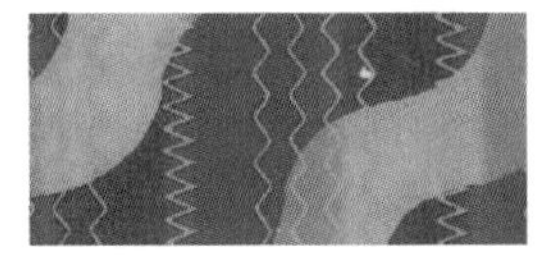
서펜타인 스트라이프

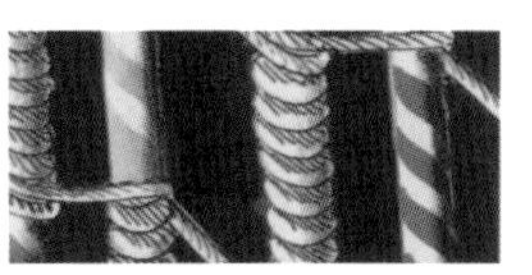
로프 스트라이프

헤링본 스트라이프

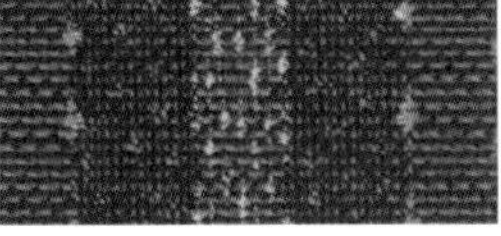
텍스추어 패턴 스트라이프

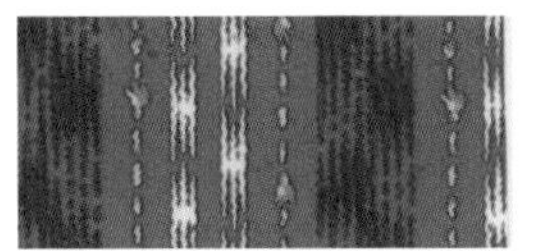
스티치 스트라이프

도트무늬의 종류

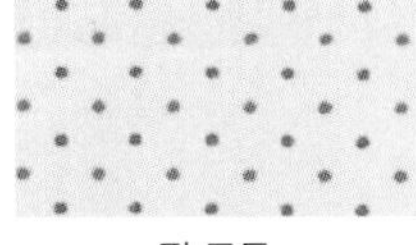
핀 도트

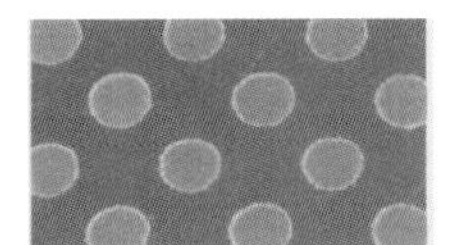
폴카 도트

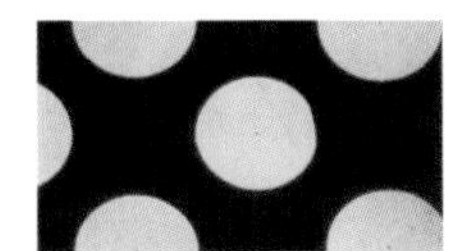
코인 도트

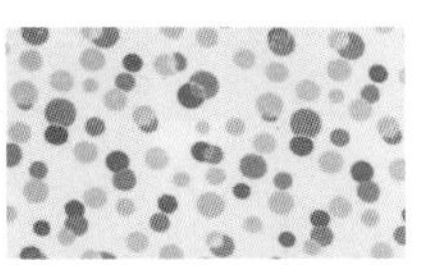
팬시 도트

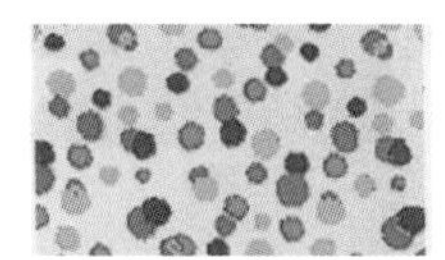
켄페티 도트

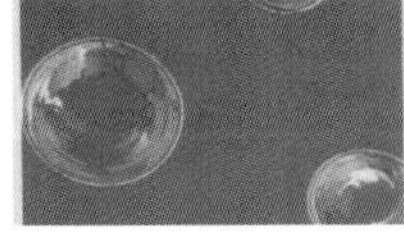
플록 도트

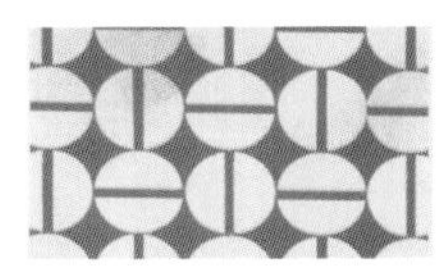
하프 도트

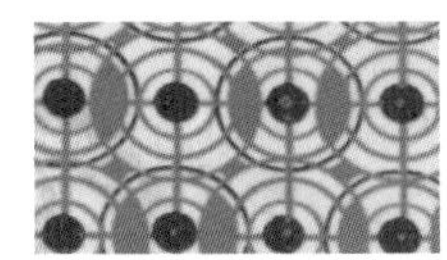
볼즈 아이 도트

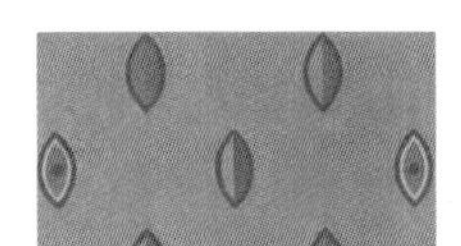
타원형

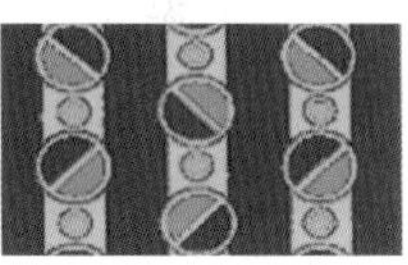
커피콩완두콩 도트

체크무늬의 종류

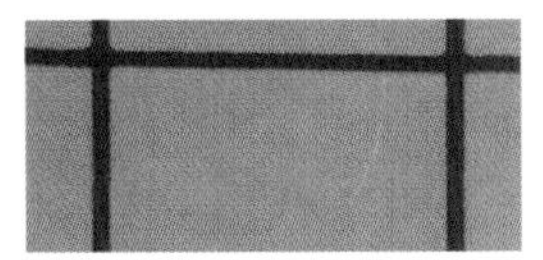
윈도페인 체크

깅엄 체크

블록 체크

스타 체크

건클럽 체크

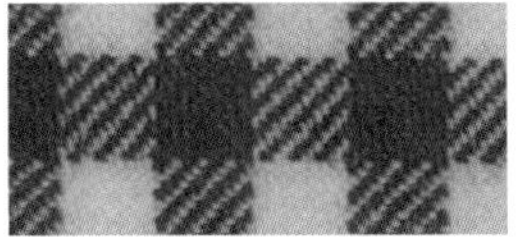
셰퍼드 체크

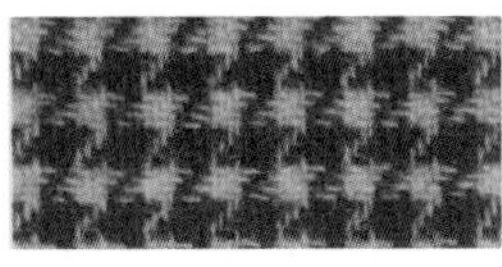
하운드투스 체크

글렌 체크

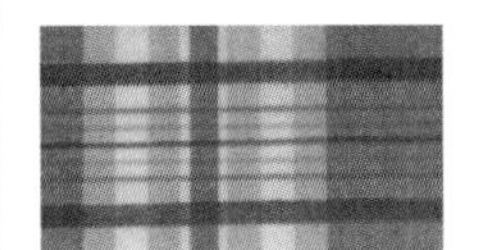
오버 체크

타탄 체크

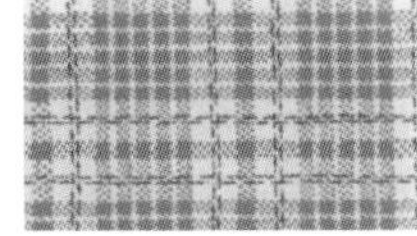
얼터네이트 체크

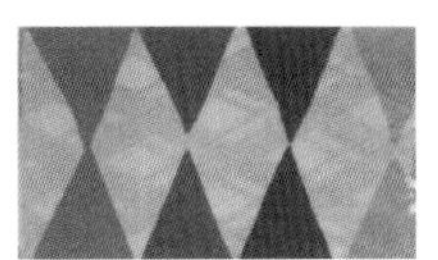
아가일 체크

비스킷 체크

기하학적 무늬에 의한 발상

기하학적인 무늬geometric pattern는 직선이나 곡선의 교차에 의하여 형성되는 일종의 추상적인 무늬지만 자유로운 추상 무늬와 달리 일정한 규칙과 질서를 가지고 있다. 인간의 상상력에서 생겨난 것이라는 점에서 추상적 무늬와 근원이 같지만 직선, 원, 삼각형, 사각형 등과 같은 규칙성을 가진 기하학적 형태를 이용하여 무늬를 이루게 된다. 기하학적 무늬로는 스트라이프stripe, 도트dot, 체크check, 옵티컬optical무늬 등이 있으며, 기하학적 형태의 깨끗하고 정돈된 느낌으로 인해 경쾌하고 모던한 감각을 즐길 수 있다. 기하학적 무늬는 성별, 연령에 큰 영향을 미치지 않는 대표적 무늬이다. 주로 캐주얼하거나 스포티한 이미지를 나타내기 위한 디자인 발상에 사용하면 효과적이지만, 때로는 의외의 우아한 이미지를 모던한 감각으로 살리는 디자인에 활용되어 세련된 느낌을 준다.

그림 11-6 기하학적 무늬

옵티컬무늬는 사람이 사물을 시각적으로 지각하는 데 있어 실제와 다르게 지각하게 되는 시각적 착시[Visual illusion]를 일으키며 기하학적 착시[Geometric illusion], 깊이와 거리 착시[Depth and distance illusion], 잔상[After-image], 방사[Radiation], 동시대비[Simultaneous contrast]를 포함하는 정적 착시와 자동운동적 착시로 나눌 수 있다. 착시현상은 선(형), 색채, 재질과 같은 모든 디자인 요소에 의하여 나타날 수 있으나 주로 기하학적인 무늬를 활용한 프린트로 많이 사용된다.

기하학 착시는 선의 방향, 굵기, 도트의 크기, 밀도 등에 의하여 여성적 또는 남성적인 성(性)적 이미지를 더욱 완성시키거나 키, 체중, 체형에 대한 두드러진 또는 강력한 시각적 효과에 기여할 수 있어 키가 작은 사람의 신장이 커 보이게 하거나, 뚱뚱한 사람을 조금 날씬해 보이게 하거나, 밋밋한 체형을 볼륨감 있어 보이게 하는 효과를 유도할 수 있기 때문에, 무늬의 시각적 착시를 잘 이용하면 시각적 우선권에 변화를 주어 착용자의 신체적 장점은 부각시키고 결함은 가리는 효과를 얻을 수 있다. 특히 도트의 강박적인 표현은 초현실적인 감성을 전달하기에 충분하여 신비롭고 몽환적인 추상적 효과까지 유도하는 독자적인 매력을 지니고 있다.

기타

아르누보 양식에 의한 발상

아르누보[art nouveau]는 1890년대 유럽을 중심으로 일어난 미술 양식의 하나로 꽃, 잎, 얽힌 줄기 등의 식물을 모티프로 한 곡선적인 표현이 주요 특징이다.

곡선을 통해 자연의 유동적 형태를 표현하며 그 속에서 본질의 실체를 찾고자 하는 아르누보 양식의 무늬는 부드럽게 흘러내리는 선의 성격에 따라 우아하고 유연한 특성을 잘 살려주며 여린 여성적 이미지를 섬세하게 나타내기 위한 디자인 발상에 응용할 수 있다. 또 아르누보 문양의 단순하면서 곡선적인 특성이 동양적인 당초문양과 유사한 특성을 가지며 이국적인 이미지를 연상시켜, 여성적이고 깔끔한 감성을 이국적으로 전달하는 발상에도 효과적으로 사용할 수 있다.

아르데코 양식에 의한 발상

아르데코[art deco]는 1920~1930년대에 걸쳐 유행한 양식으로, 아르누보에 비해 합리성과 단순성, 구조적 기능성을 추구한다. 단순하고 간결한 이 양식은 모더니즘의 시초라고도 하며 기하학적 형태를 중심 특징으로 한다. 간결하고 일정한 패턴을 가지는 아르데코는 기하학적이거나 양식화된 형태가 주된 모티프로 사용되어 현대적인 세련미를 주는 디자인 발상에 많이 사용된다. 꽃이나 동물 및 인간을 단순화하거나 직선과 유선형의 매끄러운 선으로 표현되며, 의복에 부분적으로 대담하게 사용되어 규칙성을 가지는 무늬가 화려하고 위엄 있는 이미지를 나타내기 때문에 세련미를 더해 고급스러운 이미지를 상승시켜준다. 일정한 패턴의 반복이 가능하여 아르누보와는 달리 대량 생산이 용이하다.

문자무늬에 의한 발상

문자무늬는 아라비아 숫자, 각 나라의 고유 문자 등이 의복의 모티프로 사용되는 것으로, 일반적으로 영어의 알파벳이 가장 많이 이용된다.

그림 11-7 아르누보　　그림 11-8 아르데코　　그림 11-9 문자무늬　　그림 11-10 캐릭터무늬

문자는 각 나라를 대표하는 독특하고 개성적인 이미지를 표현할 수 있으며 소재의 독특함으로 메시지를 전달하거나 브랜드 명칭을 홍보하는 데 사용된다. 문자무늬는 언어적 특징과 더불어 서체에 따라서도 다양한 감성 전달이 가능한 독특한 매력이 있기 때문에 적용되는 디자인과 무늬, 글씨체 선택에 주의해야 한다. 특히 한자나 한글을 붓글씨로 써내려가는 글자무늬는 깔끔하고 세련된 이미지에 묵향이 주는 은은한 동양적인 신비로운 이미지가 더해져 색다른 아름다움을 고급스럽게 나타내준다. 블랙 & 화이트의 명도대비로 이루어진 알파벳 고딕체는 모던한 이미지를 세련되게 표현하는 데 효과적일 것이다. 최근 캘리그라피calligraphy에 대한 관심이 높아지는 것도 글씨체에 따라 여러 감성을 표현하는 문자에 대한 관심의 증가를 보여주는 것으로, 많은 표정을 담고 있는 문자무늬가 가지는 무한한 매력에 대한 소비자의 니즈needs가 반영된 것이라고 할 수 있다.

캐릭터무늬에 의한 발상

캐릭터character무늬는 메르헨(동화) 또는 사물의 특징적인 형태를 모티프로 사용한 것으로 흥미와 즐거움을 제공한다. 이 무늬는 흔히 애니메이션animation의 주인공을 모티프로 이용하여 아동복에 많이 사용되지만, 최근 기업 홍보를 위해 개발된 캐릭터와 자신의 모습을 닮은 캐릭터 인형 등 캐릭터 사업에 대한 관심이 커짐에 따라 남녀노소를 불문하고 캐주얼한, 스포티한, 활동적인 의복에서의 활용 범위가 넓어지고 있다. 과거에는 대중화된 캐릭터를 많이 사용했다면, 최근에는 스스로를 패러디 또는 캐리커처한 자신만의 캐릭터무늬를 이용하는 등 사용되는 무늬의 범위가 확대되고 있다.

캐릭터무늬는 착용자의 연령과도 밀접한 관계가 있는데, 무늬의 캐릭터가 착용자의 연령과 일치하면 심리적 쾌감을 상승시킨다. 예를 들면 장난감무늬의 경우에는 유아동복에 사용하기 적당하다. 캐릭터무늬는 보통 착용자의 기억 속 한 장면이 주는 영원한 추억을 대상으로 하는 경우가 많으므로 귀여운, 유머, 익살, 재치, 향수와 같은 유쾌한 펀놀리지funology 감성을 재미있게 첨가함으로써 연령과 추억이 함께 독특하고 즐거운 변화를 주는 디자인 발상에 효과적이다.

무늬의 배열에 의한 디자인 발상

무늬에 의한 디자인 발상 과정에서 선정된 모티프는 다양한 배열 방식을 통해 패턴화되어 의복에 표현된다. 같은 모티프라도 배열 방식의 차이에 따라 다른 이미지의 전환이 가능하므로 적절한 배열을 통해 무늬 발상의 흥미로움을 더할 수 있다.

배열 방법으로는 전방배열, 사방배열, 이방배열, 일방배열, 가장자리배열, 공간배열이 있다. 전방배열을 제외한 나머지 배열은 방향을 가짐으로써 시선의 이동을 유도하는 특징이 있는데, 방향성이 있는 무늬는 지배적인 방향으로 심리적인 효과가 작용하여 시각적인 착시 및 리듬과 같은 시지각과 디자인 원리가 크게 나타난다.

전방배열무늬에 의한 발상

전방배열무늬all-over pattern는 어떤 각도에서 보든 동일한 효과를 지니며 안정적인 이미지를 표현하는 배열이다. 디자인 창작 과정에서 무늬를 맞출 필요가 없고 실루엣이나 그 안의 구성선 디자인에 제약이 없어 편안하고 자유로운 디자인 발상이 가능하다.

사방배열무늬에 의한 발상

사방배열무늬four-way pattern는 상하좌우 네 방향에서 보았을 때 같은 무늬의 효과를 지니는 것이다. 바이어스 방향으로 처리하면 사선의 효과가 나타나 다양한 변화를 시도해볼 수 있다.

이방배열무늬에 의한 발상

이방배열무늬two-way pattern는 상하 또는 좌우의 두 방향에서 같은 무늬의 효과를 지니는 것이다. 주로 한 선을 기준으로 양측이 동일한 줄무늬나 장방형의 격자무늬가 이에 속한다.

일방배열무늬에 의한 발상

일방배열무늬one-way pattern는 한 방향에서만 같은 효과를 가지는 무늬로 주로 나무, 사람, 숫자, 꽃 등 모티프의 형태가 방향성을 가지고 있는 것과 비균형적인 체크무늬, 바둑무늬, 스트라이프 등이 이에 속한다.

일반적으로 방향성을 가지는 모티프의 디자인 발상에 사용되며 길이 방향으로의 배열을 통해 시선을 상하로 유도함으로써 키가 커 보이게 하는 착시 현상을 일으킨다. 간혹 이방배열 또는 사방배열의 일반적인 규칙을 가진 무늬에 의외성이 더해진 일방배열의 무늬에서 전달되는 참신한 이미지는 독특한 세련미를 확실하게 전달해준다.

가장자리배열무늬에 의한 발상

가장자리배열무늬border pattern는 의복의 가장자리에 주요 모티프를 배열시키는 방법이다. 이 같은 무늬의 배열은 주로 의복의 헴라인, 칼라, 재킷, 소매, 주머니, 바지 등의 끝부분에 사용되며 의복의 일정 부분을 강조하고자 할 때 이용하는 발상이다. 또한 디자인 발상 과정에서 미리 모티프의 전개를 예측하고 디자인을 하게 되어 디자인이 완성되었을 때 독특한 효과를 연출할 수 있다. 예를 들면, 상의 보디스 좌우 가장자리 장식은 중심이 여며졌을 때 무늬가 인체 중앙에 위치하게 되며 일반적인 헴라인(소매, 스커트, 팬츠 등)의 가장자리와는 다른 위치에 나타나는 가장자리 위치 변화가 발생하므로, 디자인 발상 때부터 최종적으로 완성된 옷의 무늬 배열 위치와 형태를 잘 계획해야 한다.

공간배열무늬에 의한 발상

공간배열무늬spaced pattern는 일반적으로 독자적인 구성을 지니는 것으로 배열의 반복이 큰 무늬를 말한다. 의복의 한 부분만 강조하거나, 퍼즐이나 스카프 또는 카펫처럼 전체가 하나의 모티프로 디자인된 경우가 이에 속한다. 이 경우는 모티프의 형태와 위치가 디자인의 중심이 되므로 의복의 한 곳만을 강조하여 무늬의 이미지를 강조하고자 하는 디자인 발상에 많이 사용된다.

공간배열무늬는 공간의 활용과 무늬 디자인을 고려한 위치가 디자인의 완성도를 높이기 때문에 전체적인 이미

© Dmitry Abaza/Shutterstock.com

그림 11-11 전방배열무늬

© catwalker/Shutterstock.com

그림 11-12 사방배열무늬

© FashionStock.com/Shutterstock.com

그림 11-13 이방배열무늬

그림 11-14 일방배열무늬

그림 11-15 가장자리배열무늬

그림 11-16 공간배열무늬

지, 무늬의 크기, 위치가 조화를 이룰 때 그 효과가 상승되는 무늬 배열이다. 무늬의 성격보다는 배열에서 오는 크기와 공간 활용도에 의한 성격이 크게 작용하므로 남성적인, 강인한, 강렬한, 위엄 있는, 위압적인, 화려한, 독특한 이미지가 강하게 나타난다.

무늬의 조합에 의한 디자인 발상

무늬와 무늬의 구성을 통해 얻을 수 있는 효과는 각각의 무늬가 지니는 이미지의 결합으로 얻어진다. 무늬의 구성 효과는 크게 무늬의 종류, 형태, 속성 등을 같게 하고 그 안에서 변화를 주어 전체적으로 통일감을 주는 유사한 감각의 조합과 서로 다른 이미지의 결합을 통해 색다른 효과를 만들어내는 이질적 감각의 조합으로 나눌 수 있다. 이러한 구성 효과를 가지는 무늬는 한 종류의 의복에 2가지 이상의 무늬를 사용하거나 두 종류 이상의 의복에 여러 가지 무늬를 조합하는 방법, 즉 코디네이션으로 연출된다.

무늬는 그 자체만으로 시각적 효과가 강하므로 독창적 아이디어를 바탕으로 한 무늬의 감각적 구성을 통해 기발하고 독특한 효과를 만들어낼 수 있다.

유사한 무늬의 발상

무늬의 구성 효과에서 유사한 감각의 조합이란 무늬의 종류나 속성 등을 통일시켜 그 안에서 형태나 크기, 색채의 구성에 변화를 주어 유사한 감각의 새로운 디자인을 창조해내는 발상이다.

유사하거나 동일한 무늬의 연출은 유사한 이미지가 서로 함께 이웃하거나 착용되며 표현하고자 하는 이미지를 더욱 풍성하고 확실하게 전달하는 것을 가능하게 한다. 이때 동일한 소재, 유사한 배색이 함께 사용되면 조화롭고 자연스러운 느낌이 표현하고자 하는 이미지를 더욱 풍부하게 만들지만 단조로운 느낌이 수반되는 단점이 생길 수 있다. 따라서 무늬 자체의 크기 및 밀도의 변화와 함께 착용 아이템의 소재나 컬러를 함께 고려하여 감각적인 변화를 주면 통일감 속에서 생동감이 있고 세련된 발상을 하는 데 효과적일 것이다.

그림 11-17 사실적 무늬

그림 11-18 기하학적 무늬

그림 11-19 문자무늬

그림 11-20 양식적 무늬

이질적인 무늬의 발상

앞에서 살펴본 것처럼 무늬 간의 구성 효과는 종류나 형태의 통일 등 무늬의 공통적인 특성을 가지고 이루어지는 것이 일반적이다. 하지만 오늘날에는 좀 더 개성적이고 감각적인 패션이 요구되면서 디자이너의 창의적인 능력에 따라 디자인 발상의 폭이 더욱 광범위해지고 있다. 서로 다른 성격의 무늬들이 함께 나타나기 때문에 조화롭지 않고 낯선 조합이 주는 어색함과 불편함이 고정적인 편견을 벗어나 독특한 개성의 새롭고 자유로운 표현법으로 나타나고 있는 것이다. 이러한 무늬는 역동적이고 강렬하며 차별화된 개성을 자유롭고 세련되게 표현하는 발상에 효과적이다.

그림 11-21 사실적 + 기하학적

그림 11-22 사실적 + 양식적

그림 11-23 기하학적 + 추상적

그림 11-24 양식적 + 문자

DESIGNER STORY :

크리스티앙 라크루아Christian Lacroix

상반된 이미지를 조화시킨 매혹적인 낭만주의로
여성의 꿈을 만족시켜주는 디자이너

- 1951~. 프랑스 출신
- 내성적이고 조용한 성격과는 달리 열정적이고 쾌락적인 삶과 작품을 추구하는 탐미주의자
- 화려한 색채와 현란한 테크닉을 펼치는 '신장식주의의 거장'
- 패션계 입문 후 세계적인 트렌드를 의식 않고 일관되게 낭만주의 흐름 유지
- 색상, 프린트, 텍스처의 다채로운 조합
- 상반된 이미지(동양과 서양, 과거와 현재, 원시적인 것과 현재적인 것)를 조화롭게 혼합하여 독특한 아름다움 표출
- 집시들이 즐겨 사용하는 울긋불긋한 컬러와 대담한 블랙 컬러를 통해 위선을 버리고 충동적으로 디자인을 함
- 1980년대에 화려하면서 위트 있는 옷을 원하는 젊고 아름다운 신세대 여성에게 옷을 입혀 오트쿠튀르에 새로운 활력을 불어넣음
- 1981. 장 파투 하우스에서 미술감독으로 명성을 날림
- 1986. 1988. 황금골무상 수상
- 1987. 파리, 생 오노레 거리에 쿠튀르 하우스 오픈
- 1987. 뉴욕의 CAFDA에서 가장 영향력 있는 외국 디자이너에게 주는 상 수상하며 독창적인 디자인 세계를 인정받음
- 1988~. 자신의 이름을 딴 오트쿠튀르(고전적인 우아함 강조)와 프레타프르타(쿠튀르보다 저렴하고 웨어러블한 디자인) 컬렉션 발표
- 1980년대 최고의 디자이너로 꼽힘

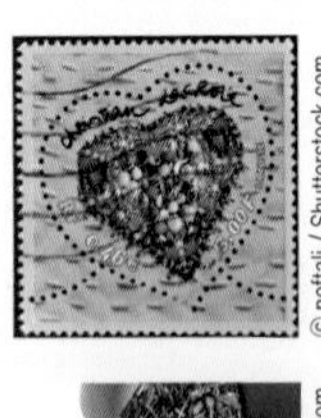
© neftali / Shutterstock.com

© MarkauMark / Shutterstock.com

© Everett Collection / Shutterstock.com

© FashionStock.com / Shutterstock.com

토머스 버버리Thomas Burberry

클래식한 영국의 상징이기도 한 버버리 코트를 만들고
세계 최초의 방수원단인 개버딘을 발명한 혁신가

- 1835~1926. 영국 출신
- 비가 잦고 변덕스러운 영국 날씨에 필수적인 레인코트를 만들고자 목동이나 농부들이 착용하던 스목프 룩의 특성의 가벼운 디자인에 오랜 소재 연구를 통해 1888년 세계 최초로 '개버딘'이라는 방수 원단 발명
- 1895. 세계대전 당시 군인 장교들을 위한 군용 방수복인 타이로켄이라는 옷을 제작. 이것이 오늘날 버버리 트렌치코트의 시초가 됨
- 왕실 지정 상인됨. 에드워드 7세가 "내 버버리 가져와라."라고 하면서 버버리코트가 트렌치코트를 뜻하는 대명사가 됨
- 1901. 말을 타는 기사의 모습과 전진을 뜻하는 프로섬을 이용한 버버리 로고 탄생
- 1999. 'Burberrys'에서 'Burberry'로 브랜드명을 바꿈
- 1990년대 버버리 체크(노바체크)의 모조품과 올드한 이미지 및 판매 매장의 기하급수적인 증가로 인한 이미지 실추
- 실추된 이미지를 탈피한 새로운 리포지셔닝을 단행하여 젊은 이미지의 버버리를 만드는 적극적인 노력 : 디자인의 변화, 아이템의 다양화 및 시그니처와 같은 노바체크의 컬러 변화 및 신선한 모델을 통한 세련된 이미지로 다시 대중의 관심을 이끎
- 성공적인 이미지 변신으로 버버리 정신이 부활한 후 2001년 크리스토퍼 베일리를 만나며 변화의 절정을 맞고, 트렌디하며 젊고 감각적인 럭셔리 브랜드로 찬사받음

© Featureflash Photo Agency / Shutterstock.com

© Featureflash Photo Agency / Shutterstock.com

- 목표 : 마음속에 형성된 심상에서 다양한 무늬를 찾아보고, 그 무늬들의 심리적·조형적 특성을 복합적으로 적용한 창의적 디자인 발상의 표현 능력을 기른다.
- 준비물 : 패션 잡지, 가위, 풀, 스와치, 리사이클 의류, 바느질 도구 등

ACT 11-1 마음속에 떠오르는 무늬를 그림으로 표현해봅시다.

- 눈을 감고 잠시 명상(3분)을 통해 마음속에 떠오르는 무늬를 그대로 그림으로 표현한다. 그림에 나타난 무늬의 스와치를 찾아서 붙이고 무늬 종류를 적어본다.
- 무늬의 종류, 배열, 조합을 구체적으로 설명하고, 통찰을 통해 느낌(감정, 생각)과 의미를 적어본다.
- 조원들과의 피드백을 통해 서로의 느낌을 나눈다.

ACT 11-2 마음속에 연상되는 무늬의 근원이 되는 사진(pattern source)을 중심으로 연상된 무늬 이미지와 스타일을 맵으로 표현하고 테마를 붙여봅시다.

- 마음속에 떠오른 무늬의 근원이 되는 사진을 중심으로 무늬 이미지 맵을 만들고 이미지에 맞는 패션스타일 사진 1개를 패션 잡지에서 찾아 무늬 이미지 맵 위에 붙여 완성한 후 테마를 정한다. 무늬 이미지에 해당하는 소재나 잡지 스와치(swatch)를 붙이고 이름을 적어본다.
- 무늬 이미지와 스타일 맵에 나타난 무늬에 대하여 구체적으로 설명하고, 통찰을 통해 자신의 느낌(감정, 감각)과 의미를 적어본다.
- 조원들과의 피드백을 통해 무늬 표현에 대한 서로의 느낌을 나눈다.

ACT 11-3 재활용 의류를 사용하여 창의적 무늬 발상을 통해 셔츠 디자인을 해봅시다.

- 개인적으로 재활용 의류를 준비한다. 준비한 다양한 의류를 복합적으로 사용하여 원하는 무늬를 다양하게 발상한 창의적인 셔츠 디자인을 하나 완성한다. 재료 준비, 작업 과정, 완성된 창의적인 패션 디자인의 발상 과정을 모두 사진으로 찍어 맵을 통해 구체적으로 표현한다.
- 창의적인 셔츠 디자인의 무늬 발상을 구체적으로 설명하고, 느낌과 의미를 통찰을 통해 적어본다.
- 피드백을 통해 창의적인 디자인 발상에 대한 서로의 느낌을 나눈다.

ACT 11-1 마음속에 떠오르는 무늬를 그림으로 표현해봅시다.

스와치Swatch

무늬 종류

설명Description

통찰Insight

피드백Feedback

ACT 11-2 마음속에 연상되는 무늬의 근원이 되는 사진(pattern source)을 중심으로 연상된 무늬 이미지와 스타일을 맵으로 표현하고 테마를 붙여봅시다.

테마 Theme

스와치 Swatch

무늬 조합

무늬 종류

설명 Description

통찰 Insight

피드백 Feedback

ACT 11-3 재활용 의류를 사용하여 창의적 무늬 발상을 통해 셔츠 디자인을 해봅시다.

패션 디자인 프로세스Fashion Design Process : 원재료 / 작업 과정 / 창의적 디자인

설명Description

통찰Insight

피드백Feedback

부록

1 패션 컬렉션 읽기

2 패션 디자인 스케치

3 패션 저널

4 학생 작품 예시

5 패션 디자인에 대한 자신의 변화와 성장 확인

6 노트

관찰-분석

해석-평가

관찰-분석

해석-평가

관찰-분석

해석-평가

관찰-분석

해석-평가

관찰–분석

해석–평가

관찰-분석

해석-평가

관찰–분석

해석–평가

관찰-분석

해석-평가

관찰-분석

해석-평가

관찰-분석

해석-평가

날짜 :	날짜 :
날짜 :	날짜 :

날짜 :	날짜 :
날짜 :	날짜 :

날짜 :	날짜 :

날짜 :	날짜 :

날짜 :	날짜 :

날짜 :	날짜 :

ACT 1-1

Act. 1-1. 생활(환경, 생활용품 등) 속에서 다양한 창의적 발상을 찾아 붙여 봅시다.

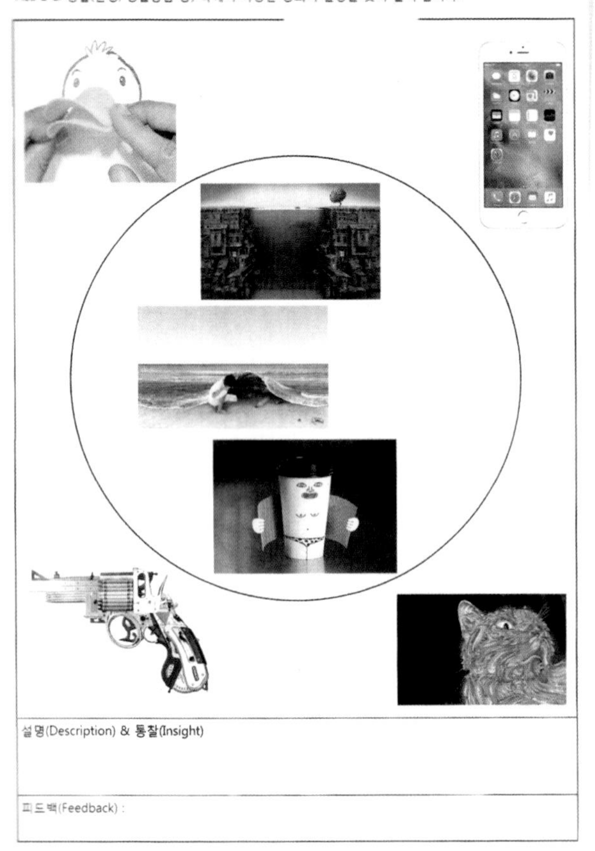

설명(Description) & 통찰(Insight)

피드백(Feedback) :

ACT 1-2

Act. 1-3. 자기 자신을 자유로운 발상으로 표현해 봅시다. (표현방법 : 콜라주, 그림 그리기 등)

설명(Description) & 통찰(Insight)

나의 부정적인 면을 위주로 표현하였다. 나는 완벽주의 성향이 강해서 내가 나자신을 끊임없이 괴롭힌다는 것과, 이러한 나의 강박증이 오히려 내가 아닌 나를 만들고 있음을 나타내기 위해 어울리지 않은 화장을 한 소녀와 그 소녀로부터 고통받는 자아를 콜라주로 표현하였다. 이번학기 수업을 통해 나 자신을 고쳐나가고 싶다.

피드백(Feedback) :

ACT 1-3

ACT 2-1

Act. 1-2. 패션(의류, 액세서리 및 잡화 등) 에서 다양한 창의적 발상을 찾아 붙여 봅시다.

설명(Description) & 통찰(Insight)

피드백(Feedback) :

ACT 2-3

Act. 2-3. 좋아하는 디자이너의 디자인을 ... 자기에게 어울리는 창의적인 패션 스타일링을 표현해 봅시다.

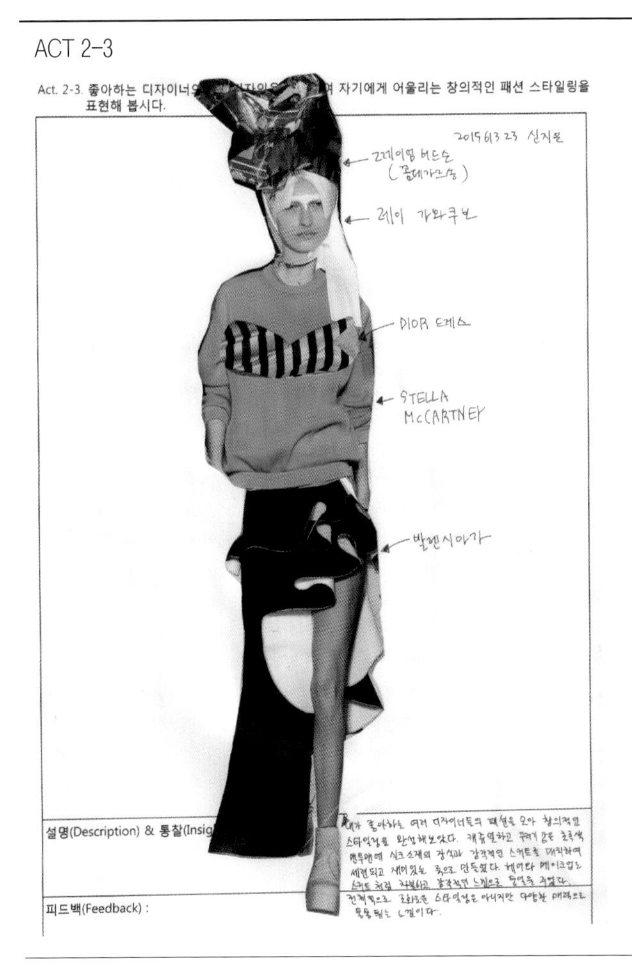

설명(Description) & 통찰(Insight) : 내가 좋아하는 여러 디자이너들의 패션을 모아 창의적인 스타일링을 완성해보았다. 캐쥬얼하고 꾸러기 같은 초록색 맨투맨에 실크소재의 장식과 강각적인 스커트를 매치하여 세련되고 재미있는 룩으로 만들었다. 헤어와 메이크업도 스커트처럼 차분하고 강각적인 느낌으로 포인트를 주었다. 전체적으로 조화로운 스타일링은 아니지만 다양한 매력으로 묶는 느낌이다.

피드백(Feedback) :

ACT 3-1

Act. 3-1. 브레인스토밍법을 통해 어휘를 수집하여 대표어휘 10개를 선정한다. 대표어휘 10개 중에서 2개의 어휘를 선택하여 패션 테마를 정하고 스토리를 전개해봅시다.

대표 어휘(10개)	선택 어휘(2개) : 유니크, 파격적 스토리전개(같은점, 좋은점, 그 이유)
· 유니크 · 사랑 · 펑크 · 금대 · 갓성 · 파격적 · 모노톤 · 레이스 · 꽃 · 결혼	유니크, 즉 독창성을 나타내는 표현이 파격적일 수 있다는 생각이 들었다. 타인이 시도한 적이 없었던 무언가를 창조해내어 특별함을 담아내는 것. 그래서 신선함과 충격이 느껴지는 파격적인 것이 연결된다. 그래서 유니크와 파격적인 것이 좋다. 수많은 사람들 가운데에서 '나'라는 존재를 나타냄을 표현할 것이다. 유니크함을 가득 담아내어 나의 표현에 모두 놀랄만큼 파격적인 표현을 세상에 던지겠다. 패션 테마 : 지루한 세상에 '나'라는 존재를 던져 신선한 충격을 주겠다.

이미지 & 스타일 맵

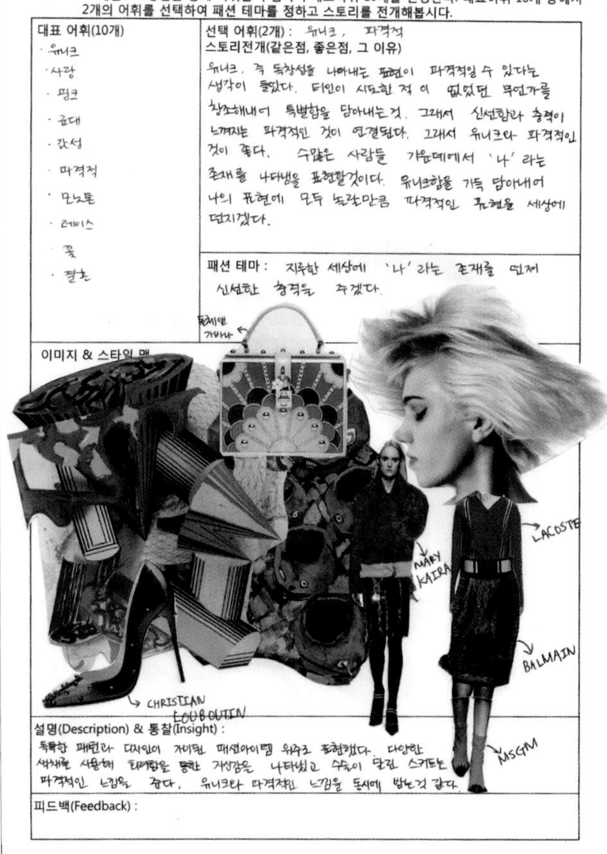

설명(Description) & 통찰(Insight) : 독특한 패턴과 디자인이 가미된 패션아이템 위주로 표현했다. 다양한 색채를 사용하여 모양들을 통한 기상감을 나타냈고 수술이 달린 스커트는 파격적인 느낌을 준다. 유니크와 파격적인 느낌을 동시에 받는 것 같다.

피드백(Feedback) :

ACT 3-3

Act. 3-3. [Recycle Fashion] 재활용할 수 있는 의류를 사용하여 체크리스트법(극한법, 반대법, 결합법, 제거법,, 부가법)중 3가지를 사용하여 창의적인 디자인 발상(Creative Art to Wear)을 해봅시다.

과정(process) : 재료 / 작업과정 / 완성작품

설명(Description) & 통찰(Insight) : 셔츠에 지퍼를 다는 디테일 변경법,결합법은 해보았고 소매 패턴을 더 만들어 다는 부가법은 사용해보았다. 처음에는 뒤쪽으로 매듭을 여러개 지을 계획이었지만 디자인상 소매들을 아래로 매듭지어 내리는 것이 괜찮았다.

피드백(Feedback) :

ACT 4-1

Act. 4-1. 시지각 원리로 인하여 보는 관점에 따라 달리 보이는 사진을 생활과 패션에서 각 1가지씩 찾아보고 설명해봅시다.

생활 속 시지각

설명(Description) & 통찰(Insight) : 첫번째 관점에서 보면 동굴속을 지나가는 새들과 배위에 사람이 있는 모습을 볼 수 있고, 두번째 관점에서는 동굴이 얼굴의 전체적인 윤곽선이고 새들은 눈썹과 눈, 배는 입으로 보여 종합해 보면 미소짓고 있는 얼굴로 보인다.

피드백(Feedback) : 위트있고 신기하다. 관점에 따라 다른 시각의 차이인가보다.

패션 속 시지각

설명(Description) & 통찰(Insight) : 시지각중에 형태지각을 이용한 것으로 첫번째 관점에서 보면 도트무늬가 들어간 드레스로 보이지만 블랙을 강조해서 보면 허리가 잘록한 블랙 드레스를 입은 것처럼 보인다.

피드백(Feedback) : 두가지 효과가 나면서도 도트와 검정 드레스가 조화롭게 형태가 드러난다. 검정과 도트를 잘 배열해서 몸매가 좋아 보인다.

ACT 4-2

Act. 4-2. 선정한 패션디자인에 디자인 원리를 적용하여 디자인을 변형해봅시다.

균형/불균형 사진 ------------→ 불균형/균형 디자인 변형

설명(Description) & 통찰(Insight) : 균형을 이루고 있는 자켓과 치마를 한 쪽은 소매를 자르고 칼라의 모양도 변형시켰다. 치마는 한 쪽을 캉캉으로 바꾸고 단추를 장식했다. 캉캉치마가 걸을 때 마다 살랑거리는 느낌이 좋은 것 같다

피드백(Feedback) : 단조롭지 않고 재밌고 발랄함을 더해준 것 같다.
컷팅된 부분이 둘다 오른쪽이라 아쉽다.

단순한/복잡한 사진 ------------→ 복잡한/단순한 디자인 변형

설명(Description) & 통찰(Insight) :
단순한 노란색 코트를 복잡하게 만들기 위해 칼라와 소매 등 전체적으로 레이스를 달아서 시각적으로 복잡해 보이게 만들었다.

피드백(Feedback) : 레이스의 반복적인 사용이 디자인을 여성스럽게 만드는 것 같다.
레이스 사용을 좀더 다양하게 해도 좋았을 것 같다

ACT 4-3

Act. 4-3. 보완하고 싶은 체형의 포인트와 적용할 시지각 원리를 선택하여 창의적인 패션 디자인 (Creative Self-design)을 해봅시다. (방법 : 콜라주, 그림 그리기)

보완하고 싶은 체형의 포인트 : 굵은 하체

선택한 시지각 원리 : 형태지각(전경과 배경에 의한 모호한 형체), 세로선에 의한 착시

자기 체형 사진	창의적 패션 디자인 (Creative Self-design)

설명(Description) & 통찰(Insight) : 굵은 하체를 보완하고 싶어서 형태지각 세로선에 의한 착시가 가미된 팬츠를 코디해 보았다. 세로선이 다리가 길어보이고 검은 선이 마치 배경, 핑크색이 형체처럼 나타남으로서 다리가 좀더 얇아보이는 효과가 있는 것 들어감으로서 좀더 보이는 형태지각이 같다

피드백(Feedback) :
세로선에 의한 착시로 하체를 잘 커버하고 다리가 더 길어보이는 효과가 있는 것 같아 인상적이다

ACT 5-1

Act. 5-1. 최근에 찍은 자기 사진(3장) 속에 나타난 패션연출을 통해 자기를 알아봅시다.

↳ Manish image	↳ Active. sportive image	↳ modern image
길이가 길고 품이 큰 재킷과 팬츠로 매니시하면서 페미닌적인 감각으로 코디하였다.	포인트를 중점으로 둔 편안한 팬츠와 오버사이즈의 후드로 코디하였다.	큰 주름이 들어간 길이감 있는 스커트로 모던한 무채색을 중심으로 코디하였다. 편하면서도 여성스러움을 살려 보았다.

설명(Description) & 통찰(Insight) :

전체적으로 시각적 통일감을 추구한 톤온톤코디네이션으로서 포인트 강하며,
와이드한 느낌의 팬츠들과 스커트로 매니시한 느낌을 주면서 편안함이 느껴진다.
거의 블랙, 무채색으로 심플한 느낌을 주지만 어둡기도 하다.
어두운 옷만 입은걸 보니 저번주는 우울했던 것 같다.

피드백(Feedback) : 이준영: 한 컬러만으로도 다양한 패션 이미지를 잘 표현한 것 같다
강소연: 전체적으로, 블랙의상이 심플한느낌을 준다.
이민호: 심플해도 디테일이 잘 들어가 예쁘다

ACT 5-2(클래식-아방가르드)

Act. 5-2. 패션 이미지에 맞는 사진으로 이미지 맵(map)을 만들고 패션 사진을 붙여봅시다.

Total Coordination (Classic Image)

Image	패션 사진

Key Point : Grey, 패턴없음, 재킷과 미듐기장 스커트

Total Coordination (Avant-garde Image)

Image	패션 사진

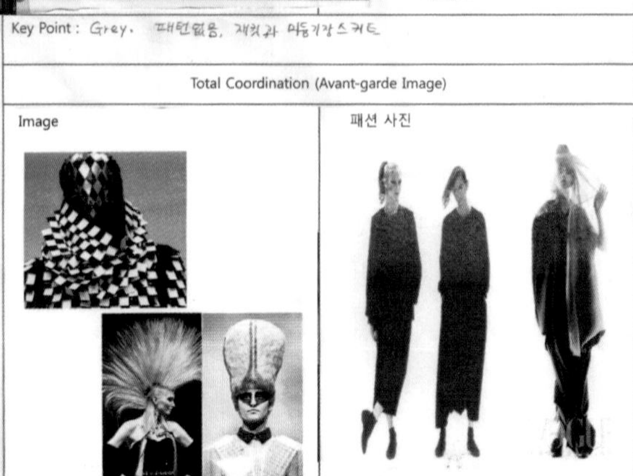

Key Point : (기발함, 혁신) 아방가르드함의 혁신은 독창적이고 혁신적인 디자인이라고 생각한다. 바지의 길이를 크롭으로 높인 바지나, 발레리나 패션이 아방가르드함을 나타낼 수 있다고 생각한다.

ACT 5-2(페미닌/로맨틱-매니시)

ACT 5-2(엘레건트-액티브/스포티브)

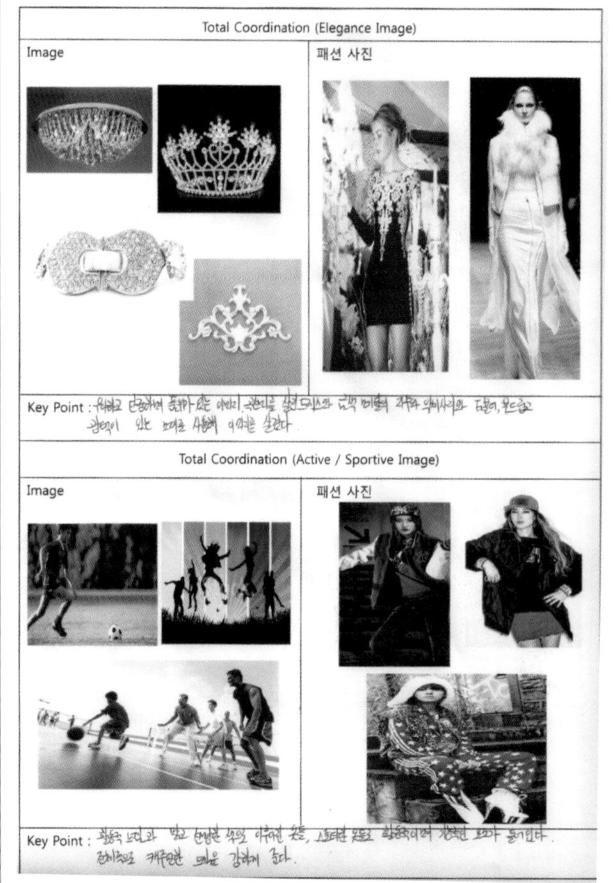

ACT 5-2(에스닉-모던)

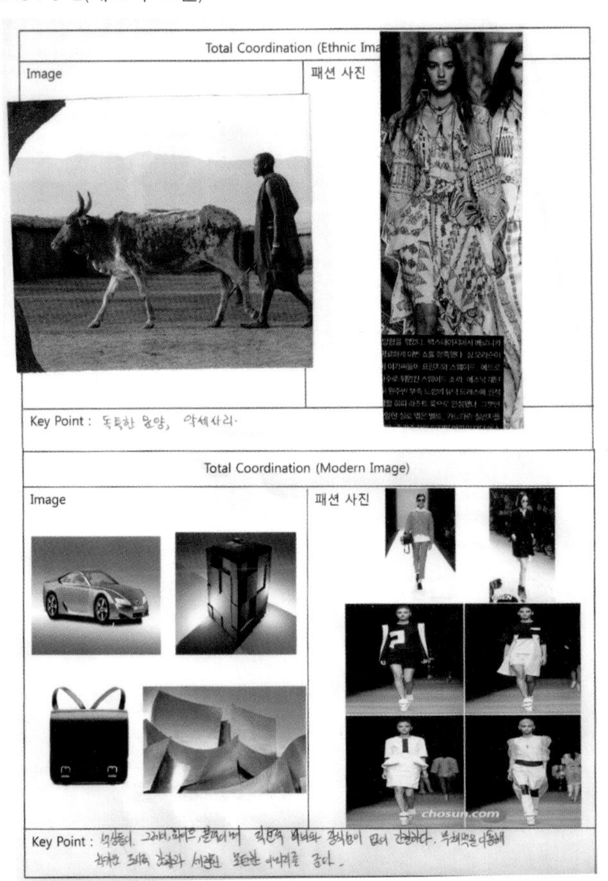

ACT 5-3

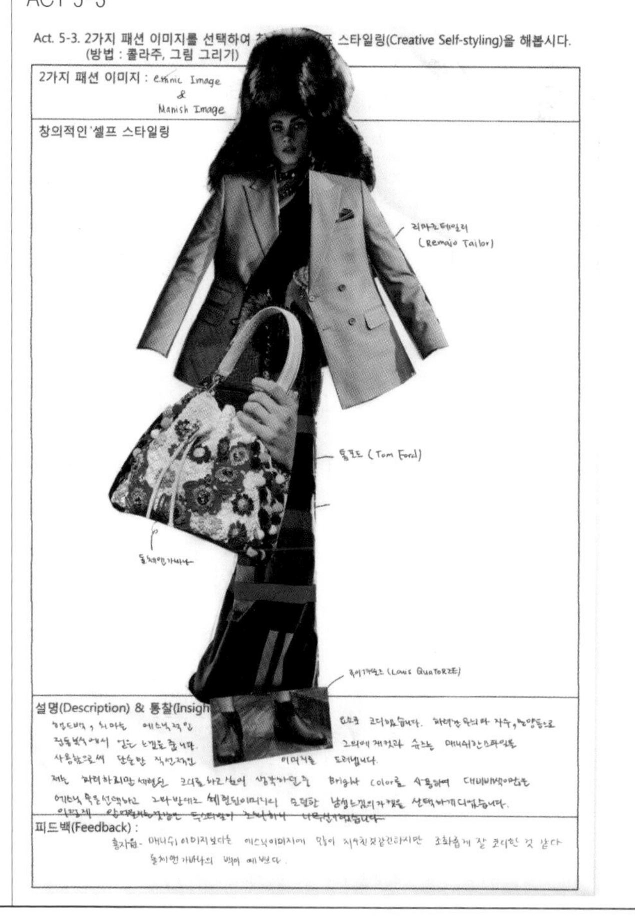

ACT 6-1

Act. 6-1. 패션 트렌드 테마 중 1개를 선택하여 살펴보고, 이미지와 스타일 맵을 만들어봅시다.

패션 트렌드 테마 : BIOTORIA

자연을 통한 유토피아, 특히 무한한 잠재력을 가지고 있는 바다에 대한 이야기에 대한 것이며, 신비롭고 우아하며, 감성적인 스타일을 추구한다.

설명(Description) & 통찰(Insight) : 바다 깊은 곳으로부터의 생물체 자체에서 영감을 받은 blue, navy 컬러를 메인 컬러로 했다. 신비로운 느낌이 나는 메이크업, 맑고 가공하지 않는 느낌을 가진 크리스탈이 박힌 시계로 나타내었다.

피드백(Feedback) : 지은: 옷부터 악세사리까지 디테일하게 '바다'라는 테마를 잘 표현했다.
세은: 자연 중에서도 바다의 느낌을 다양한 이미지를 활용하여 잘 나타냈다.
희 [illegible]: 바다 느낌의 색과 신비롭고 우아한 이미지를 사진을 통해 잘 나타내었다.

ACT 6-2

Act. 6-2. 패션컬렉션을 분석해봅시다.

패션 사진	1. 관찰(Observation) : 형태에 대한 주목(Attending to the form)
CARVEN	블루의 네오프렌 소재의 넥 카라가 전체적인 블랙 컬러의 슈트에서 돋보인다. 플라워 프린팅이 시선을 주목시킨다.
	2. 분석(Analysis) : 관계에 대한 고려(Considering the relationship)
	화이트 블라우스와 블랙 슈트가 대비를 보인다. 블랙슈트의 실루엣을 명확하게 구분해준다. 골드의 목걸이는 벨트의 골드 디테일과 구조적 조화를 이룬다.
	3. 해석(Interpretation) : 연상되는 의미(Summarizing the form)
	모델이 착용한 수트가 모던한 이미지를 주며 플라워 패턴이 페미닌한 느낌을 동시에 준다. 클래식하면서도 로맨틱한 이미지를 표현하고 있다.
	4. 평가(Evaluation) : 시각적 장점을 고려한 평가(Considering the visual merit)
	현재의 CELEBLATION 트렌드를 잘 반영하고 있으며 블루의 카라가 포멀한 수트를 캐주얼하게 보여주어 무겁지 않은 자리에 어울리는 포멀 웨어이다. 오리엔탈 풍의 고급스러움이 화려한 프린팅에서 잘 느껴진다.

ACT 6-3

Act. 6-3. 최신 트렌드를 반영한 셀프 패션 스타일링(self fashion styling)을 해봅시다.

설명(Description) & 통찰(Insight) : 요즘 트렌드인 레트로 자켓과 플로럴 패턴으로 포인트를 주었고 뿔테 안경으로 '너드룩'의 느낌도 살려보았다. 너무 매니쉬한 느낌이 강해 그부분을 보완하려고 허리장식으로 꽃과 리본패턴 장식을 추가하였다. 반전매력을 추구하기에 옷에서도 반전을 주었고 자유분방함을 좋아하는 나의 성향도 담아내었다.

피드백(Feedback) : 형의 성격과 [illegible] 갈 [illegible] 같다.

ACT 7-1

Act. 7-1. 자기의 감정을 선으로 표현해 봅시다.

설명(Description) & 통찰(Insight) : 감정 : 어지러움
뱅글뱅글 돌아가는 선이 여러개의 색깔로 얽혀 있다. 이는 지금 많은 일이 겹쳐 혼란스럽고 어지러운 내 감정을 표현한다. 뾰족한 선은 이때문에 신경이 곤두서 있다는 것을 의미한다. 막상 그려놓고 보니 먼저 내마음에 쌓여있던 것들을 풀어내본 듯해서 좋다.

피드백(Feedback) : 선으로 휘어 돌아가는 원형이 어지러움을 잘 나타내준다.

ACT 7-2

Act. 7-2. 표현하고자 하는 감정을 2가지 정하고, 그것을 잘 표현하는 선(장식선, 구조선, 아이템 등)이 강조된 패션디자인을 찾아서 설명해 봅시다.

감정 : 우울함, 답답함	감정 : 화가난, 분노

 Under Cover 06 A/W	Comme Des Garcons 15 S/S

설명(Description) & 통찰(Insight) : Under cover의 옷은 드레이프된 옷들을 [illegible] 몸이 구속감이 들게 하고, [illegible] 또 전체적으로 [illegible] Comme Des Garcons의 옷은 [illegible]

피드백(Feedback) : 복잡하고 긴 끈 장식을 통해 답답함 등의 감정을 잘 드러냈을 뿐 아니라 색상도 [illegible] 감정표현을 했다.

ACT 7-3

패션디자인 프로세스(fashion Design Process) : 원재료 / 작업과정 / 창작디자인

<원재료> 블랙 재킷, 마스킹 테이프, 가죽 끈, 지퍼 등

1. 칼라, 주머니, 뒷 허리선 등의 구조선을 마스킹 테이프를 이용해 강조한다. 특히 조 이름인 '다름'을 나타내는 'ㄷ', 'ㄹ'을 주머니 위쪽에 꾸며준다.

2. 뒷 허리쪽을 삼각형으로 잘라낸 후 가죽끈을 이용해 허리를 조여준다.

3. 소매 끝 또한 삼각형으로 잘라낸다. 삼각형의 선을 따라 지퍼를 달아 지퍼가 열린 것처럼 연출한다.

4. 마스킹 테이프를 한 겹 더 붙여 두껍고 선명하게 하고, 가죽끈을 이용해 만든 브로치를 칼라에 달아준다.

설명(Description) & 통찰(Insight) : 구조선은 테일러드 칼라, 주머니, 허리선을 강조해보았다. 구조선은 앞면의 옆허리 부분을 변형시켰다. 장식선은 브레이드 장식, 소매에 지퍼, 칼라에 브로치는 가죽끈을 이용해 달아보았다. 디자인 발상을 하고 난 후 재킷을 보니 장식선을 통해 한층 업그레이드 된 것 같다. 약간 응원복 같다는 생각이 든다. 스포티해진 것 같다

피드백(Feedback) : 무난하고 지루했던 기본 디자인을 의복의 구조선과 장식선을 이용하여 창의적게 재 연출 할 수 있다는 사실이 자세히 보여 인상적인 활동으로 느껴졌다.

ACT 8-1

Act. 8-1. 마음과 기억 속에 떠오르는 다양한 형태를 표현해 봅시다.

설명(Description) & 통찰(Insight) : 나는 산과 강, 떠오르는 해가 떠올라서 삼각형은 산으로 잘린원을 삼각형사이에 놓아 떠오르는 해를, 고리형태의 선으로 산앞에 있는 강, 호수를 표현했다. 요즘날씨가 좋아서 놀러가고 싶은 마음에 자연물이 떠오른 것 같다

피드백(Feedback) : 자연 환경을 활용하여 자신이 지금 하고 있는 생각을 잘 표현냈다.

세은 : 자연의 형태를 도형들로 잘 나타냈다.

희막 : 자연물을 [illegible] 형태로 잘 나타낸 것 같다.

ACT 8-3

Act. 8-3.. [Recycle Fashion] 재활용 의류를 사용하여 창의적인 실루엣 발상을 표현해 봅시다.

패션디자인 프로세스(fashion Design Process) : 원재료 / 작업과정 / 창작디자인

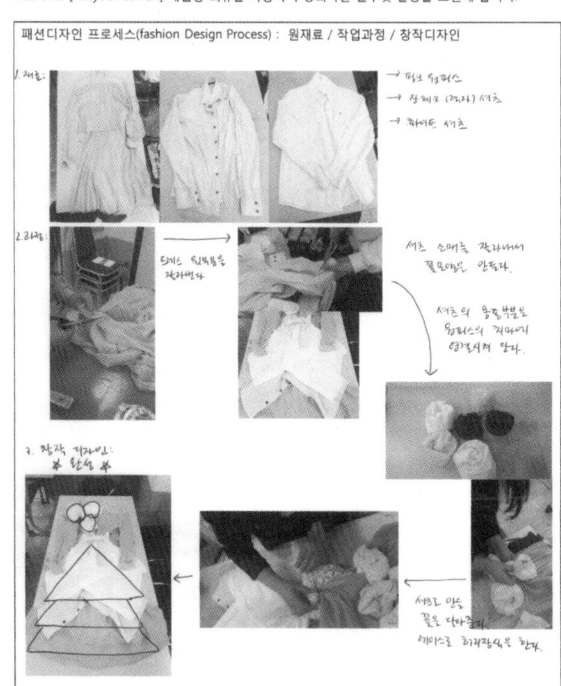

설명(Description) & 통찰(Insight) : 원피스와 셔츠를 활용해 [illegible] 실루엣을 제작해보았다. 셔츠를 잘라 밑으로 풍성하게 퍼지는 삼각형의 드레스를 만들고, 동그라미 모양의 꽃 장식을 해보았다. 귀엽고 발랄한 느낌이 난다. 실루엣을 생각하여 만들었는데 독특한 발상을 할 수 있어 좋았다.

피드백(Feedback) :

ACT 9-1

Act. 9-1. 마음속에 떠오르는 색을 그림으로 표현해 봅시다.

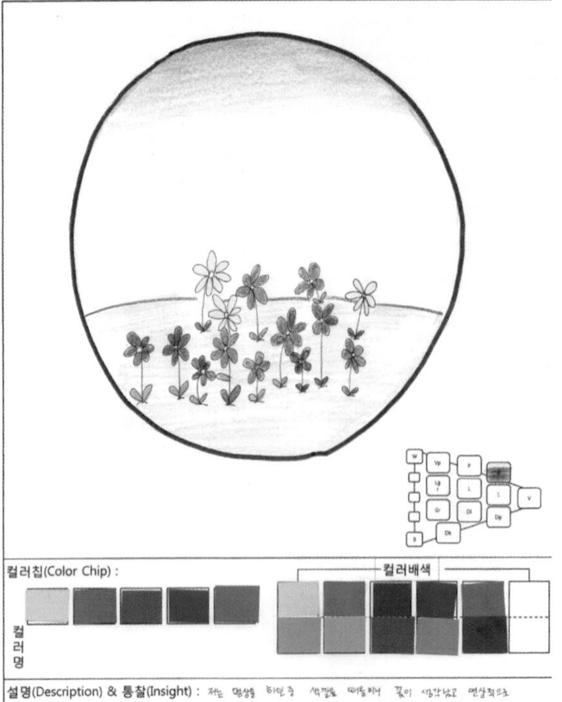

컬러칩(Color Chip) :

컬러배색

컬러명

설명(Description) & 통찰(Insight) : 저는 명상을 하던 중 색깔을 떠올리니 꽃이 생각났고 연상적으로 꽃밭이 생각났습니다. 꽃을 생각하니 Bright Tone의 Pink, Red, Orange, Blue, Yellow 등의 역동적인 color가 이미지로 떠올랐습니다. 자연을 떠올리니 마음이 편해졌고 자연에서 온 color들이 친숙하게 느껴졌습니다. 구체적인 color의 명칭은 Hot pink, Violet, Chrome Yellow, Cerulean Blue, Moss Green, Deep Green, Ultramarine입니다.

피드백(Feedback) :

꽃밭의 이미지에서 색상이 잘드러나며 Bright 톤의 이미지를 드러냅니다. 자연으로부터 온 color가 잘드러납니다 (홍지원)

ACT 9-2

Act. 9-2. 마음속에 떠오른 색(Act. 9-1.)을 중심으로 연상된 컬러 이미지와 스타일을 맵으로 표현하고 테마를 붙여 봅시다.

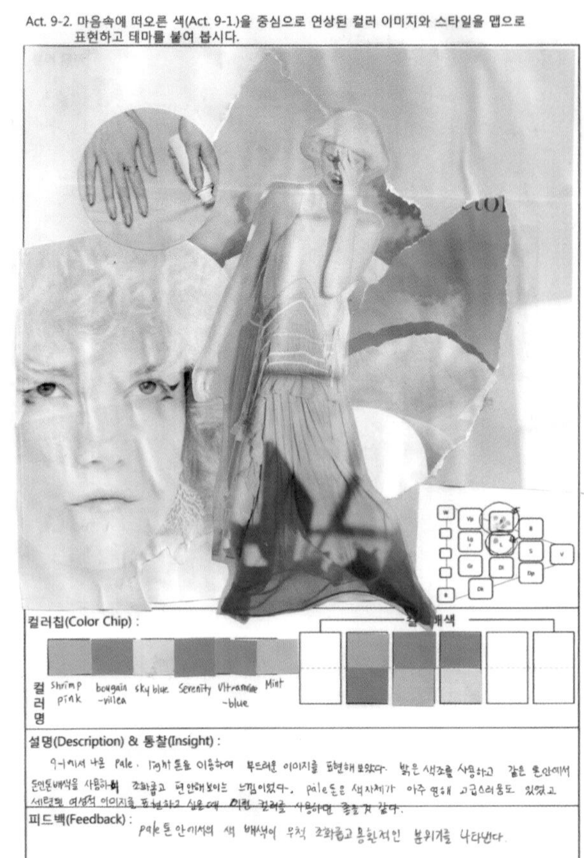

컬러칩(Color Chip) :

컬러배색

컬러명: Shrimp pink, bougain-villea, sky blue, Serenity, Ultramarine-blue, Mint

설명(Description) & 통찰(Insight) :

9-1에서 나온 Pale, light 톤을 이용하여 부드러운 이미지를 표현해 보았다. 밝은 색조를 사용하고 같은 톤안에서 톤인톤배색을 사용하여 조화롭고 편안해보이는 느낌이었다. pale톤은 색자체가 아주 연해 고급스러움도 있었고 세련된 여성적 이미지를 표현하고 싶을 때 이런 컬러를 사용하면 좋을 것 같다.

피드백(Feedback) : pale톤 안에서의 색 배색이 무척 조화롭고 몽환적인 분위기를 나타낸다.

ACT 9-3

Act. 9-3. [Recycle Fashion] 재활용 의류를 사용하여 색채감성(운동감:진출-후퇴 / 면적감:수축-팽창)을 활용한 창의적인 원피스 디자인을 해봅시다(팀작업).

패션디자인 프로세스(fashion Design Process) : 원재료 / 작업과정 / 창작디자인

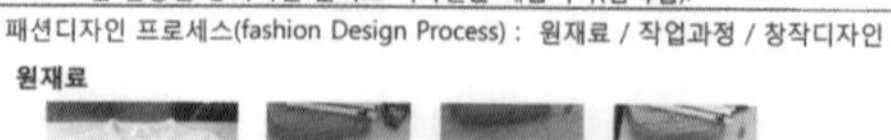

원재료

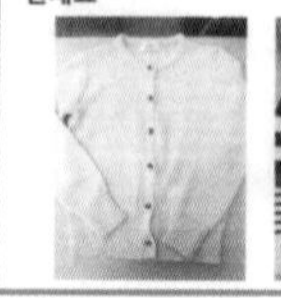

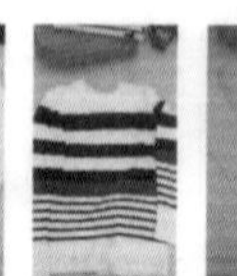

- 화이트 가디건
- 스트라이프 티셔츠
- 화이트 원피스
- 체크 셔츠

작업과정

- 원피스를 허리선 아래로 절개하여 가디건과 함께 재봉한다.
- 소매를 절개하여 가슴라인에 재봉한다.
- 스트라이프 티의 네이비 컬러부분만 절개하여 재봉한 후 허리선에 재봉한다.
- 마르고 볼륨감 없는 실루엣을 가진 여성을 모델으로 하고 네이비의 어두운 허리선을 강조함으로써 잘록한 허리와 함께 힙라인을 강조한다. (면적감-수축 / 운동감-후퇴)
- 난색계열의 팽창색으로 가슴과 허리를 강조하며 여성의 인체 볼륨감 강조 (베이지)

창작디자인

허리선의 네이비는 허리라인을 축소시키며 허리를 잘록해 보이게 하는 축퇴색을 사용한것이고 난색계열의 베이지를 가슴과 엉덩이 라인에 사용하여 진출해보이게 하고 (운동감-진출), 확대시켜주는 (면적감-팽창) 역할을 하여 마른 몸매의 여성의 콤플렉스를 보완하였다

설명(Description) & 통찰(Insight) :

마른여성의 실루엣을 확대색, 진출색, 팽창색을 통해 실루엣을 변형시킬 수 있었다. 난색계열은 팽창되어보이게 하고 어두운 계열의 색은 수축해 보이게 하였으며 후퇴의 역할을 해 원하는 부분을 날씬하게 보이게 할 수 있었다. 완벽하지 않은 몸매도 스타일링을 통해, 색채를 통해 보완할 수 있다는 사실이 신선하고 신기하게 느껴졌다. 내 콤플렉스도 보완할 수 있는 스타일링을 연구해보아야 겠다.

피드백(Feedback) :

화이트와 아이보리 색상이 여성스럽고 단아한 느낌을 준다. 네이비 색상 또한 튀지않고 차분한 느낌을 더해주어 좋다. (2015013109 주소연)

ACT 10-1

Act. 10-1. 마음속에 떠오르는 재질감과 무늬를 그림으로 표현해 봅시다.

설명(Description) & 통찰(Insight) :

명상을 통해 연상하면서 반짝이는 것들이 보였다. 스파크가 일어나듯 반짝이는 빛의 모습으로 광택감있는 소재를 연출했다. 반짝이면서 튀고싶은 듯한 느낌이 들고 활동적으로 움직이고 싶다는 상상을 했다. 기쁜 마음이 부푸는 것을 모형으로 표현했는데 스트라이프 무늬가 떠올라 함께 그렸다. 기쁘고 즐거운 생각이 든다.

피드백(Feedback) :

마트료시카 인형이 떠오른다. 광택있는 소재가 표현되진 못했지만 볼륨볼륨함을 나타내는 것은 같다. 귀여운 그림이다 (2015013109 윤지영)

ACT 10-2

ACT 10-3

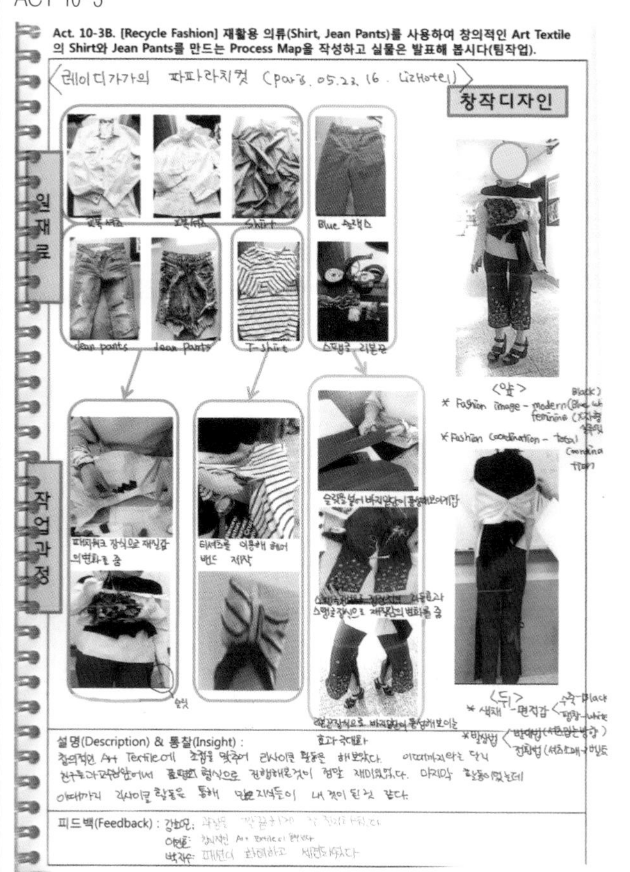

ACT 11-1

ACT 11-2

ACT 11-3

Act. 10-3B. [Recycle Fashion] 재활용 의류(Shirt, Jean Pants)를 사용하여 창의적인 Art Textile의 Shirt와 Jean Pants를 만드는 Process Map을 작성하고 실물은 발표해 봅시다(팀작업).

201561341 의류학과 조희경

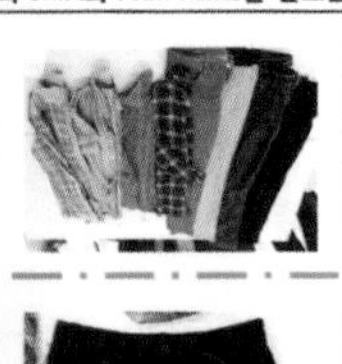

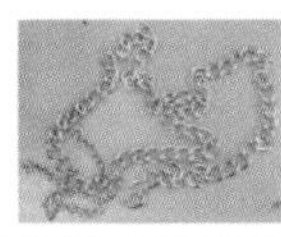

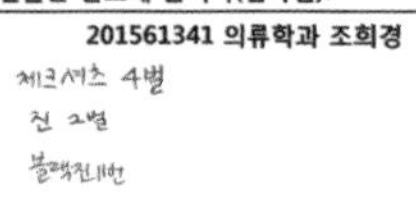

체크셔츠 4벌
진 2벌
블랙진1벌
체인

블랙진을 절개하여 탱크탑을 만든다.

진의 다리를 절개하여 ...

탱크탑에 프린징 기법을 사용하여 디테일 부가.

체크셔츠를 삼각형 실루엣으로 절개

진의 옆선을 절개하여 삼각형 체크셔츠와 연결하여 폭을 넓힘.

체크셔츠를 절개하여 가슴과 엉덩이에 볼륨감 부여

90년대 여가수의 무대의상을 현대적으로 해석하여 제작하였다.
두건과, 체인으로 디테일을 살리고 프린징 기법을 사용하여 가슴과 엉덩이의 장식으로 디테일을 살렸다.
사각형과 삼각형 실루엣으로 혼합형을 나타내었고
난색계열의 ... 사용해 볼륨감을 강조했다.

설명(Description) & 통찰(Insight) : 지금까지 배운 디자인 발상법을 종합적으로 사용하여 창의적으로 디자인 해보았다. 많이 발전하였음을 느낄 수 있는 시간이었다.

피드백(Feedback) : ... 만드는 시간이 즐거웠다 ... 서로의 의견이 잘 반영된 것 같다.

부록 5 패션 디자인에 대한 자신의 변화와 성장 확인

프롤로그prologue	에필로그epilogue
날짜 :	날짜 :

참고
문헌

국내문헌

가재창(1993). 컬러트레닝. 정은 도서.

가재창(1993). 패션디자인발상트레닝. 정은 도서.

강현주 외 9인(2004). 열두 줄의 20세기 디자인사. 디자인하우스.

권은숙(1995). 제품 디자인 개발과정에 적용될 수 있는 색채연구 방법론. 산업디자인 통권 143.

김공주(1996). 색채 과학. 대광서림.

김광규(1992). 창조적인 아이디어 발상법. (중)디자인신문사 출판국.

김문숙(1991). 복식 디자인의 실제. 경춘사.

김영자(1998). 복식 미학의 이해. 경춘사.

김영자(1998). 패션 디자인. 경춘사.

김영채(1995). 사고와 문제해결심리학. 박영사.

김종복(1991). 패션디테일. 시대.

김칠순 외(2005). FASHION DESIGN. 교문사.

김학성(1997). 디자인을 위한 색채. 조형사.

김혜성(1993). 실무자를 위한 광고 마케팅. 서울 미디어.

나관호(2006). 나는 이길 수 밖에 없다. 두란노.

니콜라스 루케스 지음. 김미자 역(1998). 디자인 창조공학-창조적 디자인 감각 깨우기. 혜음.

라사라(1991). 服食辭典.

라사라패션정보(2006). 패션 디자인 실무.

류호섭 역(1996). 창조적 사고(新森保紀). 도서출판 국제.

마크 올댁 저. 홍석일 역(1998). 그래픽 디자이너를 위한 크리에이티브. 안그라픽스.

모턴 가르시크 저. 정경선 역(1999). 창의적 시각 발상법. 예경.

모턴 워커 저. 김은경 역(1996). The Power of Color. 교보문고.

민경우(1997). 디자인의 이해-인간, 사회, 그리고 자연을 생각하며-. 미진사.

박은주(1996). 색채 조형의 기초. 미진사.

박혜원 외(2006). 현대 패션 디자인. 교문사.

백영자·유효순(1998). 서양의 복식문화. 경춘사.

빅터 파파노크 저. 조영식 역(2000). 인간과 디자인의 교감. 디자인하우스.

스페이크 페니 외 저. 한국미술연구소 옮김(2000). 새로운 아이디어를 위한 디자인 소스 북. 시공사.

신지식(1999). 색채 표현. 조형사.

신혜순(2004). 현대패션용어사전. 교문사.

신혜원 외(2003). 의복과 현대사회. 신정.

오희선 · 이정우(1996). 텍스타일 디자인론. 교학연구사.

요하네스 이텐 저, 김수석 역(1997). 색채의 예술. 지구문화사.

유송옥(1980). 복식 의장학. 수학사.

윤빈희(2003). 문화의 키워드, 디자인. 예경.

이경희 외(2001). 패션 디자인발상. 교문사.

이선재(1998). 의상학의 이해. 학문사.

이연순(1996). 직물 디자인. 형설출판사.

이은영(1997). 복식 의장학. 교문사.

이인자 외(2000). 패션 마케팅 & 코디네이션. 시공사.

이정옥 · 최영옥 · 최경순(1992). 서양 복식사. 형설출판사.

이호정(1997). 복식 디자인. 교학연구사.

이홍규(1994). 칼라 이미지 사전. 조형사.

전혜정(2007). 현대패션&디자이너. 신정.

정동림·권형신(2007). 색채 표현과 패션. 교학연구사.

정흥숙 · 정삼호 · 홍병숙(1998). 현대인과 의상. 교문사.

정흥숙(1993). 복식 문화사. 교문사.

조길수 · 김주영 · 김화연 · 이명은 · 이선(2000). 디지털 의복. 섬유기술과 산업. 4(1). pp.148~157.

조영아(1995). 패션 디자인 실무 1, 2. 이즘.

조현주 외(2006). 쉽게 이해하는 색채학. 시그마플레스.

캐서린 맥더못 지음, 유정화 역(2003). 20세기 컬렉션 디자인 -13가지 키워드로 읽는 20세기 디자인. 동녘.

KBS한국색채연구소(1996). 색채 I, II.

케이트 플레처 지음, 이지현 · 김수현 옮김(2011). 지속가능한 패션 & 텍스타일. 교문사.

쿠르트 행크스 · 래리 벨리스톤 저, 박영순 역(1998). 발상과 표현기법. 디자인하우스.

크리스틴 시버스 · 니콜라우스 슈뢰더 저, 장혜경 역(2002). 클라시커 50 디자인. 해냄.

패션큰사전 편찬위원회(1999). 패션큰사전. 교문사.

한국염색신문(2006). n.444.

한국의류학회(1994). 의류용어집.

논문 · 학회지

고현진(2006). 컨버전스 트렌드에 의한 패션 디자인. 복식. 56(7). pp.148~162.

공미선·채금석(2005). 크리에이티브 패션 디자인의 전개 방법에 관한 연구. 복식. 55(2). pp.45~57.

김미현(2006). 융합화 문화변화에 따른 패션 패러다임 특성 연구. 복식. 56(7). pp.101~114.

김윤경 · 이경희(2000). 의복무늬의 시각적 감성연구. 한국의류학회지. 24(6). pp.861~872.

박진희·김종덕(2008). 감성디자인의 정체성과 가능성을 위한 연구-도구적 관점의 한계를 극복한 디자인학 범주에서 감성디자인-. 디자인학연구. 79호. 21(5). pp.27~38.

오해순(2000). 의복재질의 감성연구. 부산대학교 대학원 의류학과 석사학위논문.

윤수정(2001). 패션 트렌드의 다중화·복합화 현상에 대한 질적 분석. 연세대학교 석사학위논문.

은소영(2000). 의복 배색의 시각적 감성 연구. 부산대학교 대학원 의류학과 석사학위논문.

이경희(1991). 의복형태 이미지의 시각적 평가에 관한 연구. 부산대학교 대학원 박사학위논문.

이은령·이경희(1996). 실루엣 이미지의 시각적 평가에 관한 연구-X-line의 변화를 중심으로-. 한국의류학회지. 20(4). pp.631~646.

이은령(2006). 한국 여성 옷차림 분석을 통한 패션감성 지표화 연구. 부산대학교 대학원 박사학위논문.

이인성(1996). 일상적으로 의복에 사용되지 않는 소재와 테크닉에서 살펴본 의상 창작과 예술-1960년대 여성을 중심으로-. 한국의류학회지. 20(1). pp.197~206.

조동성(2007). 패션산업의 디자인혁명:디자인경영시대의 도래. 한국의류학회. 31(1). pp.162~175.

주소현(2003). 여성 패션 트렌드 분석을 통한 감성 지표화 연구. 부산대학교 박사학위논문.

최윤미(2001). 패션디자인의 창조적 발상과 모형개발에 관한 연구. 서울대학교 박사학위논문.

한소원(2003). 패션트렌드정보기획 프로세스의 체계화와 지원도구의 개발. 연세대학교 박사학위논문.

홍정표·정수경(2006). 창조적 디자인 발상을 위한 디자인방법론. 감성과학. 9(4). pp.385~394.

국외문헌

石山 彰(1986). アール·ヌ-ヴォ-の華, クラフィック社, p.25.

飯塚弘子·万江八重子·香川辛子(1988). 服裝デザイン論, 文化出版局.

Ann Marie Fiore(1997). Understanding Aesthetics for the Merchandising and Design Professional. Fairchild Publications.

Davis, Marian L(1988). Visual Design in Dress. Florida state university.

Gianni Versace & Omar Calabrese(1939). Versace Signateres. Abbeville Press.

Marilyn Revell Delong(1993). The way we look. Iowa State University Press.

Marks(1976). Operationalizing the Concept of Store Image. Journal of Retailing. 52(3). pp.37~46.

홈페이지

국제섬유신문 http://www.itnk.co.kr/news/articleView.html?idxno=65529

네이버 지식백과 https://search.naver.com

매일경제 https://www.mk.co.kr/news/stock/view/2020/10/1104125/

셔터스톡 http://www.shutterstock.com

위키백과 http://ko.wikipedia.org

EBS http://ebs.daum.net/ceoLecture/episode/4990: 제94부 이노디자인 김영세 대표(2010. 1. 6)

중앙일보 https://news.joins.com/article/23925952

한국섬유신문 http://www.ktnews.com/news/articleView.html?idxno=114184

이경희

부산대학교 대학원 의류학과 이학박사
미국 오하이오 주립대학교 방문교수
미국 유타 주립대학교 방문교수
부산대학교 의류학과 교수

대표 저서
패션디자인 발상(공저, 2001)
의상심리(공저, 2001)
남성 Fashion 디자인(공저, 2004)
패션과 이미지 메이킹(공저, 2006)
패션 디자인 플러스 발상(공저, 2008)
색채심리와 패션연출 워크북(공저, 2016)
포트폴리오를 위한 패션 디자인 발상&기획 워크북(공저, 2019)

이은령

부산대학교 대학원 의류학과 이학박사
부산대학교 의류학과 강사

대표 저서
패션 디자인 플러스 발상(공저, 2008)
포트폴리오를 위한 패션 디자인 발상&기획 워크북(공저, 2019)

뉴 패션 디자인 플러스⁺ 발상

2017년 3월 16일 초판 1쇄 발행 | 2021년 2월 24일 초판 2쇄 발행

지은이 이경희 · 이은령 | **펴낸이** 류원식 | **펴낸곳** **교문사**

편집부장 모은영 | **책임진행** 이정화 | **디자인** 김경아 | **본문편집** 벽호미디어

주소 (10881)경기도 파주시 문발로 116 | **전화** 031-955-6111 | **팩스** 031-955-0955
홈페이지 www.gyomoon.com | E-mail genie@gyomoon.com
등록 1960. 10. 28. 제406-2006-000035호
ISBN 978-89-363-1628-0(93590) | **값** 25,500원